미용분야 PBL로 여는
숙련에서 비판적 사고의 길

미용분야 PBL교수학습설계 지침서

송영우 | 박진현 | 최명표

"미용 분야 PBL: 숙련에서 비판적 사고로의 길"은 실습 중심의 문제 기반 학습을 통해 미용 전문가로서의 역량을 강화하고, 비판적 사고를 발전시키는 여정을 안내합니다. 이 책은 이론과 실제를 통합하여 창의적이고 효과적인 미용 솔루션을 탐구합니다.

뷰리산업연구소

들어가며...

미용교육의 변화와 필요성

미용 교육은 이제 단순한 기술 습득을 넘어, 현대 사회에서 중요한 서비스 산업의 한 축을 담당하게 되었습니다. 따라서 미용 교육은 단순히 기술 전수를 넘어, 창의적 사고와 문제 해결 능력을 갖춘 인재를 양성하는 과정이어야 한다는데 모두 동의하는 시대가 되었습니다.

현대 뷰티 산업은 빠르게 변화하는 트렌드와 고객의 다양한 니즈를 반영해야 하는 고도의 전문성을 요구합니다. 이에 따라 미용 교육 역시 기존의 주입식, 반복 연습 중심의 방식에서 벗어나, 현장에서 맞이하는 문제를 두려움 없이 해결할 수 있는 역량을 강화하는 방향으로의 변화가 필요한 시점입니다.

『미용 분야 PBL로 여는, 숙련에서 비판적 사고로의 길』이라는 제목은 이러한 변화를 상징적으로 나타냅니다. PBL(문제 기반 학습)은 학습자가 실제 사례를 기반으로 문제를 해결하며 능동적으로 학습하도록 유도하는 교수법으로, 비판적 사고를 함양하는 데 매우 효과적입니다. 이를 통해 학습자는 단순한 기술 습득을 넘어, 분석력과 창의적 해결 능력을 갖춘 미용 전문가로 성장할 수 있게 됩니다.

특히, 미용사 핵심 업무인 고객의 미적 습관을 지도하는 일은 각 고객의 미적 요구 및 특성, 라이프 스타일 등을 파악하고 이해하는 데서 시작합니다. 이러한 개인 맞춤형 접근은 고객별 미적 관점에서의 생활 습관을 정확하게 이해하는 것을 기반으로 할 때 가능하므로 미용 분야의 교육 방법도 달라져야 합니다.

고객 맞춤형 접근의 중요성과 PBL

결국 미용 산업의 핵심이 고객 맞춤형 서비스에 있는 만큼, 현장의 다양한 문제를 경험하고 해결하는 과정을 포함하는 것이 필수적입니다. 따라서, PBL 교수법은 이러한 역량을 키우는 데 가장 적절한 방법으로, PBL을 통해 학생들은 실제 고객 사례를 분석하고, 다양한 상황에서의 문제 해결 능력을 기르며, 고객 맞춤형 서비스를 제공하는 데 필요한 비판적 사고를 발전시킬 수 있습니다.

그러나 현실적으로, 미용 교육과 산업 현장 간의 괴리는 여전히 존재합니다. 입직단계의 미숙련미용사가 취업 후 현장 적응을 위한 OJT 훈련과정에 적응을 어려워하거나 중도포기하는 경우가 적지 않은 것은 기존의 교육 방식이 실제 업무 환경을 충분히 반영하지 못하고 있음을 시사합니다.

지금까지 이러한 현상은 개인의 성향이나 노력 부족으로 치부되어 왔습니다. 많은 미용사들은 취업 후 성공한 고숙련자를 꿈꾸며 미용업계에서 성공한 전문가나 유명 강사, 심지어 팔로워와 조회수가 높은 유튜버를 멘토로 삼고 있습니다. 이들은 강사가 어떤 훈련을 통해 성공했는지를 배우고, 그들의 숙련된 기술 시연을 보며 강사의 훈련 방법과 기술을 복제합니다. 학습자는 이러한 복제된 기술을 반복하여 연습함으로써 고숙련에 이르게 되며, 대부분의 미용사들이 이러한 과정을 통해 고숙련자가 되었을 것입니다.

하지만 이상한 점은 동일한 강사에게 배운 학습자들 중 일부는 미용 시장에서 큰 성공을 거두고, 심지어 자신이 복제했던 강사보다 더 큰 성과를 이루는 반면, 다른 학습자들은 그렇지 못한 경우가 흔하다는 것입니다.

기술 복제의 한계와 PBL의 필요성

과연 이 차이를 어떻게 해석해야 할까요? 그저 "열심히 연습하지 않아서" 혹은 "연습이 부족해서"라는 말로 납득할 수 있을까요? 그렇다면 성공하지 못한 이유가 연습량 부족이 가장 큰 원인일까요? 우리는 오히려 실패 요인 중 하나가 지나치게 강사의 기술을 복제하는 것이라고 생각하였습니다. "시연된 강사의 기술"은 강사의 것이지 학습자의 것이 아닙니다. "시연된 강사의 기술"이 "학습자의 기술"로 내재화되어야 비로소 학습자의 기술로 전환될 수 있습니다. 이를 위해서는 학습자의 내부에서 "성찰에 기반한 학습"이 지속적으로 일어나야 합니다. 즉, "학습자의 기술"로 전환하기 위해서는 학습자 내부의 변화를 필요로 하기 때문입니다.

우리는 한 분야의 전문가를 『장인』, 『명장』, 『마스터』 등으로 부르며 그들의 분야에서 최고 전문가이자 고숙련자로 인정합니다 그런데 이러한 명칭을 접하면 우선 "손 기술"을 관련지어 생각하게 되고 오랜 시간 그들이 투자했을 "연습과 숙련의 시간"이 자연스럽게 상상이 되어 전문가가 되는 길은 "손"에 관련된 연습이라는 생각을 하게됩니다.

그러나 우리 미용분야의 경우 현장에서 고객을 시술하는 경우 단순하게 "숙련된 손기술"만을 필요로 하지는 않습니다. 고객의 미용시술 이력에 관한 것은 물론 시술방법, 고객의 라이프스타일, 고객의 요구에 기반한 어울리는 컬러·스타일·디자인 등은 물론 시술 시 도움을 주는 스텝, 시술 후 고객 주변인들의 반응 등등 다양한 고려 사항들로 인하여 오히려 "손"보다 "생각"을 더 많이 하게 됩니다. 그런데 왜 미용 교육 과정은 "손"에만 맞추어져 있을까? 이것이 우리 저자들의 공통되고 기본적인 의문이었습니다.

K-Beauty의 미래와 교육패러다임

우리는 지난 10여 년간 그런 의문을 해소하기 위해 국가 직무 능력표준(NCS)과 NCS 기반 학습모듈 개발의 책임 연구자와 개발자로 그리고 미용 분야 교육 발전을 위한 현장의 지원자로 미용 산업의 체계적인 교육 과정을 마련하기 위해 노력해 왔습니다. 그 결과 단순한 기술 습득과 숙련 중심의 교육훈련을 넘어, 비판적 사고력과 창의적 문제 해결 능력을 배양하고 성찰을 기반으로 한 성장 비전을 제시하는 교육 방식으로의 전환이 더욱 절실하다는 것을 현장에서 직접 확인할 수 있었습니다.

이 책은 그러한 절실함을 다소나마 해소할 수 있는 미용 PBL을 도입하기 위해 다양한 교육 현장에서의 적용 경험을 바탕으로, 연구한 효과적인 교수학습법을 제안하고 있습니다. PBL을 통해 학습자들은 실무에서 즉시 활용할 수 있는 핵심 역량을 체득하며, 이를 통해 미용 산업의 지속적인 성장과 K-BEAUTY의 글로벌 경쟁력을 더욱 강화하는 데 기여할 수 있을 것이라고 확신합니다.

K-BEAUTY는 이제 단순히 트렌드를 넘어, 세계적으로 인정받는 산업이 되었습니다. 이를 지속적으로 발전시키기 위해서는 혁신적인 교수학습법에 의한 교육훈련이 필수적입니다. 교수자와 학습자가 함께 성장하는 새로운 교육 패러다임을 구축할 때, 비로소 우리는 더 나은 미래를 만들어갈 수 있습니다.

이 책이 미래인재 양성에 관심있는 미용 교육자들에게는 실질적인 가이드가 되고, 미용을 통해 꿈을 이루고자 하는 학습자들에게는 새로운 학습의 기회를 제공하여, K-BEAUTY를 선도할 차세대 미용 전문가 양성에 기여할 수 있기를 진심으로 바랍니다.

2025. 03. 30.
저자일동

추천사

오늘날 미용 교육은 단순한 기능 습득을 넘어, 학습자 스스로 문제를 인식하고 사고하고 소통하며 창의적으로 문제를 해결하는 역량을 요구합니다. 이러한 변화의 흐름 속에서 『미용분야 PBL로 여는 숙련에서 비판적 사고의 길』은 우리에게 새로운 가능성과 교육적 통찰을 제시합니다.

이 책은 미용 직업교육의 현재 모습을 객관적으로 진단하는 데서 시작합니다. 그리고 지금 왜 우리에게 PBL(문제 중심 학습)이 필요한지를 여러 관점에서 설명해 줍니다. 특히 전통적인 도제식 교육의 역사적 배경과 한계를 짚고, 이를 현대적으로 어떻게 바꿔 나갈 수 있을지 고민하고 있습니다. 또한 '일학습병행제'와 같은 새로운 제도들을 통해 미용 교육이 나아가야 할 분명한 길을 제시하고 있다는 것입니다.

특히 학습자의 자율성과 참여에 중심에 둔 PBL 수업의 이론과 실제를 섬세하게 풀어낸 PART 2, 3, 4의 구성은 교수자로서 매우 인상 깊습니다. 학습자 중심의 문제 설계, 퍼실리테이터로서 교사의 역할, 루브릭을 통한 수행 평가 등은 단순한 개념 설명에 그치지 않고, 실제 수업에 적용할 수 있는 명확한 방향을 제시해 주고 있습니다.

무엇보다 이책은 '가르침'이 아닌 '함께 학습하는 과정'에 대한 진지한 성찰을 담고 있어서 더 의미가 있습니다. 또한 현장의 교수자들뿐만 아니라, 앞으로의 미용 교육을 기획하고 이끌어갈 모든 교육자들에게 깊은 울림을 줍니다. 단순한 이론서가 아니라, 교육의 방향을 근본부터 다시 생각하게 하며, 실천으로 옮길 수 있는 구체적인 용기를 전해주는 책입니다. 오랜 시간에 걸친 연구와 현장 경험, 그리고 진심 어린 교육적 열정이 담긴 이 책이 미용 교육의 현장 곳곳에서 널리 읽히고 살아 숨 쉬는 지침서로 활용되기를 진심으로 기대합니다.

한국미용교수협의회 회장
건양대학교 뷰티메디컬학과 교수
노 영 희

『미용분야 PBL』로 여는 숙련에서 비판적 사고의 길의 구조

『미용분야 PBL』로 여는 숙련에서 비판적 사고의 길

PBL PROCESS!

4-1 PBL교수학습법 준비단계
- 4-1-1. PBL 참여 구성원 상호소개
- 4-1-2. 학습환경구축
- 4-1-3. PBL 학습규칙 설정
- 4-1-4. PBL 학습 목표 확인

4-2 PBL교수학습법 운영단계
- 4-2-1. 과제 설정·인식/과제분류
- 4-2-2. 정보 수집/자기 주도학습
- 4-2-3. 문제 해결 계획 수립
- 4-2-4. 문제 해결 계획 확정
- 4-2-5. 과제 해결 실행(확정된 계획 실행)
- 4-2-6. 평가/성찰/피드백

HOW PBL?

3-1 문제 개발
- 3-1-1. PBL에 적합한 문제유형
- 3-1-2. 문제 난이도와 그 구성요소
- 3-1-3. PBL 문제의 특징
- 3-1-4. PBL문제의 개발프로세스

3-2 퍼실리테이터
- 3-2-1. 퍼실리테이션 의 정의
- 3-2-2. 퍼실리테이터의 소양
- 3-2-3. 퍼실리테이터의 역할
- 3-2-4. 퍼실리테이터의 헬프 스킬
- 3-2-5. 퍼실리테이터로 전환

3-3 피드백
- 3-3-1. 피드백의 정의
- 3-3-2. 피드백의 기능
- 3-3-3. 세 종류의 피드백 질문
- 3-3-4 세 종류의 학습지원 도구
- 3-3-5. 피드백 사용 시 문제

BECAUSE OF PBL!

2-1 PBL교수학습법의 목표
- 2-1-1. PBL교수학습법의 시작
- 2-1-2. PBL교수학습법의 목표

2-2 PBL교수학습법의 특징
- 2-2-1. 비구조적인 PBL 문제
- 2-2-2. 학습자 중심의 학습
- 2-2-3. 자기주도 학습
- 2-2-4. 협동학습과 팀워크
- 2-2-5. 수행평가와 루브릭(Rubrics)

WHY PBL?

- 1-1 한국의 도제식 직업교육
- 1-2 근대 도제식 직업교육의 한계
- 1-3 현대적으로 재해석된 도제 제도
  - 1-3-1 PBL교수학습법의 시작
  - 1-3-2 PBL교수학습법의 목표

1-4 미용직업 교육환경 분석
- 1-4-1. 미용사 성장 4단계
- 1-4-2. 미용 현장별 교육훈련

미용분야 PBL로 여는
숙련에서 비판적 사고의 길

미용분야 PBL교수학습설계 지침서

Contents

01 PART 1 | WHY PBL? ... 10
Chapt 1. 미용 직업 교육의 현황과 과제 ... 12
1-1. 한국의 도제식 직업교육 ... 12
1-2. 근대 도제식 직업교육의 한계 ... 14
1-3. 현대적으로 재해석된 도제 제도 ... 16
   1-3-1. 일학습병행제 도입과 사례 ... 16
   1-3-2. 일학습병행제 효과 ... 17
1-4. 미용 직업교육 환경 분석 ... 18
   1-4-1. 미용사 성장 4단계 ... 18
   1-4-2. 미용 현장별 교육훈련 ... 28

02 PART 2 | BECAUSE OF PBL! ... 34
Chapt 2. PBL 교수학습법의 시작 ... 36
2-1. PBL 교수학습법의 시작 ... 36
   2-1-1. PBL 교수학습법의 방향 ... 38
   2-1-2. PBL 교수학습법의 목표 ... 39
2-2. PBL 교수학습법의 특징 ... 48
   2-2-1. 비구조적인 PBL 문제 ... 48
   2-2-2. 학습자 중심의 학습 ... 52
   2-2-3. 자기 주도 학습 ... 56
   2-2-4. 협동학습과 팀워크 ... 59
   2-2-5. 수행 평가와 루브릭 ... 64

03 PART 3 | HOW PBL? — 80

Chapt 3. PBL 교수학습법 운영요소 — 82

3-1. PBL 문제 개발(Developing a Problem) — 82
- 3-1-1. PBL에 적합한 문제 유형 — 83
- 3-1-2. 문제 난이도와 그 구성요소 — 88
- 3-1-3. PBL 문제의 특징 — 92
- 3-1-4. PBL 문제의 개발 프로세스 — 93

3-2. 퍼실리에이터(학습 촉진자) — 98
- 3-2-1. 퍼실리테이션의 정의 — 98
- 3-2-2. 퍼실리테이터 소양 — 100
- 3-2-3. 퍼실리테이터의 역할 — 102
- 3-2-4. 퍼실리테이터의 헬프 스킬 — 108
- 3-2-5. 퍼실리테이터로 전환 — 121

3-3. 피드백(Feed-Back) — 125
- 3-3-1. 피드백의 정의 — 125
- 3-3-2. 피드백의 기능 — 125
- 3-3-3. 세 종류의 피드백 질문 — 127
- 3-3-4 세 종류의 학습지원 도구 — 132
- 3-3-5. 피드백 제공 시 문제점 — 137

04 PART 4 | PBL PROCESS! — 140

Chapt 4. PBL 교수학습법 운영프로세스 — 142

4-1. PBL 교수학습법 준비단계 — 143
- 4-1-1. PBL 참여 구성원 상호소개 — 144
- 4-1-2. PBL 학습환경구축 — 145
- 4-1-3. PBL 학습규칙 설정 — 146
- 4-1-4. PBL 학습 목표 확인 — 147

4-2. PBL 교수학습법 운영단계 — 148
- 4-2-1. 과제 설정·인식/과제분류 — 151
- 4-2-2. 정보 수집/자기주도학습 — 153
- 4-2-3. 문제 해결 계획 수립 — 157
- 4-2-4. 문제 해결 계획 확정 — 159
- 4-2-5. 과제 해결 실행(확정된 계획 실행) — 161
- 4-2-6. 평가/성찰/피드백 — 163

색 인 — 167
참고문헌 — 174
부록: PBL 운영에 필요한 양식 — 181

미용분야 PBL로 여는
숙련에서
비판적
사고의 길

미용분야 PBL교수학습설계 지침서

PART 01

WHY PBL?

파트1에서는 문제 기반 학습(PBL)이 미용 교육에 적합한 교수학습법이라는 이유를 탐구합니다.
현대의 미용 산업은 빠르게 변화하고 있으며, 기존의 도제식 직업 교육은 이러한 변화에 적합하지 않습니다.
PBL은 학습자들이 실제 문제를 해결하면서 자기주도학습자가 되는 교수학습법으로

첫 번째 장에서는 한국 미용 직업 교육의 현황과 전통적인 교육 방식의 한계를 분석합니다.
PBL은 비판적 사고와 창의적 문제 해결 능력을 기르는 데 효과적이며, 팀워크와 협업 능력을 강화하여 실제 현장에서의 소통 능력도 향상시킵니다.

또한, 일학습병행제와 같은 현대적인 교육 모델과 결합하여, 이론과 실습을 통합한 효과적인 학습 환경을 제공합니다. 이를 통해 학습자들은 실무에서 즉시 활용 가능한 기술과 지식을 체득하게 됩니다.
결론적으로, PBL은 미용 교육의 질을 높이고 미래의 미용 전문가 양성에 하는 데 반드시 필요한 교수학습법이라는 것을 강조하는 부분입니다.

Chapt 1. 미용 직업 교육의 현황과 과제

1-1. 한국의 도제식 직업교육

1-2. 근대 도제식 직업교육의 한계

1-3. 현대적으로 재해석된 도제 제도
    1-3-1. 일학습병행제 도입과 사례
    1-3-2. 일학습병행제 효과

1-4. 미용 직업교육 환경 분석
    1-4-1. 미용사 성장 4단계
    1-4-2. 미용 현장별 교육훈련

# CHAPT 1

미용 직업 교육의 현황과 과제

1-1. 한국의 도제식 직업교육

한국의 미용사들은 오랫동안 동일한 공간(사업장)내에 미용을 배우기 위해 입사한 후배 미용인들에게 다양한 능력을 전수하는 전통적인 업계 관행을 유지하고 있다. 기술은 물론 조직 내에서 소통하는 방법, 마음가짐, 위생 및 안전에 대한 노하우는 물론 새로운 고객을 대한 방법 등 수 많은 암묵지를 전수, 가르침, 교육, 훈련, 지도 등 다양한 방식과 형태로 진행이 되었지만 그 모습은 상당히 비슷했다.

『오주연문장전산고』[1] 에 조선시대 미용사라고 생각되는 수모를 설명하는 내용은 다음과 같다.

> "우리나라에서 혼인이나 회갑 잔치를 치를 때 병풍·휘장과 상(床)·탁자와 겹자리·홑자리와 향(香)·촉(燭) 따위는 관부(官府)에서 빌고, 기타 골동품 따위는 가게에서 세내고, 수식(首飾 부녀의 머리에 꽂는 장식을 말함)·국계(䯻髻)·비녀[釵]·전(鈿)·보요(步搖)·귀고리[耳璫]·계지(戒指)·보패(寶佩 보배로운 패물)·장복(章服 무늬나 기호(記號) 따위를 넣은 천으로 만든 의복) 따위는 장파(粧婆) 세속에서 수모라 한다."[2]

설명에 따르면 수모의 역할은 단순하게 여성의 머리를 장식하는 역할 이외에도 잔치에 필요한 모든 것을 관리하고 준비하는 역할로 여겨지나 일반적으로 수모의 의미는 다음과 같다.

---

1) 조선 후기 실학자 이규경이 조선과 청나라의 여러 책들의 내용을 정리하여 편찬한 사전
2) [오주연문장전산고] 경사편 5, 논사류2, 풍속편 사사육국에 대한 변증설.

"한자로 '머리 수(首)'에 '어미 모(母)'자를 쓰는 수모(首母)는 '머리어미', '머리어멈'이라는 뜻으로 어머니를 대신하여 젖을 먹여 아이를 키우는 유모(乳母)나 남의 집에 매여 바느질을 해주고 품삯을 받는 침모(針母)처럼 머리에 관련된 일을 해주고 품삯을 받는 기혼 여성을 가리키는 단어로 해석할 수 있다.

특히 중종실록에 등장하는 수식모(首飾母)라는 단어의 수식이란 머리를 꾸미는 것이라는 뜻으로 해석되며, 이는 수모가 머리를 꾸미는 일에 종사한 여성임을 나타낸다."

조선시대의 미용사라 할 수 있는 수모가 근대 여성 직업으로 변화된 모습에 대한 소개와 수모가 되는 과정을 찾아본다면 다음과 같은 기사를 만나볼 수 있다.

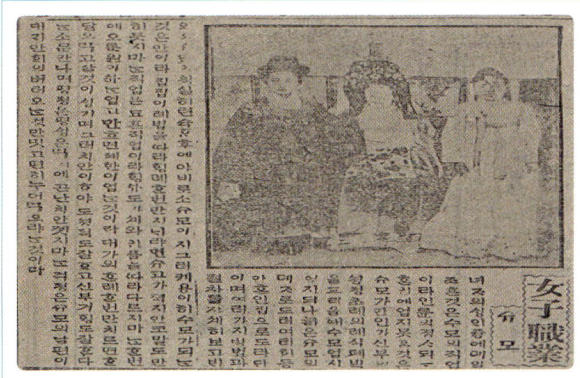

"여자직업 수모, 여자의 생애 중에 제일 좋은 것은 수모의 직업이라. 인륜의 경사되는 혼인에 없지 못하는 것은 수모가 아닌가.
.... 늙은 수모의 제자로 들어가 여러 해 동안 혼인집으로 돌아다니며 여러 가지 방법과 절차를 자세히 보고 배운 후 착실히 숙련한 후에야 비로소 수모이다.
그렇게 쉽게 수모가 되는 것은 아니다."
1914.01.25. 매일 시보 中

기사를 통해 알 수 있듯이 수모가 되는 것은 결코 쉬운 일이 아니며, 수모가 되기 위해서는 우선 경험이 많은 수모의 제자로 들어가 생활하는 수년간의 숙련 기간을 필요로 한다.
즉 고숙련자의 견습생으로 기술의 실행 환경에서 함께 생활하며 업무를 돕는 숙련기간을 필요로 한다는 의미이며, 이는 결국 100년 전의 미용사 교육방법도 현대 미용사들의 교육방법과 크게 다를 바가 없다는 것을 알 수 있는 기사이다.

이렇듯 고숙련자의 견습생으로 들어가 생활하며 직접 지도를 받는 관계를 도제관계라 하며, 이와 관련된 모든 유, 무형의 제도를 도제식 직업교육제도라고 한다.

흔히 중세시대로부터 시작된 것으로 알고 있는 도제제도는 1900년경 도제에 관한 아홉 가지 계약이 기록되어 있는 고대 이집트의 파피루스를 발견함으로써, 그 오랜 역사가 비로소 증명되었다.

이 파피루스는 기원전 18년에서 기원후 3세기의 기록으로 추정되나, 도제 제도의 역사는 이보다 훨씬 전인 기원전 2000년경까지 거슬러 올라가 약 4000년 전에 세워졌던 바빌로니아 왕국의 함무라비 법전에도 당시 장인들이 도제생을 입양했다는 기록이 있다. 파피루스에는 직조, 못 제조, 플루트 연주, 속기, 이발 분야에서의 도제 계약이 기록되어 있는 것으로 보아 도제 제도의 역사는 약 4000년 전부터 존재하고 있는 직업훈련제도라는 것을 알 수 있다.(2009, 김한미)

이렇듯 오랜 역사를 가진 "도제식 교육"은 시대의 변화와 나라별, 문화권별, 업종에 따라 다른 방식과 형태로 진행되었지만 공통된 특징은 유지되었다. 이는 조선 시대 미용사에 해당하는 수모가 그들의 제자를 양성하는 방법에 "도제식 교육"의 특징들이 모두 있는 것을 보면 알 수 있으며 그 특징들은 다음과 같다.

첫째, "제자로 입문"
도제식 교육의 첫 번째 조건은 고숙련자 즉 '명인' '명장' '장인' 또는 '마스터' 등 다양한 명칭으로 불리우는 전문가가 제자로 받아들여 주어야 시작할 수 있다.

둘째, "수년간 함께 생활"
일단 제자로 입문하게 되면 일정 기간에 걸쳐 실행공동체 적인 생활하며 고숙련자와 매우 밀접한 관계를 유지하게 된다. 이때 고숙련자는 제자로 입문한 자에게 교육과 생계를 유지할 수 있도록 생활비를 지불하기도 한다.

셋째, "다양한 사례 경험"
이렇듯 제자로 입문하여 수년간 함께 생활하게 되면 자연스럽게 다양한 집안의 혼례 절차와 방법을 익히게 되므로 고숙련자는 자연스럽게 도제생에게 자신의 경험을 전수하게 된다.

도제생는 수년간 유사한 상황을 반복적으로 경험하게 되어 고숙련자의 명시적 지도사항은 물론 다양한 상황 속에서 요구되는 암묵적인 부분까지도 함께 경험하며 학습할 수 있는 기회를 얻을 수 있게 된다.
이렇듯 한국의 미용업계는 전형적인 "도제식 교육"을 통해 유지되고 지속되어 왔으며, 사회적 영향요인인 '자격제도', '면허제도' 등에 대응하여 그 모습을 적용시켜 왔다. 그리고 70년대 들어서 제도권 교육에 '미용'이 편입되면서 '자격'과 '면허'를 중심으로한 "미용 직업교육"과 현장중심의 "도제식 교육"이 양립하게 되어 본격적인 이중구조의 직업교육으로 인하여 업계는 심각한 미스매칭 상황을 맞이하게 되었다.

1-2. 근대 도제식 직업교육의 한계

중세시대를 거쳐 근대 시기로 접어드는 과정에 도제 제도는 그들의 관계나 형식 등 내용의 전 근대성으로 인해 큰 어려움을 겪게 되었다. 우선, 근대(Modern)라는 말은 새로운 시대라는 로마자에서 유래한 것으로 이 용어는 일차적으로 문화사적 측면에서 르네상스 시기 를 거치면서 이루어진 문화, 예술의 변화, 새로운 철학적 흐름, 산업혁명과 과학. 기술 혁명 등의 변화가 동시에 발생하여 큰 변화를 가져왔다.

가장 큰 변화는 '나'라는 인간을 중세의 '신'에서 분리한 것(2003, 신승환)으로 근대성의 특징인

'주체로서의 인간'이 전통적인 도제 제도의 부정적인 전 근대성을 드러나게 하였다.

또한 근대 시기[3]에 시작된 일반인을 상대로 한 대중교육, 의무 교육의 시작은 도제교육을 둘러싼 사회적, 문화적 환경변화의 폭과 속도를 급격하게 증가시키게 되었고, 이로 인하여 다음과 같은 전통적인 도제교육의 부정적인 면을 수면 위로 드러나게 하였다. (1989, Michael Coy)

첫째, 도제관계는 권력적 지배관계

도제 관계가 형성되면, 도제생은 대부분의 시간을 스승, 즉 고숙련자와 함께 보내며 생활 전반에서 강한 영향을 받게 된다. 이는 단순한 기술 전수의 관계를 넘어 신체적 통제와 종속을 포함하는 권력적 관계로 작용할 수 있다.

특히, 도제 시스템에서는 '가르침'이라는 명목 아래 노동과 작업의 결과물에 대한 정당한 보상이 이루어지지 않는 경우가 많았다. 도제생은 기술을 익히는 대가로 장시간 노동에 종사해야 했고, 그 과정에서 자신의 노동이 정당한 가치를 인정받지 못하는 것을 당연하게 받아들이도록 강요당했다. 이러한 구속적인 관계는 근대 사회의 사회·문화적 가치나 법적 기준을 초과하는 경우가 많았으며, 결과적으로 도제생은 스스로의 위치를 정상적인 것으로 인식하게 되는 구조적 문제를 안고 있었다. 이처럼 도제 관계는 단순한 사적인 관계가 아니라, 노동력과 기술 전수를 둘러싼 권력과 통제의 관계로 작동해 왔으며, 미용 교육에서도 이러한 전통적 구조의 한계를 인식하고 개선 방안을 모색하는 것이 중요하다.

둘째. 도제관계의 결정권자는 '장인'

도제기간의 종료는 도제생 수준이 '독자적으로 작업의 전 과정을 능숙히 할 수 있을 수준'에 도달하였음을 의미하며 이를 결정할 수 있는 자격이 있는 사람이 '장인'이라는 전제하에 이루어지는 제도이므로 도제관계의 모든 결정권자는 장인이다.

도제 관계의 종료는 업계나 지역 경제 공동체에 새로운 경쟁자가 등장하는 것을 의미하기도 하므로 '장인'에 따라 도제 종료 시기를 최대한 늦추어 값싼 노동력을 제공받는 기간을 늘리고, 자신이 제공하는 교육에 대한 충분한 대가를 받으며, 미래의 경쟁자가 시장에 나타나는 속도를 최대한 늦추려는 노력을 기울이기도 했다.

셋째. 도제교육 표준화의 '어려움'

도제생에게 전수되는 장인의 기술은 그 기술이 소비되는 시장의 특정한 상황에서 특정한 소비자에 의한 소비되는 독점적 지위를 차지하고 있는 경우가 대부분으로 전수되는 기술은 물론 과정이나 방식이 매우 독자적이며 배타적이다. 이러한 배타성을 가지는 기술의 내용과 전수방법은 근대 교육 시스템의 특징인 다수의 사람에게 표준화되고 정형화된 내용으로 가르치는 제도에 적용하기에는 많은 어려움이 있다.

---

3) 르네상스시기: 14세기~16세기에, 이탈리아를 중심으로 하여 유럽 여러 나라에서 일어난 인간성 해방을 위한 문화 혁신 운동. 도시의 발달과 상업 자본의 형성을 배경으로 하여 개성·합리성·현세적 욕구를 추구하는 반(反)중세적 정신 운동을 일으켰으며, 문학·미술·건축·자연 과학 등 여러 방면에 걸쳐 유럽 문화의 근대화에 사상적 원류가 되었다.

1-3. 현대적으로 재해석된 도제 제도

2000년대 후반 글로벌 경제위기는 많은 국가의 청년층 실업률 증가와 같은 구조적인 문제를 드러냈으며 이로 인해 청년층을 위한 노동시장 개선은 OECD 및 여러 국가의 정책 우선 사항으로 부각되었다.

경제위기 이후 청년 실업률 문제를 해결하기 위한 다양한 접근 방식이 논의되면서, 독일과 룩셈부르크와 같은 도제 시스템을 운영하는 국가들이 주목받게 되었다. 이들 국가는 직업 교육과 훈련을 통해 청년들이 노동 시장에 원활하게 진입할 수 있도록 지원하고 있으며 실제 청년 실업률이 상대적으로 더 낮게 나타나거나 오히려 줄어들면서 이 상황을 인지한 많은 나라에서 도제시스템에 대한 관심이 한층 더 높아졌다.

또한, G20는 경제위기로 인한 청년층의 고용 악화를 극복하기 위해 2011년 이후 G20 노동고용장관 회의 등을 통해서 학교에서 노동시장으로의 이행을 지원하고 고용 가능성을 증대시킬 수 있는 노동시장 정책 및 제도 시행으로 청년고용을 개선하는 공동의 노력에 관심을 기울였다.

이러한 노력의 결과 G20는 도제식 교육제도의 명칭, 구성요소 등을 명확하게 규정하는 것은 어렵지만 도제식 교육제도는 다른 직업교육 훈련 형태와 구분되는 다음과 같은 구성요소들이 있다고 하였다

첫째, 도제 시스템의 규정에 대한 사회 파트너들의 관여
둘째, 2년~4년간의 훈련 기간을 설정하고 직업 내용과 훈련 커리큘럼의 표준화,
셋째, 관련 노동시장과 기업 내에서의 직업 구조 간의 연계
넷째, 사내 훈련 및 학교 훈련을 동시에 진행하는 듀얼 훈련(Dual Training),
다섯째, 고용주들의 책임 및 헌신
여섯째, 고용주, 학부모 및 청년층 사이의 도제 제도에 대한 신뢰와 명성(2016, 김문희)

이러한 현대식 도제교육제도는 결국 전통적 도제제도의 부정적인 부분을 제거하여 도제 관계자들의 사회적 책임을 강화한 제도인 것이다.(2013, 정주연)

1-3-1. 일학습병행제 도입과 사례

도제식 직업교육의 선진국인 독일. 스위스는 사회적 기술 및 기능 인력에 대한 높은 대우, 직업교육에 대한 적극적인 기업의 참여를 바탕으로 도제생들이 학교와 직장을 오가는 현장 중심의 도제식 직업교육이 활성 되어있다. 이러한 제도를 기반으로 노동시장에 빠른 입직, 낮은 청년 실업율, 높은 제조업의 경쟁력을 유지하고 있었다.

이에 따라, 한국은 유럽의 도제교육을 기반으로 한 한국식 도제교육을 개발하여 '일학습병행제'라는 이름으로 법제화하여 운영하고 있었다. 이 제도의 시작은 2014년 1차 사업단 모집을 공모하여 선정된 '산학일체형 도제학교'였다. (2018. 한국직업능력개발원)

미용 분야의 경우, 2016년 3-1차 사업단으로 참여하기 시작하였으며, 사업단에서는 현대식 도제교육이 필요한 이유와 그 강점을 다음과 같이 설명하였다.

> "미용분야의 기업의 수는 지속적으로 증가하고 있으며 인력도 지속적으로 그 수요가 늘어나고 있다. 이에 따라 미용 산업계는 일터 기반 전문 인력 양성을 위해 교육훈련 내용과 장소 및 교수자가 산업체에 기반을 두고 있어서 학습근로자의 사전 학습 경험에 따른 현장 훈련과 현장 외 훈련을 유동적으로 접목이 가능합니다."
>
> 출처: 미용문야 산학일체형 도제학교 홈페이지. hppt://beautyskill.net/

1-3-2. 일학습병행제 효과(2016, 김문희)

일학습병행제는 학교에서 제공하는 이론 교육과 현장에서 제공하는 실무 경험을 동시에 제공하여 제도의 효과는 다음과 같이 다양한 측면에서 나타난다

첫째, 현장과 교육의 연계강화
일학습병행제는 현장과 강하게 연계되어있는 교육 시스템으로 청년들이 노동시장에서 필요로 하는 직무 역량(skills)을 갖출 수 있도록 지원함으로써 청년들에게 취업의 기회를 확대하고 학교에서 노동시장으로 진입을 원활하게 하도록 촉진하는 중요한 기능을 수행하고 있다.

둘째, 인력채용 비용절감
현대적 도제 시스템이 제공하는 양질의 훈련을 통해 배출된 인력은 고숙련 인력으로 양성이 가능하며, 이를 통해 이직률을 낮추고 채용 비용도 절감할 수 있다. 이와 같이 양질의 도제시스템은 기업이 근로자를 안정적으로 수급하고 채용하며 유지할 수 있도록 돕는 제도다.

셋째, 사회적 생산성 향상
현대의 도제제도는 청년층의 노동시장 참여 및 사회 참여를 촉진하고, 학교 교육에 흥미가 낮거나 중도탈락한 청년들에게 교육 수단으로서의 역할을 담당함으로써 사회 전체적의 생산성 향상에 기여하게 된다.

이에 따라 전통적인 도제 중심 직업 교육 훈련체제를 유지하는 국가분만 아니라 한국과 같이 학교 중심의 직업 교육 훈련을 운영하던 국가의 경우도 도제 교육제도의 두 가지 목적 ①청년층의 취업교육 확대 ②직무역량 강화를 통한 생산성 향상을 달성하기 위해 직업훈련의 제도 개혁에 많은 관심을 기울이고 있다.

⟨표1-1⟩ 일학습병행제의 목적과 효과

구분	항목	내용
목적	국가차원의 목적	청년층의 취업교육 확대.
	기업차원의 목적	직무역량 강화, 재교육비용 절감
효과	현장과 교육의 연계 강화	청년들이 노동시장에서 필요로 하는 직무 역량을 갖출 수 있도록 지원 취업 기회를 확대하고 노동시장 진입을 촉진.
	인력 채용 비용 절감	현대적 도제 시스템을 통한 양질의 훈련으로 고숙련 인력 양성 이직률 감소 및 채용 비용 절감.
	사회적 생산성 향상	청년층의 노동시장 및 사회 참여 촉진 학교 교육에 흥미가 낮거나 중도탈락한 청년 대상 직업훈련수단으로 활용 사회 전체 생산성 향상에 기여.

1-4. 미용 직업교육 환경 분석

미용분야의 교육제도는 미용사의 성장단계별로 교육의 가치와 의미가 다르며, 이는 개인별로 취하는 학습전략도 다르다. 이러한 미용 학습자의 성장 단계별 차이점은 빠르게 변화하는 고객들의 소비 취향, 노령화 사회에 따른 미용사 데뷔 기간의 변화 등으로 이어졌으며, 이는 바로 미용 교육 내용에 반영되어 미용 직업 교육환경의 복잡함에 한 축을 이루게 되었다.

여기에 미용분야에 전통적인 "도제식 교육"의 실행이 어려워진 점으로는 미용사들의 실행공동체인 미용현장이 시장 별로 분화되어 세분화된 시장에서 생존 경쟁을 하고 있기 때문이다. 한국 미용업계는 90% 이상이 1인 운영 및 2~3인 가족 운영 체제의 미용실이 그 주류를 이루고 있지만, 미용업계의 전체 매출 비율 중 상당한 비중을 차지하고 있는 미용기업은 몇몇 대표적인 프랜차이즈 미용실이다.

여기에 하이앤드 시장을 겨냥한 개인 미용실, 수 만명의 팔로워를 가진 인플루언서 미용인들도 시장 안에서 그 영향력이 대단하며, 이렇게 세분화된 미용 시장에서 각 시장 별 필요로 하는 미용 교육의 내용과 방식이 다르므로 미용 직업 교육환경의 복잡함에 또 다른 한 축을 형성하고 있다.

1-4-1. 미용사 성장 4단계

전문가에 이르는 숙련 단계를 학자에 따라 3단계 혹은 4단계로 구분(1977. Gene W. Dalton)해야 한다는 주장이 있으나 미용분야의 경우 4단계로 구분하는 것이 바람직하다. 그 이유는 한류로 시작된 흐름이 케이 뷰티(K-Beauty)라는 새로운 트렌드를 만들어낸 상황에서 한류와 케이뷰티 트렌드를 분석하고, 관련 콘텐츠를 개발하는 등의 업무에 참여하는 등 사회적 영역에서 활동할 수 있는 전문가의 성장단계가 필요하기 때문이다. 따라서 미용분야의 경우 4단계로 구분하는 것이 적합하다.

또한, 미용분야의 면허(자격)는 국가가 관리하는 제도권 내에 있어 이로 인해 면허 (자격)의 제도 개선, 면허(자격) 시험 출제, 면허(자격)의 국제교류, 면허(자격)의 유지·보수 등 내용 전문가로서 판단이 요구될 경우가 있다. 이러한 경우 단순히 고숙련 미용사가 가지고 있는 지식이나 기술로는 대응이 어려울 수 있으므로 이와 관련된 확장된 영역에서의 성장단계가 필요하다.

1단계에서 3단계의 미용사는 제한된 공간 즉 미용실이라는 실행공동체들이 활동하는 공간내에서 사업체는 물리적 형태가 유사하더라도, 운영 방식이나 경영자의 경험, 고객의 요구에 따라 매우 다르게 작용할 수 있다. 특히, 미용 경영자들이 선진 기술과 운영 방식을 배우기 위해 해외로 나가거나 학위 과정을 이수하는 것은 학습 의지를 보여주는 것이지만 동일한 교육을 이수하여도 그 경험과 결과는 매우 다른 것을 많은 사례를 통해 알고 있다.

이는 장님 코끼리 만지기에 비유하듯, 경험이 다른 각각의 미용사가 동일한 교육을 이수하였다고 하더라도 그 이해의 폭과 그로 인한 결과도 다른 것은 당연한 것이다. 결국 미용 현장 간의 차이와 경영자 및 조직원들의 환경이나 상황에 따라 교육에 대한 가치가 다르므로 이에 따라 교육 훈련의 방식 및 방향도 달라져야 함을 시사한다.

결론적으로, 미용 시장을 세분화하고 각 시장에 맞는 교육훈련 전략을 수립하는 것이 중요하며 이를 기반으로 교육훈련의 지속 가능성을 논의해야 한다. 이는 미용 산업의 다양성과 복잡성을 반영하는 접근 방식으로, 미용 현장의 특성과 요구에 맞추어 정교하게 개발된 맞춤형 교육이 필요하다는 것을 의미한다. 미용현장에 입사한 미숙련자 역시 업무에 기여하며 스스로 자신이 고숙련 미용인으로 성장하고 있음을 알 수 있다. 예를 들면 업무 범위의 변화, 업무실행 시 확장하는 의사결정 권한의 범위, 실행공동체 내에서 지위 변화 및 구성원들과의 관계변화 등을 통해 어느 정도 성장단계에 와있는지 스스로 가름할 수 있다.

4단계는 사회적 영역에서 미용분야의 전문가로 활동하는 영역으로 미용업계의 발전을 위해 방향 제시 및 트렌드를 주도하거나 새로운 발상의 혁신적인 경영방식이나 교육방식 등 업계 발전을 주도하는 역할을 한다. 이 단계의 미용 전문가가 많지 않으나 미용업계 발전을 위해 양성이 필요하다. 이처럼 각 단계별로 필요로 하는 요소(2017.Knud Illeris.)가 있으며 이러한 요소들로 인하여 각 단계를 명확하게 구분할 수 있다. 이러한 4단계 요소들에 대한 설명은 다음과 같다.

가. 미용학습 1단계_의존기(1977, Gene W. Dalton)

미용 면허증을 취득한 1단계의 신입직원에게 조직은 NCS 레벨 2에서 제시한 것과 같은 업무의 수준은 매우 낮으나 빈도수 높은 일상적이고 반복적인 업무에 대한 수행을 요구한다. 이러한 업무는 기본적인 내용만 명시화되어 있는 경우가 대부분이다. 미용 현장에서 요구되는 일상적이고 반복적인 업무의 대부분은 조직 내의 약속이나 암호화된 경우가 많아 공식적인 의사소통 경로를 통해 명확하게 인지 후 학습해야 한다.

1단계 의존기에 해당하는 신입직원은 공식 및 비공식적인 의사소통 경로를 통해 업무의 중요 요소와 주의할 활동을 학습해야 하며, 이는 조직의 요구 역량과 미래 잠재력을 관찰하는 데 중요하다. 이 단계의 직원은 경험 부족으로 인해 상급자나 고숙련자의 지시에 따라 업무를 수행하며, 이를 통해 필요한 역량을 개발한다. 숙련 기간 동안 주어지는 업무는 미용공간에 대한 정리정돈 및 고객응대, 고객응대 시 제공되는 부가 서비스와 고숙련자인 상급자의 업무를 보조하는 것이 대부분이다. 최근에는 디톡스나 힐링 목적의 모발 케어와 같은 제한된 업무를 수행하는 경우가 증가하고 있다. 이는 직원들에게 생산성 향상과 커뮤니케이션 능력을 강화하는 새로운 경영 전략으로 자리잡고 있다.

(1) 학습 활동

1단계 의존기 동안 직원은 일상적이고 반복적인 업무를 수행하며 미용 현장과 조직을 학습하는 데 많은 시간을 할애한다. 미용 현장은 매일 반복되는 서비스 제공으로 다양한 업무가 동시에 발생하며, 이 과정에서 직원은 주도권을 발휘하는 능력을 기르게 된다.
이 단계에서는 일상 업무에 갇히지 않고, 발생하는 문제를 능동적으로 해결하는 노력이 필요하며, 이를 통해 더 공격적이고 주도적인 모습을 보여 고숙련자가 기술전수에 더 많은 시간을 할애할 수 있도록 해야 한다.

그러나 직원이 단순히 일상 업무를 수행하며 주도적인 모습을 보이기는 어렵다. 하지만 이 시기에 고숙련자의 지시에 따라 충분한 경험을 쌓으면, 다음 단계로 성장하여 독립적으로 직무를 수행할 확률이 높아진다.

(2) 학습 관계

1단계 의존기에서 직원은 고숙련자의 보조 역할을 수행하며, 이 단계의 직원을 브랜드에 따라 스텝, 인턴, 파트너, 크루 등 다양한 호칭으로 불린다. 이 시기에는 고숙련자와의 좋은 관계 유지를 통해 교육훈련의 질을 높이고 효과적인 경력을 쌓는 것이 중요하다. 고숙련자의 행동을 관찰하고 지시 사항을 수행하며 피드백을 받는 과정은 의존기 직원에게는 중요한 학습 기회다.

이러한 경험은 고객 응대, 대화 방식, 다양한 요구에 대한 대응 능력 등을 배울 수 있는 기회이며, 현장 경험이 필수적인 미용 분야에서 소중한 경력이 된다. 1단계 의존기 직원은 고숙련자의 지시에 따라 최저임금 수준의 급여를 받으며 일상적이고 반복적인 업무를 돕는 노동력을 제공한다.

기술이나 업무 프로세스를 빠르게 습득하는 직원은 조직 내의 신뢰를 받아 더 많은 책임을 맡게 되고, 주도적인 업무 수행으로 이어질 수 있다. 그러나 고숙련자와의 관계나 조직의 여러 이유로 인해 빠른 성장에서 제외될 수도 있으며 이 경우, 직원은 조직이나 고숙련자와의 관계를 재고하게 된다. 1단계 의존기에는 고숙련자의 지도와 다양한 성장 프로그램, 관련 서적 등에서 지식과 기술을 배우는 것이 필요하며, 입사 시 조직의 교육 프로그램과 승급 제도를 확인하는 것이 중요하다.

(3) 학습 전략

1단계 의존기의 기술에 대한 학습은 고숙련자 또는 타인으로부터 배우는 것이 기본이므로 학습 전략은 주로 모방하기(Imitating), 패턴화(Patterning) 등을 통해 익히고 반복하는 것이 일반적이다.

첫째. 모방하기(Imitating)

이 시기에는 고숙련자의 시연 또는 기술의 요소들을 그대로 모방하며, 특히 행동이나 행동절차의 반복적 요소에 대해 모방하는 것이 중요하다. 이렇게 모방한 것은 교재 및 학습 매체 및 교수자의 숙련된 시연을 기준으로 단계적으로 숙련해 나간다.

학습자는 모방하는 동안 이전에 학습한 기술이나 현재 숙련 중인 기술의 일부를 활용할 수 있으며 이 시기에 학습자는 교수자로부터 가위, 드라이기 등 기기나 도구 사용법 등에 대해 기본기를 철저하게 지도 받아야 한다. 이 시기에 학습자에게 필요한 능력은 다음과 같다.

① 관찰력(Observing): 제시된 기술 단계와 세부 사항을 잘 관찰하는 능력
② 기억력(Remembering): 사전에 학습한 기술을 실행하는 방법을 기억하는 능력
③ 재현력(Copying): 학습한 내용 및 단계별 사항을 재현하는 능력

둘째, 패턴화(Patterning)

초기 학습 의존기를 지나 독립적인 기술 수행을 목표로 하는 단계에서는 패턴화 전략이 사용된다. 이 단계에서는 고숙련자의 도움을 받아 기술을 연습하고, 동료 및 선배의 지원을 통해 기술 패턴을 익힌다.

이 과정에서 시행착오가 발생할 수 있지만, 고숙련자의 제안으로 학습 시간을 줄일 수 있다. 의존 학습자가 독립적으로 기술 패턴을 완성하면, 마스터링 단계로 나아갈 준비가 되며, 주요 능력은 다음과 같습니다:

① 수행하기(Executing): 고숙련자의 지시가 내려지는 동안 수행하는 능력
② 따라하기(Following): 학습 자료에 표시된 기술 수행 단계 따라하는 능력
③ 진행하기(Making progress): '지시나 도움 없이' 기술적 수행을 진행하는 능력

기술 패턴화 단계에서 학습자에 대한 평가는 학습자가 명시된 기술 패턴을 얼마나 독립적으로 수행했는지와 그 결과를 평가한다. 또한, 단기적인 수업 평가에서는 학습자가 주어진 시간 내에 얼마나 많은 지시나 도움을 필요로 하는지를 통해 성과를 측정할 수 있다.

〈표1-2〉 미용학습 1단계_의존기(예시는 헤어미용분야)

항목	내용
정의	경험이 부족한 미용분야 입직단계로 고숙련자의 지시와 감독 아래에서 업무를 수행하는 초기 단계
직무	미용 면허증을 취득한 신입직원이 조직에서 기본적이고 반복적인 업무에 대한 요구를 수행 - 미용공간 정리정돈 및 위생업무와 고객응대 - 샴푸, 와인딩, 염모제 도포 등 상급자의 업무를 보조함 - 디톡스 및 힐링 목적의 모발 케어와 같이 디자인에 영향을 주지 않는 업무도 포함됨
학습 시 관계형성	- 숙련자와 좋은 관계 유지가 중요 - 고숙련자의 행동 관찰 및 피드백을 통해 기술과 조직에 대한 지식 습득 - 최저임금 수준의 노동력을 제공하며 경험 축적 및 인맥 구축
성장비전	- 빠른 습득력을 보이는 직원은 더 많은 책임을 맡고 독립적으로 성장할 가능성이 높음 - 관계나 조직내의 이유로 성장에서 제외되는 경우도 발생

학습전략
학습전략
	- **모방하기 (Imitating)**: 고숙련자의 시연을 모방하며 기술을 익힘
	  ↳ 관찰력, 기억력, 재현력이 필요하며 기기나 도구 사용법에 대해 기본기 지도 필요.
	- **패턴화 (Patterning)**: 독립적인 기술 수행을 목표로 하여 단계적으로 연습
	  ↳ 시행착오를 통해 기술 패턴 학습하고 독립적인 기술 수행에 도달하면 마스터링 단계로 성장

평가기준	- 독립적으로 수행한 기술 패턴의 완성도 수준 및 주어진 시간 내에 지시나 도움의 필요 정도를 평가

나. 미용학습 2단계_자립기(1977, Gene W. Dalton)

미용학습 2단계인 자립기의 핵심 주제는 『독립성』으로 이 단계에는 독립적이고 주도적으로 업무를 수행할 수 있는 능력을 갖추는 시기이다. 즉 고객을 독립적으로 담당할 수 있는 미용사로 성장한 시기이다. 2단계 자립기로 인정받으면 고객을 담당할 수 있는 전문가로 고객의 요구사항에 대해 독립적으로 의사결정권을 가지고 고객을 시술할 수 있다. 미용 전문가로 인정받는 것은 국가 자격증이나 면허증 취득과는 달리, 해당 조직과 고객으로부터 신뢰와 인정을 받았다는 것을 의미한다.

(1) 학습 활동

전문가들이 프로젝트 매니저가 되길 원하는 이유는 결과에 대한 책임은 있지만, 방법에 대해 타인의 지시를 받지 않기 때문이다. 2단계 자립기에서는 자신의 전문 기술로 높은 완성도의 결과물을 기대하며, 개인의 전문화 영역을 개발하는 것이 중요한 시기이다.

미용사들이 독립적으로 고객을 담당할 수 있는 이 시기에 전문화를 게을리하면 경력의 기반을 마련하는 데 실패할 수 있다. 미용 분야는 빠르게 변화하므로, 전반적인 전문성을 개발하기 어려운 대신 특정 분야에 집중하는 전략이 필요하다. 이렇게 전문성을 개발하는 방법은 다음의 두 가지로 나눌 수 있다.

첫째. 선택과 집중

헤어미용 현장에서는 커트, 컬러, 펌, 스타일링 등 다양한 업무가 있다. 미용 전문가로서 고객을 담당하기 위해서는 모든 업무에 일정 수준 이상의 능력을 갖추어야 하지만, 2단계 자립기에서 성공하기 위해서는 자신만의 전문 서비스 영역이 필요하다. 즉, 전반적인 미용분야에 대해 전문성을 필요로하지만 특정 분야에서의 전문성이 더욱 강조되어야 경쟁력을 가질 수 있다.

타업종에서 경우가 공인회계사가 금융 및 세무 분야에 특성화되어 그 분야의 전문가로 활동하는 경우, 이혼분야에 특성화된 이혼 전문 변호사 등과 같이 특정 전문성을 가진 전문가들이 존재하는 것과 같이 미용분야에도 자신만의 전문성을 개발하는 것이 중요하다.

둘째. 협업 혹은 융합

다른 하나는 전문 기술을 개발하여 다양한 문제를 해결하는 데 적용하는 것이다. 컴퓨터 프로그래머와 협업으로 미용현장에 필요한 영업관리프로그램, 헤어스타일변신 프로그램 등 다양한 앱을 개발하는 경우가 타분야 전문가와의 협업의 결과이다. 또는 어르신 및 장애인 삶의 질 향상에 노력하는 복지사와 그들의 미적욕구를 해결할 수 있는 미용분야가 융합된 '복지 미용사'등이 있다.

또한 두피 클리닉이나 모발 클리닉의 전문 기술을 이용하여 탈모 시장에 진입한 사례, 탈모나 모발이 적은 고객의 문제를 해결하다 가발전문가가 된 사례 등 협업과 융합으로 전문 영역을 개발한 미용 전문가가 적지 않다.

(2) 학습 관계

2단계 자립기에 교수자와 학습관계는 수평적인 관계이다. 이 단계로 성장한 사람도 담당 고객 수가 많지 않을 경우 조직 내에서는 여전히 조직의 룰이나 관리자의 지시를 따라야 하는 직원이지만, 더 이상 상급자의 업무적 지시에는 크게 의존하지 않는다. 그러나 동일 조직 내에서 이러한 직무변화는 개인 자신뿐만 아니라 상급자의 태도와 행동의 변화를 요구하므로 쉬운 일은 아니다.

대부분의 사람들은 기술 의존기에서 기술 자립기로의 빠른 성장을 원한다. 그러나 이러한 성장은 매우 간단하게 보이나 현실적으로는 간단하지 않다. 의존기에서 기술 자립기로 빠른 성장을 원하는 사람이 해결해야 할 과제는

첫째. 고숙련자와 함께 업무 시 고숙련자가 어떤 업무지시를 할지 먼저 알아차리기

둘째. 고숙련자와 함께 업무 시 고숙련자의 업무지시 보다 더 생산성 높은 방안으로 고숙련자의 업무를 보조하기 1단계 의존기 시기에는 고객을 담당하고 있는 고숙련자의 업무지시에 의해 업무를 수행하는 것이 당연한 것이고 이에 관해 매우 익숙했다면, 자립기에는 본인이 담당하는 고객에 대해 본인 스스로의 판단과 결정에 의해 업무를 수행한다는 것을 발견하게 될 것이다.

(3) 학습 전략

이 시기에 학습 전략으로는 마스터링(Mastering)을 제안한다. (1977, Larry S. Hannah) 미용 현장에서 이 단계에 도달한 경우 고객의 니즈를 기반으로 자신이 가지고 있는 기술을 활용하여 정확하고

적절한 속도로 고객의 니즈를 충족할 수 있는 결과를 만들어야 한다. 따라서 이 시기에는 모방하기와 같은 학습전략은 지양하고 교수자로부터 필요로 하는 기술이 무엇인지, 또 그 기술을 실행하기 위해 필요한 프로세스를 검토하는 수준의 피드백을 수평적인 관계에서 주고 받는 것이 적절하다.

2단계 자립기의 숙련자의 학습은 교수자의 시연을 필요로 하지 않는다. 이 시기에는 자신의 기술로 고객을 만족시키기 위해 고객의 니즈에 맞게 높은 만족도를 위해 노력한다. 이 단계의 평가 측정은 명시된 수준의 다양한 기술 숙련도에 대해 이뤄진다. 기술 평가 측정의 요소는 정확성, 민첩성, 일관성, 조정력, 지구력 등이지만 평가항목에 따라 요소 중 일부 또는 전부를 포함하여 평가한다.

〈표1-3〉 미용학습 2단계_자립기(예시는 헤어미용분야)

항목	내용
정의	미용 분야에서 독립성과 자립성을 갖춘 전문가로 성장하는 단계로 고객을 독립적으로 담당할 수 있으며, 전문성과 생산성을 갖춘 미용사로 인정받는 시기.
직무	고객의 요구사항을 독립적으로 수행 - 고객의 디자인에 영향을 주는 모든 업무 - 의존기 단계의 후배 직원에 대한 교육
학습 시 관계형성	- 의존기의 후배들과는 수직적 관계 - 동료 디자이너 및 관리자와도 수평적인 관계 - 상급자의 지시에는 크게 의존하지 않음 - 고객에 대한 판단과 결정은 스스로 하는 신분으로 관리자와도 수평관계로 계약체결
성장비전	- 선택과 집중을 통해 전문분야 개발로 경쟁력 강화 - 타분야 전문가와 하여 새로운 전문영역 개발
학습전략 학습전략	- **마스터링(Mastering) 전략 사용** 　└ 고객의 니즈에 맞는 기술을 활용하여 완성도를 높이고 창의력을 개발 - **프로젝트 혹은 문제기반 학습**: 고숙련자의 시연을 보고 실행하는 학습접 지양 　└ 문제 해결에 필요한 기술이나 이론이 무엇인지를 추론하고 기술 수행에 필요한 프로세스를 검토하는 수준의 피드백을 고숙련 및 동료들과 주고 받는다
평가기준	- 기술 평가_정확성, 민첩성, 일관성, 조정력, 지구력 등 - 평가 항목에 따라 요소 중 일부 또는 전부를 포함하여 평가

다. 미용학습 3단계_활용기(1977, Gene W. Dalton)

3단계는 습득한 미용 기술을 타인, 조직, 그리고 사회에 활용하는 단계다. 이 시기의 고숙련자는 미용 강사, 트레이너, 멘토, 스승 등으로 활동하며, 1단계와 2단계 미용사들을 가르치고 평가하여 긍정적인 영향을 미친다. 특히, 1단계 기술 의존기를 2단계 자립기로 성장시키는 데 중요한 역할을 한다. 또한, 3단계 전문가들은 조직과 업계를 위해 이종업계 교류 및 사회적 활동에 참여하며, 관련 관계자를 만나고 관리한다. 미용업계에서 3단계로 활동하는 전문가는 미용 경영인, 수석 디자이너, 교육본부장 등의 직책으로 활동한다.

많은 미용사들이 2단계에서 머물고 있지만, 경력 개발에 힘쓴 고숙련자는 3단계로 성장하며 후배 미용사들을 교육하여 승급을 돕는다. 이들은 미용 교육 전문기관과의 관계를 통해 특강 등을 진행하며 새로운 기술 교육을 제공한다.

(1) 학습 활동

기술 숙련 3단계인 기술 활용기 전문가들은 미용 현장에서 주로 교육자, 관리자, 문제해결자 등 세 가지의 역학을 한다. 이 세 가지 역할은 서로 연계되어 있어 동일인이 세 가지 역할을 모두 가능한 경우가 대부분이다.

첫째, 교육자 역할은 1단계 의존기를 거쳐 2단계 자립기 시기부터 가능한 역할로 후배에게 교육이 가능하다. 이 뿐만아니라 2단계로 성장을 통해 강화된 역량과 늘어난 고객으로 인해 갑자기 업무량이 많아진 후배들에게 도움을 주는 멘토의 역할까지 자연스럽게 이어지기도 한다.

둘째, 문제해결자 역할이다. 미용 현장에는 매 순간 다양한 문제가 발생하는 조직이며 공간이다. 3단계 활용기의 전문가들은 자신이 가지고 있는 능력을 통해 후배나 조직이 맞이한 문제에 대한 해결책을 제안하고 직접 실행에 옮기기도 한다. 새로운 디자인을 개발하는 것도 이 시기의 전문가의 역할이다.

셋째, 관리자 역할이다. 미용 현장에서 업무를 수행하고 있는 모든 단계의 조직원은 자신이 맡은 업무의 공식·비공식 관리자 역할을 하고 있다. 그러나 3단계 기술 활용기의 전문가는 공식적인 관리자의 역할을 한다. 특히 외부활동이 증가하는 시기에 관리자의 역할은 더욱 커진다.

이러한 역할을 성공적으로 하기 위해서는 미용 기술 외에도 교육심리학, 소비자 심리학, 교수학습법 등 다양한 분야에 대한 학습이 필요하며 이는 후배들의 중도 탈락을 방지하고 효과적인 양성을 위해 필수적이다.

3단계 전문가는 자신의 전문성을 확대하기 위해 많은 시간을 투자하며, 대학원에 진학하여 석·박사 학위를 취득하거나 해외 글로벌 미용 교육기관과 정기적으로 교류하여 정보를 얻고 새로운 프로그램을 개발하기도 한다.
또한, 업계 전문지에 미용 작품이나 관련 글을 기고하고, 권위 있는 국제 미용 대회에 참가하여 새로운 트렌드를 선도하는 역할을 한다.

(2) 학습 관계

3단계 기술 활용기로 접어들면서 가장 큰 변화는 학습 관계로 1, 2단계는 자신의 성장이 가장 큰 목표였으나 3단계인 기술 활용기의 전문가는 타인의 성장에 책임을 지는 관계에 놓인다.

2단계 기술 자립기에서 숙련, 성장을 멈추는 미용사가 적지 않은 이유는 미용현장에서 업무를 수행하는데 필요한 요소를 갖추고 있으므로 경제활동에 무리가 없기 때문이다.

기술적으로 자립한 미용사가 굳이 타인의 성장에 책임을 지거나 업무를 확장시키기 위해 다른 분야에 대한 공부를 할 필요를 느끼지 못한다면 3단계 기술 활용기로의 성장을 거부할 수도 있다.

이 시기의 전문가는 그가 수행하는 프로젝트의 목표를 설정하고 후배 및 동료들에게 업무를 분배하고 업무에 대한 감독 및 평가를 위해 대인관계 능력이 필요하다는 것을 알게 된다.

(3) 학습 전략
이 시기에 다음과 같은 학습 전략을 구사하는 것으로 변화할 수 있다.

- 다양하고 유연한 학습 전략: 학습자원에 대한 장악력이 커져 자신에게 유리한 학습 환경을 조성하려고 노력하는 전략
- 이중적 참여(2000, 이지혜): 가장 대표적인 학습 전략 가르치면서 배우는 상호학습 전략
- 교수자와 학습자의 역할: 강의 상황을 통해 학습 시, 학습자의 모습은 보여지지 않으나 교수자 경험을 통해 학습하는 전략.

이런 세 가지 학습전략을 구사하며 각각의 상황에 맞게 정확하고 적절한 속도로 기술을 응용하며 단계별로 기술의 발전이 이루어진다. 그 내용을 정리하면 다음과 같다.(1977, Larry S. Hannah)

- 정확하고 적절한 기술 실행: 다양한 상황에 맞는 적절한 기술수행 및 독립적 응용가능
- 독립적인 기술 수행: 타인의 기술을 참고하지 않고 독립적으로 정확성과 효율성을 유지하며 수행
- 기술 발전과 응용: 이전 기술을 발전시켜 복잡한 상홍을 해결하고 필요한 상황을 식별 가능

이 시기의 핵심 능력은 특정 상황의 문제를 해결하기 위해 필요한 적절한 기술을 파악하고 적용하는 능력(Identifying the appropriate skill)과 실행 기술의 정확성과 적절한 속도를 유지하는 능력(Maintaining)이다.

〈표1-4〉 미용학습 3단계_활용기

항목	내용
정의	습득한 미용 기술을 타인과 조직 그리고 사회에 활용하는 단계
직무	- 교육자: 후배 교육 및 멘토 역할 - 문제해결자: 조직의 문제 해결 및 새로운 디자인 개발 - 관리자: 공식적인 관리자의 역할 수행
학습 시 관계형성	- 타인의 성장에 책임을 지는 관계로 변화 - 2단계에서 자립한 미용사는 성장의 필요성을 느끼지 못할 수 있음 - 후배 및 동료와의 대인관계 능력 필요
핵심 능력	- 정확하고 적절한 기술 실행 - 독립적인 기술 수행 - 기술 발전과 응용
필요 학습	- 교육심리학 - 소비자 심리학 - 교수학습법
전문성 확대	- 대학원 진학 (석·박사 학위) - 업계 전문지에 글 기고 - 해외 글로벌 미용 교육기관과의 교류 - 권위있는 국제 미용 대회 수상

학습전략	- 다양하고 유연한 학습 전략 - 이중적 참여: 가르치면서 배우는 상호학습 전략 - 교수자와 학습자의 역할: 강의 상황에서의 경험을 통한 학습
기술발전단계	- 기술 평가_정확성, 민첩성, 일관성, 조정력, 지구력 등 - 평가 항목에 따라 요소 중 일부 또는 전부를 포함하여 평가

라. 미용학습 4단계_확장기(1977, Gene W. Dalton.)

4단계 기술 확장기의 전문가들이 조직과 산업계에서 가지는 영향력과 그들의 역할은 다음과 같다.

첫째, 영향력 있는 전문가

4단계의 사람들은 조직의 방향을 정의하는 데 중요한 영향력을 행사하며, 대부분 최고 관리직을 맡고 있으며 이들은 조직 및 업계에 비전을 제시한다. 또한 법률적 환경에 의견을 제시한다.

둘째, K-Beauty와 과제해결

K-Beauty 현상으로 인한 한류의 영향은 미용업계에 여러 가지 해결해야 할 과제를 제기하고 있다. 한국 미용업계는 이러한 과제를 해결하여 산업계의 미래 전략을 마련해야 하며, 이는 조직과 산업계의 성장과 생존에 매우 중요한 사항이다.

셋째, 신뢰에 기반한 판단력 행사

이 단계의 전문가들은 과거에 입증된 판단력과 기술로 신뢰를 얻었으며, 조직의 환경을 정확히 읽고 적절히 반응하는 능력이 요구된다.

넷째, 조직 내 영향력

조직 내에서 영향력을 행사하는 사람들은 다양하며, 최고 경영자만이 전문가는 아니다. 팀장이나 서비스 혁신 팀, 해외 마케팅 팀장 등도 중요한 역할을 한다.

(1) 학습 활동

4단계 확장기 전문가는 경영 관리자, 사내 기업가, 아이디어 혁신가 등의 역할을 수행하며, 조직의 정책 수립과 비전 수립에 관여한다. 이들은 일상적인 업무의 세부 사항에 직접 관여하지 않고, 조직의 방향성을 형성하는 중요한 사안에 대한 결정에 참여한다.

또한, 4단계 전문가는 혁신적인 팀을 이끌며 새로운 아이디어를 발전시키는 데 필요한 자원을 모으고, 그 과정에서 성공과 실패의 결과를 경험하며 내·외부조직과 공유하므로써 업계의 성장을 도모할 수 있다. 이들은 자신의 전문성을 외부에 알리고, 핵심 인력의 선발과 육성에 중점을 두며, 향후 4단계 전문가로 성장할 가능성이 있는 인재를 발굴하고 지원한다.

따라서 이들은 후배들을 직접 지도하는 것보다 기회를 열어주고 평가의 기준을 새롭게 개발하거나 피드백을 제공하는 것에 초점을 맞추고 있다. 4 단계 전문가는 핵심 인력으로 발전할 가능성의 사람들을 지켜보고, 그들의 장단점을 기록하여 상담하고 그들이 가장 큰 능력을 발휘할 수 있는 영역으로 인도하기 위한 역량을 개발하는 것이 바람직하다.

마지막으로, 4단계 전문가는 외부와의 관계에 주로 관여하여, 조직이 처한 환경변화에 대한 최신 정보를 수집하여 제공하거나 이들 정보를 가공하여 미용 분야에 맞도록 재생산하는 역할도 수행한다. 이를 위한 학습 활동으로는 미용분야 학습의 발전 및 전문성을 실행하기 위해 복잡한 학습 분야의 체계적이고 비판적인 이해를 높이기 위한 학습활동이 필요하다.

(2) 학습 전략: 즉석에서 해결방안 제시하기(Introducing)

이 단계 전문가들의 가장 중요한 학습전략으로는 해결책을 필요로 하는 상황에 처해있을 경우 즉석에서 해결책을 제시할 수 있어야 한다. 이를 위해 자신이 학습한 기술들을 수정하거나 조정하며 적용하여 기술적으로 새로운 요소들을 추가하기도 한다. 미용분야 숙련자들은 특정한 상황의 문제를 해결하기 위하여 즉석에서 기술의 새로운 요소들을 기존의 숙련된 기술 요소들 속에 의도적으로 도입는 행위하기도 한다. 즉 4단계 기술의 확장기에 있는 전문가들은 충분히 숙련된 기술을 바탕으로 다양한 상황에 창의적이고 유연하게 기술을 사용할 수 있는 능력이 필요하다는 것을 의미한다.

이 시기의 핵심 능력은 주어진 상황을 보다 효과적으로 해결하기 위해 의도적으로 새로운 요소를 기존의 기술에 도입(Introducing)하는 것이다.

〈표1-5〉 미용학습 단계별 특징

특징 \ 구분	의존기	자립기	활용기	확장기
중심활동	- 업무지시에 따른 대부분 업무보조	- 독립적, 주도적	- 교육훈련	- 미래비전 제시
조직 내 역할	- 견습생(도제생)	- 동료	- 스승, 멘토	- 기획, 전략
조직 내 위치	- 업무보조(스텝 등)	- 기술자	- 지점장, 원장	- 대표
정서적 기반	- 의존성	- 독립성, 자립성	- 리더십	- 리더십
학습 전략	- 모방 및 패턴화	- 마스터링	- 이중적 참여 - 적용 및 응용	- 해결방안 제시

1-4-2. 미용 현장별 교육훈련

각각의 미용 현장은 동일 브랜드내에서도 운영 방식, 경영자의 경험, 고객의 요구에 따라 다르게 운영되므로 미용 현장 간의 차이와 경영자 및 조직원의 환경에 따라 교육의 가치가 다르므로, 교육 훈련의 방식과 방향도 달라져야 한다.

따라서 미용 현장을 세분화하고 각 시장에 맞는 교육훈련 전략을 수립하는 것이 중요하며, 이를 통해 교육훈련의 지속 가능성을 논의해야 한다. 이는 미용 산업의 다양성과 복잡성을 반영하며, 각 현장의 특성과 요구에 맞춘 맞춤형 교육이 필요함을 의미한다.

가. 세분화된 미용 현장별 특성

미용 시장의 복잡성을 이해하고 효과적으로 세분화하기 위해 인적 자원 관리의 관점에서 접근하는 것은 매우 유용한 방법이다. 〈사진1-1〉의 한국 미용시장 세분화의 내용은 다음과 같은 5가지 요소들을 고려하여 미용현장을 세분화하고, 현장별로 성장 혹은 유지에 필요한 교육 및 훈련 프로그램을 개발하는 데 기여할 수 있을 것이다.

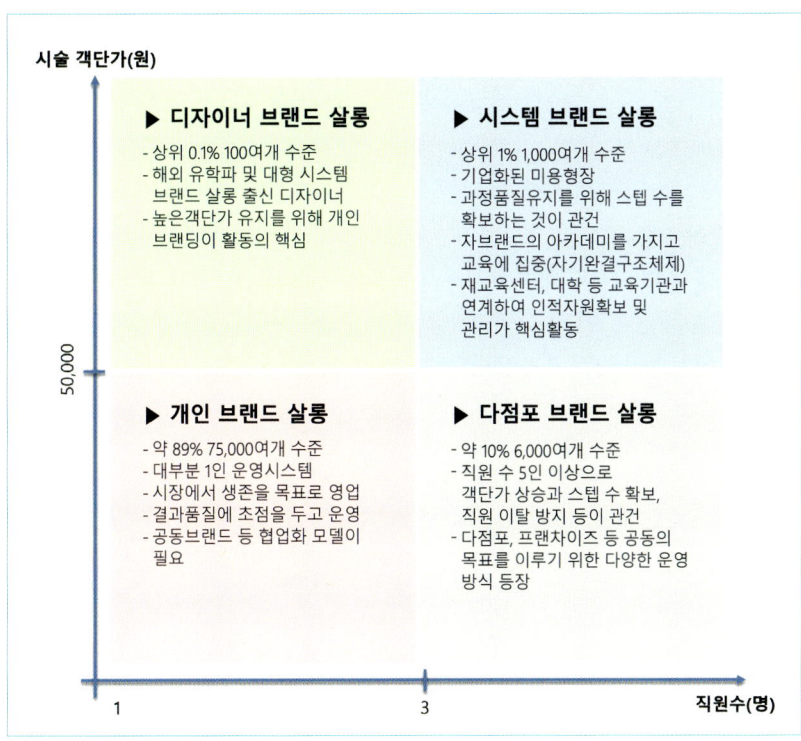

〈사진 1-1〉한국 미용시장 세분화

첫째, 스텝(견습생)의 수

앞에서도 서술하였듯이 업무의 대부분이 상급자의 지시를 기반으로 일상적이고 반복적인 업무가 대부분인 스텝의 수는 효율적인 미용 현장의 운영과 고객에게 제공하는 서비스 품질에 지대한 영향을 미치는 요소 중에 하나이다.
견습생의 수가 많을수록 기술자는 고객에게 집중적으로 핵심서비스를 제공할 수 있는 것은 물론 다양한 부가 서비스를 제공할 수 있게 된다.

둘째, 시술 객단가

고객이 미용 현장에서 머물면서 소비하는 평균 비용은 미용 현장의 수익성과 직결된다. 평균 이상의 높은 객단가의 고급 미용실은 고품질의 서비스를 제공하거나 특정 고객층을 타겟으로 할 가능성이 높다.

셋째, 시장 세분화
스텝 수와 객단가를 기준으로 시장을 세분화하면, 각 세분화된 시장의 특성을 이해하고, 그에 맞는 전략을 수립할 수 있다. 예를 들면, 스텝 수가 많은 미용 현장은 밀도있는 서비스 제공이 가능하며 아울러 다양하고 차별화된 서비스 제공이 가능하다. 반면, 스텝 수가 적은 미용 현장의 경우 기술자와 고객과의 개인적인 관계가 강화되어 기술자가 이직할 경우 고객도 함께 이탈할 확률이 높다.

넷째, 교육 및 훈련 프로그램 개발
세분화된 현장 특성에 맞는 교육 및 훈련 프로그램을 개발하여 인력을 효과적으로 배치하고, 고객의 기대에 부응하는 서비스를 제공한다. 예를 들어 고급 서비스를 제공하는 미용실에서는 고객 관리 및 고급 기술 교육이 필요하지만, 저가 미용실의 경우 빠르고 신속하게 고객을 마무리 할 수 있는 스킬을 체득하는 교육이 필요하다.

다섯째, 차별화 전략
이러한 분석을 통해 각각의 미용 현장은 미용 시장 내에서 차별화된 경쟁력을 갖출 수 있게되며, 각 미용 현장별 강점과 약점을 파악하고, 이를 바탕으로 고객의 요구에 맞춘 서비스를 제공함으로써 시장에서의 위치를 강화 혹은 변화할 수 있다.

〈표1-6〉 세분화된 미용 현장별 특성

구 분	설 명
스텝(견습생)의 수	- 스텝의 수는 효율적인 운영과 서비스 품질에 영향을 미침 - 스텝이 많을수록 기술자는 다양한 서비스 제공 가능.
시술 객단가	- 고객이 소비하는 평균 비용은 수익성과 직결됨 - 높은 객단가는 고품질 서비스 제공을 필수로 하는 특정 고객층 타겟
시장 세분화	- 스텝 수와 객단가를 기준으로 시장을 세분화하여 특성을 이해 - 시장 별 맞춤 전략을 수립. 스텝 수가 많은 현장은 밀도 있는 서비스 제공 가능.
교육 및 훈련 프로그램 개발	- 세분화된 특성에 맞는 교육 프로그램을 개발하여 인력을 효과적으로 배치 - 고객 기대에 부응. 고급 미용실은 고객 관리 및 고급 기술 교육 필요.
차별화 전략	- 분석을 통해 차별화된 경쟁력을 갖추어 강점과 약점을 파악 - 고객 요구에 맞춘 서비스를 제공, 시장에서의 위치 강화.

(1) 소규모 개인 브랜드 살롱
개인 브랜드 살롱의 가장 큰 특징은 직원 수로 운영자를 포함 3~4명을 넘지 않는 것이 특징이다. 여기에 속해있는 미용현장은 낮은 객단가로 인해 운영이 어려워지면 생존 자체에 어려움이 있으나 주변과의 협업이나 공동 브랜드 전략으로 해결해 나갈 수 있다.

개인 브랜드 살롱의 기술 소비 및 교육 훈련 목표를 정리해보면 다음과 같다.

첫째, 기술 소비 패턴
- 주요 기술: 커트와 펌을 기본으로 새치커버 및 탈모 등 기본 컬러 서비스도 제공된다. 이는 고객 요구가 기본적인 요구에서 크게 벗어나지 않기 때문이다.
- 두피·모발 클리닉 메뉴: 상대적으로 많이 사용되지 않아 고객의 수요가 낮거나 고객들의 인식이 부족할 수 있음을 나타낸다.
- 남성 소비자 증가: 남성 고객 증가에 따른 탈모 클리닉, 가발, 증모와 같은 분야로의 확장을 시도하고 있으며, 이는 새로운 수익원을 창출하고 경쟁력을 높이는 기회가 될 수 있다.

둘째, 교육 훈련 목표
- 생산성 중심: 개인 브랜드 살롱은 포화 상태의 미용 시장에서 경쟁력을 유지하기 위해 생산성 향상에 초점을 맞추어야 한다. 이를 위해선 더 많은 고객유치와 시술 단축을 목표로한 교육이 필요하다.
- 생존능력: 미용 경영자와 미용사들은 "생존 능력"을 가장 중요한 능력으로 인식하고 있으며, 이에 맞춘 기술 훈련을 진행하고 있다. 이는 지속적인 경쟁에서 우위를 점하기 위한 필수적인 요소이다.

셋째, 기술 훈련의 주체
- 미용인 모임: 미용인들 간의 네트워킹과 정보 공유를 통해 교육 훈련에 대한 정보교류가 이루어지는 것은 물론 교육도 이루어 진다. 이는 실무 경험과 최신 트렌드를 반영한 교육을 제공 받을 수 있는 장점과 낮은 비용으로 교육을 해결할 수 이 있는 장점도 가지고 있다.
- 미용 전문 제품 회사: 제품 회사에서 실시하는 교육은 특정 제품의 사용법과 기술을 배우는 데 중점을 두며, 제품 판매와 연계된 교육이기도 하지만 업계 정보 등 부수적인 이점이 있다.

(2) 다점포 브랜드 살롱

다점포 브랜드 살롱인 중형 미용실은 스텝의 수는 3명 이상에 시술 객단가가 7만 원 이상인 경우로, 대부분의 프랜차이즈 매장에 여기에 속하며 대부분 시스템 브랜드 살롱에서 근무한 경험이 있는 2~3단계의 고숙련자가 창업하거나 개인 브랜드 살롱의 오너가 성장하여 다점포 브랜드 살롱으로 전환된 경우가 많다.

여기에 해당하는 미용 현장에서 제공하는 서비스는 커트, 펌, 컬러, 두피•모발 클리닉 등이며, 다양한 부가 서비스도 함께 제공한다. 이렇게 제공되는 서비스의 질을 높이기 위해 조직원들의 차별성을 강화하는 능력을 키우기 위한 교육이 필요하여 이때 교육 훈련의 목표는 개인 서비스와 시스템 미용실 간의 차별성을 확보하는 것이다.

이러한 차별성을 위해 다양한 마케팅 프로그램이 운영되며, 프랜차이즈 가맹점의 경우 본사에서 제공하는 교육 프로그램이나 운영자의 개인적인 네트워크를 활용한 다양한 교육을 활용할 수 있다.

이는 인적 자원의 전문성을 높이고, 고객에게 더 나은 서비스를 제공하기 위한 전략으로 볼 수 있다. 결론적으로, 다점포 브랜드 살롱의 성공은 인적 자원의 능력에 차별성을 강화하여 시장 경쟁력을 지속적으로 유지하는데 있다.

(3) 디자이너 브랜드 살롱

디자이너 브랜드 살롱은 소규모이지만 높은 객단가로 고품질 서비스를 제공하는 미용현장이다. 해외 유학으로 시야가 넓어진 디자이너가 창업한 경우, 시스템 브랜드 살롱에서 장기간 근무한 하이 퍼포모가 자신을 브랜드화 하여 창업한 경우의 현장이다.

디자이너 브랜드 살롱은 커트, 펌, 컬러, 두피·모발 클리닉 등 일반 미용 현장과 동일한 미용서비스를 제공하지만 그 외 충분한 상담시간, 고객에게 맞는 컬러를 찾아 메이크업과 헤어컬러를 제안하는 퍼스널 컬러, 시술 전후의 사진을 제공하는 포토 등 프리미엄 부가 서비스를 제공하여 서비스의 질을 높인다.

여기에 해당하는 미용 현장의 교육 목표는 기술적으로는 최고를 지향하는 '독창성', '예술성', '전문성' 등을 기반으로 하되, 서비스 제공 시 자세와 태도에 대해서도 매우 중요 시 한다. 특히 브랜드 파워가 높은 디자이너 브랜드 살롱의 경우 셀럽 고객을 많이 보유하고 있어 프리미엄 서비스 제공에 더욱 신경을 쓰고 있다

높은 객 단가 유지를 위해 디자이너 개인의 브랜드화가 절대적으로 유지되어야 하므로 이를 위해 해외의 유명한 브랜드와 협업, 다른 미용사를 가르치기 위한 사전적 노력으로 대학이나 대학원 과정에 참여하기도 한다.

또한 다양한 SNS 채널을 활용하여 강력한 마케팅으로 브랜드의 '독창성', '예술성', '전문성'을 업계에 알리며 브랜드파워를 높이기도 한다.

(4) 시스템 브랜드 살롱미용실

시스템 브랜드 살롱의 가장 큰 특징은 스텝의 수가 최소 5인 이상이며 객단가가 10만원을 넘는 경우가 대부분으로 소속 고숙련자 중 월 영업매출액이 수천만원을 넘는 하이 퍼포머가 많은 것이 특징이다.

여기에 해당하는 시스템 브랜드 살롱에서는 미용 서비스인커트, 펌, 컬러, 두피·모발 클리닉 등이 모두 중요 메뉴로 제공되며, 스텝들을 이용해 고객들에게 과정 품질의 만족도를 높이기 위한 다양한 부가서비스를 제공한다.

이 시스템 브랜드 살롱의 교육훈련의 주요 목표는 '지속 가능성'이다. 스텝 수를 유지하며 시스템 브랜드가 추구하는 서비스 품질을 지속적으로 제공하여 자 브랜드 성장에 대한 '지속 가능성'이

보장되기 때문이다. 이를 위해 기술교육은 물론 국내외 다양한 분야에 대한 교육을 각 학습 단계에 있는 직원별로 능력을 구분하여 교육을 제공한다.

〈표1-7〉 미용학습 단계별 사용하는 주요 능력의 구분

구 분	의존기			자립기			활용기			확장기		
	준비	실행	지도	준비	실행	지도	준비	실행	지도	준비	실행	지도
미용 서비스	O	O	X	X	O	△	X	O	O	X	X	O
부가 서비스	O	X	X	X	O	△	X	O	O	X	X	O

결국 미용 현장에서 활용해야 하는 능력은 현장에 따라, 고객에 따라 상황에 따라 모두 다를 수 밖에 없으므로 자신이 해결해야할 문제가 발생하였을 경우 해결할 수 있는 능력을 키우는 교수학습법을 사용하여 교육을 제공하는 것이 가장 적합하다.

미용분야 PBL로 여는
숙련에서
비판적
사고의 길

미용분야 PBL교수학습설계 지침서

PART 02

BECAUSE OF PBL!

파트2에서는 문제 기반 학습(PBL) 교수학습법의 특징과 그 중요성을 다룹니다. PBL은 학습자들이 주도적으로 문제를 해결하는 과정에서 깊이 있는 이해를 도모하는 교육 방법론이라는 것을 설명합니다.

첫 번째 장은 PBL 교수학습법의 목표를 소개하며 PBL의 시작과 목표를 통해 학습자들이 실생활 문제를 해결하는 데 필요한 사고력과 창의성을 향상하도록 합니다.

이어지는 내용에서는 PBL 교수학습법의 주요 특징을 설명합니다. PBL 문제는 비구조적이며, 이는 학습자들에게 다양한 접근 방식을 요구합니다. 학습자 중심의 학습 환경을 조성하여 자기주도 학습을 촉진하며, 협동학습과 팀워크를 통해 상호작용을 강화합니다. 또한, 수행평가와 루브릭을 활용하여 학습 성과를 객관적으로 평가하고 피드백을 제공합니다. 결론적으로, PBL 교수학습법은 학습자들이 주체적으로 참여하고 협력하는 학습 환경을 조성하여, 효과적인 문제 해결 능력을 배양하는 데 기여하고 있음을 소개하는 단계입니다.

Chapt 2. PBL교수학습법의 특징

2-1. PBL 교수학습법의 시작
- 2-1-1. PBL 교수학습법의 방향
- 2-1-2. PBL 교수학습법의 목표

2-2. PBL 교수학습법의 특징
- 2-2-1. 비구조적인 PBL 문제
- 2-2-2. 학습자 중심의 학습
- 2-2-3. 자기 주도 학습(Self Directed Learning)
- 2-2-4. 협동학습과 팀워크
- 2-2-5. 수행 평가와 루브릭(Rubrics)

2 CHAPT

PBL 교수학습법의 시작

2-1. PBL 교수학습법의 시작

PBL(Problem-Based Learning)교수학습법의 초기 버전은 1966년 캐나다 온타리오주 맥마스터 의과 대학에서 시작되었다. 새로운 병원과 의대를 설계하기 위해 기존의 의대 교육과정에 대한 새로운 접근법이 필요했으며, 도널드 우드 교수는 PBL이라는 용어를 처음 사용했다. 이후 3년간에 걸쳐 이 교수학습법에 관한 질문과 비판이 이어졌으며 마침내 1969년에 19명의 의대생으로 구성된 첫 번째 수업이 맥마스터 의과대학에서 시작되었다.(2012.Henk G. Schmidt)

전통적인 의과대학 교육은 의사들에게 많은 정보를 암기하게 하고, 이를 임상 상황에서 적용하도록 가르쳤으나 이러한 접근은 실제 환자 상황에서 의사들이 증상을 정확히 식별하지 못하는 문제를 초래하여 그 문제를 해결하기 위해 개발된 학습법이 문제 중심 학습(PBL)이다.

바로우(Barrows)교수와 탐블린(Tamblyn)교수는 PBL의 창안자로 인정받으며, 맥마스터 의과대학에서 새로 개업한 개업의들이 마주하는 다양한 환자 문제를 시뮬레이션하는 데 초점을 맞췄다. 학습자들은 소규모 팀으로 학습하며 전통적인 강의식 교육을 받지 않고, 카드 형식의 '문제 팩'을 사용하였다.
그 결과, PBL을 통해 학습한 학생들은 동기부여, 문제 해결 및 자가 주도 학습 능력이 향상되었음을 알 수 있었다.(1998. H. S. Barrows)

맥마스터 의과대학이 문제 중심 학습(PBL) 커리큘럼을 시작한 이후, 네덜란드 마스트리흐트 대학과 호주 뉴캐슬 대학도 맥마스터 모델을 채택하였지만, 이들 대학은 각자의 독자적인 교육 프로그램을 개발했다. 마스트리흐트 대학은 1975년에 새로운 의과대학을 시작하였고, 초기 4년 동안 PBL을 주요 전략으로 실천했다.

바로우 교수가 처음 실천한 문제 중심 학습의 정신적, 철학적 뿌리는 교수자들이 학습자들의 자연스러운 본능에 호응하여 연구하고 창조해야 한다는 미국의 교육 철학자 존 듀이의 믿음에서 찾을 수 있다.

> 존 듀이는 "문제를 내어주고 질문을 하고 과제를 주고 곤란감을 확대시키는 것이 등등이 학교 공부의 대부분을 이루고 있다. ..중략... 그것은 학생 자신의 문제인가, 아니면 교사의 문제 또는 교과서의 문제였던 것인가?..중략..경험은 학습자 자신의 것으로서, 그 속에서 포함된 관련을 자극하고 지도하고 추론과 검증으로 이끌 수 있는 것이어야.. 중략... 그렇지 않으면 그 경험은 외부에서 부과된 것"이라며 " 또한 그는 "학교에서 좋은 사고습관을 길러주는 일이 주요하다... 중략.. 그러나 실제는 학교가 할 수 있고 또 해야 하는 것은 오로지 사고하는 능력을 길러주는 것이다"라고 하였다. (2007. 이홍우 번역『민주주의와 교육』)

존 듀이는 학습이 학생 자신의 문제와 관련되어야 하며 경험을 통해 이 학습자의 사고를 유도해야 한다고 강조했다. 그는 또한 학교 교육은 사고력을 강화하는 것이 중요하다고 강조하며, 학습은 단순히 지식 습득이나 기술연마 보다 생각을 자극하고 사고를 구조화 시키는데 초점을 맞춰야 한다고 주장했다.
이는 학습자는 실제적인 문제 해결을 통해 가장 많은 관심과 사고를 발휘한다고 보았기 때문이며 이것이 바로 문제 중심 학습의 기본이며 핵심 정신(1997. Robert Delisle)인 것이다.

바로우 교수는 의과대학 교육이 지식 제공에만 초점을 맞추는 경향을 지적하며, 의사가 갖춰야 할 세 가지 핵심 능력을 강조했다: ① 의학적 지식, ② 환자의 건강 문제를 평가하고 관리하는 능력, ③ 지식을 확장하고 미래 문제에 대응하는 능력. 기존 교육의 대부분이 첫 번째와 두 번째 능력에 치중하고 있었기 때문에, 바로우 교수는 이를 보완하기 위해 기존 사례 연구를 넘어선 문제를 개발하게 되었다.

바로우 교수는 학습자들에게 모든 정보를 제공하지 않고, 상황을 연구하며 적절한 문제를 개발하고 해결 계획을 세우도록 요구했으며, 이를 통해 학습자들은 임상적 추론 능력을 강화시키고, 새로운 질병 치료법을 배우며 지식을 확장할 수 있게 된다는 것을 알게 되었다. PBL교수학습법을 통해 교육받은 학습자들은 자기 주도적 학습자로 성장하여, 자신의 학습 욕구를 정의하고 이를 충족시키기 위한 최적의 자원을 선택하는 능력을 갖추게 되었다. 바로우 교수는 PBL을 "문제의 이해 또는 해결 과정에서 발생하는 학습"으로 정의했다.

〈표2-1〉 PBL 교수학습법의 기원과 발전

구 분	설 명
PBL의 기원	1966년 캐나다 맥마스터 의과대학에서 도널드 우드 교수가 처음 제안. 1969년 첫 번째 PBL 수업이 19명의 학생을 대상으로 시작됨.
기존교육방식과의 차이	전통적 의과대학 교육은 정보 암기에 초점을 맞췄으나, PBL은 실제 문제를 해결하는 과정을 통해 학습하는 방식으로 변화함.
PBL 창안자와 실천방식	바로우 교수와 탐블린 교수가 창안. 소규모 팀 학습과 '문제 팩'을 활용하여 학생들이 스스로 문제를 해결하도록 유도.
PBL의 확산	맥마스터 대학 이후 네덜란드 마스트리흐트 대학(1975년), 호주 뉴캐슬 대학 등에서도 도입, 각 대학이 독자적인 PBL 프로그램을 개발.
PBL의 철학적 기반	미국 교육 철학자 존 듀이의 사상을 기반으로 함. 학습자가 탐구하고 창조할 수 있도록 교수자가 촉진하는 학습법.
PBL의 의의	PBL은 단순한 지식 암기가 아닌, 문제 해결 중심 학습법으로 자리 잡으며 다양한 분야에서 학습자 중심 교육의 대표적 모델로 활용됨.

2-1-1 PBL 교수학습법의 방향

미용 기술의 궁극적인 목표는 고객의 미적 문제를 고객 만족도가 높은 방식으로 관리할 수 있는 유능한 미용사를 양성하는 데 있으며, 이를 위해, 미용 직업훈련 교육기관에서 배출되는 교육생은 관련 전문지식과 기술을 갖추는 것은 물론 그 지식과 기술을 고객별 시술 상황에 적절히 활용할 수 있는 실무 능력을 겸비해야 한다.

결국 미용 교육생들은 고객의 미적 문제에 대한 원인을 파악하고 이를 효율적으로 해결할 방안을 논리적으로 추론할 수 있어야 한다. 즉 고객 시술 과정에서 자신의 지식과 기술을 상황에 맞게 효과적으로 적용할 수 있어야 한다. 그러나 현실적으로 교육기관에서 고객 시술에 필요한 모든 지식, 개념, 기술을 가르치는 데는 한계가 있으며, 모든 내용을 가르친다고 해도 교육생들이 그 모든 것을 현장에 활용하는 것은 불가능할 수도 있다.

그것은 빠르게 변화하는 미용 기술과 트렌드로 인해 교육기관에서 배운 내용이 졸업 후 몇 년 안에 시대에 뒤처질 가능성이 높아지는 등의 다양한 이유로 자기주도학습의 필요성이 강조된다.
따라서 PBL 교수학습법을 활용하여 미용을 지도하는 교육기관의 교강사들은 다음 세 가지 사항을 동시에 달성할 수 있도록 방향성을 설정하는 것이 문제 중심 학습 과정에서 달성해야할 핵심과제이다.(1986. H. S. Barrows)

- 미용에 대한 전문적이고 필수적인 지식, 기술, 태도 습득
- 고객의 미적 문제를 평가하고 해결하기 위해 자신의 지식을 효과적으로 활용하는 능력 배양
- 지식을 확장하고 개선하여 미래 고객의 문제를 해결할 수 있는 미용 지식과 기술의 습득

2-1-2 PBL 교수학습법의 목표

PBL 교수학습법은 비판적 사고력, 소통 능력, 창의력, 협업력 등 4가지 핵심 역량을 강화하는 데 효과적이며, 이러한 효과를 얻기 위해 미용분야에서는 다음 3가지 목표로 교육생을 지도하는 것이 바람직하며 이럴 경우 학습자의 메타인지 능력을 획득할 수 있다.(1985. Howard S. Barrows)

가. 미용분야 지식과 기술 습득
나. 미용 시술 추론과정 습득
다. 자기주도학습력 향상

가. 미용분야 지식과 기술 습득

PBL 교수학습법의 핵심 역량을 강화하기 위해 미용분야의 교육생에게 가장 중요한 것은 "미용에 관한 전문적이고 필수적인 지식, 기술, 태도 습득"이다. 교육생 지도 시 가장 중요한 것은 '교육생이 무엇을 배워야 하는지와 어떻게 배워야 하는지'라는 두 가지 차원이다.

교강사가 설명-시연-실습-피드백-평가 등과 같은 전통적인 방식의 교수법을 사용하여 해당 능력 단위에 대해 교육생을 지도할 경우

- 처음 배운 미용기술과 지식을 취업 후 잊어버리는 경우가 대부분이며,
- 각 교과목이 계층적으로 조직되어 있어 순차적으로 교육을 받게되어
- 현장 취업 시 재교육 대상이 됨

그러나 고객의 미적 문제를 해결하기 위해 관련 정보를 검색하고 교육생 자신의 경험이나 기억 속에 내재되어 있는 지식과 기술을 활용하여 특정 고객의 문제를 다루는 실제 상황(임상적 맥락)으로 교육이 이루어 질 경우 교육 중에 취득한 정보 혹은 기술은 자연스럽게 교육생의 경험으로 축적되며 유사한 상황을 맞이할 경우 매우 유용하게 활용할 수 있게 된다.

따라서 PBL 교수학습법을 적절하게 설계하여 지도할 경우 미용사로 승급하여 고객들의 미적 문제를 해결하는 상황이 되면 과거 학습한 정보를 통합·사용·재사용하며 유용하게 활용할 수 있게 된다.

결론적으로 PBL 교수학습법의 첫 번째 교육목표를 재정의하면 미용 교육생들이 과정 종료 후 현장에서 고객의 문제를 마주하는 시술 상황에서 활용 가능한 미용 전문 지식과 기술을 습득하는 것이다.

〈표2-2〉 미용분야 교수법별 특징

no	항목	세부내용
1	미용 교육생 학습목표	- 미용에 관한 전문적이고 필수적인 지식, 기술, 태도 습득
2	전통적인 교수법	- 처음 배운 미용기술과 지식을 취업 후 잊어버리는 경우가 대부분 - 각 교과목이 계층적으로 조직되어 순차적으로 교육을 받게 됨 - 현장 취업 시 재교육 대상이 됨
3	PBL 교수학습법	- 고객의 미적 문제 해결을 위해 정보검색과 교육생의 경험 활용 - 실제 상황(임상적 맥락)에서 교육을 진행하여 정보와 기술을 경험으로 축적 - 유사한 상황에서 학습한 정보를 유용하게 활용 가능
4	PBL 교수학습법 교육목표	- 과정 종료 후 현장에서 고객의 문제를 해결할 수 있는 전문 지식과 기술 습득

나. 시술 추론 과정 습득(The Reasoning Process)

PBL 교수학습법의 다음 목표는 미용 고객의 미적 문제를 평가하고 해결하는데 미용사 자신의 지식을 효과적으로 적용할 수 있는 능력에 관한 것이다. 가령 고객을 담당하는 미용사가 미용 관련 엄청난 정보를 보유하고 있다 해도 시술 상황에 만난 미용 고객의 미적 문제 해결에 해당 지식과 기술을 효율적으로 사용하는 능력이 부족하다면 그 지식과 기술은 필요 없는 것이라 할 수 있다.

시술 추론 프로세스는 미용 시술과 관련된 전문 지식과 고객의 시술 과정에서 필요한 정보를 기억하고 활용하는 과정을 말하며, 이 과정은 미용사의 과거 시술 경험을 바탕으로 이루어지며 미용사는 고객의 문제를 해결하기 위해 자신을 경험을 기반으로 지식을 통합하고, 이를 자신의 사고 속에 구조화한다.

따라서 미용 교육생들을 지도하는 과정에서 〈표2-3〉과 같은 시술 추론 프로세스를 활용하면 학습자들이 시술 작업에 유용한 방식으로 지식을 조직하고 구조화하는 데 도움이 된다.

이런 학습방법을 통해 양성된 미용사는 현장의 시술 과정에서 마주하는 고객들의 다양한 형태의 문제를 파악하고 해결하기 위해 미용 과학 지식의 메커니즘을 보다 쉽게 기억해 내고 활용하고 확장할 수 있게 된다. 한 가지 중요한 사실은 현장의 모든 미용사는 미용 교재와 강의를 통해서 얻을 수 있는 지식만으로 전문가가 될 수 없다는 것이다.

〈표2-3〉 미용 시술추론 프로세스

단계	주제	세부내용
1단계	문제 또는 상황 인식	고객의 미적 문제를 파악하고 고객의 상황을 인식한다
2단계	정보 수집 및 정리	과거 경험, 자료 등 다양한 경로를 통해 정보를 수집한다. 수집한 정보를 명확하고 체계적으로 정리한다.

3단계	가설 및 해결책 제안	체계적으로 정리한 정보를 기반으로 시술과정(해결책)을 제안한다. 제안을 위해 브레인스토밍, 이론화, 초기 가설 수립 과정을 진행한다.
4단계	비판적 분석 및 검토	시술 과정에 대한 검토 후 타당성, 실행 가능성, 예상 결과를 검토한다. 이때 논리적 사고, 증거 기반 사고, 분석 도구 등을 활용하여 시술과정을 구체화하고 개선한다.
5단계	시술 과정 선택	검토 결과를 바탕으로 최적의 시술 과정을 선택한다. 이 선택은 실패, 시술 후 고객에게 미칠 영향 등을 신중히 고려한 선택이다.
6단계	시술 실행 및 테스트	선택한 시술 과정을 실제 상황에서 적용한다. 실제 상황에 적용한 시술 과정과 결과에 대해 관찰한다. 과정과 결과를 관찰하거나 가설을 테스트하며 효과를 평가한다.
7단계	성찰과 학습	시술 종료 후 과정과 결과에 대해 반성적으로 성찰한다. 성찰을 통해 학습과 향후 추론 과정을 개선한다

다. 자기 주도 학습(Self-Directed Learning)

문제 중심 학습의 세 번째 목표는 학습자들이 미용 분야에서 최신 정보를 지속적으로 유지하며, 미용 시술 중에 발생할 수 있는 새롭고 독특한 미적 문제에 적절한 해결책을 제공하기 위해 지식을 확장하고 개선할 수 있도록 하는 것이다. 이러한 과정은 자기 주도 학습의 중요한 측면으로, 학습자가 자신의 학습을 주도적으로 관리하고 발전시키는 능력을 강조한다는 의미이다.

(1) 자기 주도 학습의 중요성

자기 주도 학습은 학습자가 자신의 학습 목표를 설정하고, 필요한 지식을 스스로 찾아내며, 이를 통해 자신의 기술과 전문성을 향상시키는 과정을 포함한다. 미용 분야에서 자기 주도 학습이 특히 중요한 이유는 빠르게 변화하는 트렌드와 기술에 민감하게 반응해야 하는 분야이기 때문이다. 따라서 미용사들은 최신 정보를 지속적으로 습득하고, 이를 고객의 요구에 맞게 적용하는 기술을 필요로 한다.

(2) 자기 주도 학습의 구성 요소

첫째, 학습 필요성 인식

첫 번째 요소는 학습자 스스로가 자신의 필요와 한계를 인식하는 것이다. 이를 통해 미용사들은 자신의 시술 과정이나 결과를 지속적으로 모니터링하고, 문제 발생 시 자신의 지식과 기술이 문제 해결에 어떻게 기여할 수 있는지를 스스로 평가할 수 있다.

이러한 인식이 부족할 경우, 미용사들은 학습의 기회를 놓치게 되고, 이는 고객에게 제공하는 서비스의 질 저하로 이어질 수 있으므로 미용사들은 자신의 기술과 지식의 한계를 인식하고, 이를 개선하기 위한 지속적인 노력을 기울이는 것이 중요하다. 자기 주도 학습을 통해 미용사들은 변화하는 트렌드에 적응하고, 고객의 다양한 요구에 부응할 수 있는 능력을 키울 수 있다.

둘째, 학습 자원 공식화

학습 자원 공식화는 학습자가 자신의 학습 요구를 충족시키기 위해 필요한 자원을 효과적으로 정리하고 활용하는 과정을 의미하는 것으로 미용사들이 최신 트렌드와 기술을 습득하기 위해 다양한 학습 자원을 활용하는 것은 매우 중요한 일이다.

온라인 강의, 전문 서적, 세미나 및 워크숍 등은 미용사들이 필요한 정보를 찾고 이를 체계적으로 정리하여 활용할 수 있는 훌륭한 자원이며 이러한 자원들은 미용사들이 자신의 필요에 맞게 선택하고 활용할 수 있는 다양한 옵션을 제공하며, 이를 통해 지속적인 자기 개발과 전문성 향상을 도모할 수 있다.

또한, 학습 자원을 공식화하는 과정에서는 정보의 출처와 신뢰성을 고려하고, 자신에게 가장 적합한 학습 방법을 선택하는 것이 중요하다. 이는 미용사들이 변화하는 시장과 고객의 요구에 효과적으로 대응할 수 있는 능력을 키울 수 있기 때문이다.

셋째, 학습 자원 활용

세 번째 요소로는 학습 자원 활용은 미용사들이 자신의 전문성을 높이고 최신 트렌드를 반영하기 위해 필수적인 요소로 미용사들은 다양한 학습 자원을 탐색하고 이를 효과적으로 활용하는 방법을 연구해야 한다.
동료 미용사들과의 정보 공유는 매우 중요한 학습 방법이 중에 하나이며 서로의 경험과 노하우를 나누는 것은 실질적인 기술 향상에 큰 도움이 된다.
또한, 소셜 미디어는 최신 트렌드와 기술을 파악하는 데 유용한 플랫폼으로, 다양한 스타일과 기법을 시각적으로 학습할 수 있는 기회를 제공한다.

고객 피드백을 통한 지속적인 개선 또한 중요한 요소가 될 수 있다. 고객의 의견을 반영하여 서비스 품질을 향상시키고, 고객의 요구에 맞춘 맞춤형 서비스를 제공하는 것은 미용사로서의 경쟁력을 높이는 데 크게 기여한다.

결국, 이러한 다양한 방법을 통해 미용사들은 학습 자원을 효과적으로 활용하고, 이를 통해 자신의 기술과 지식을 지속적으로 발전시킬 수 있다

(3) 지속적인 학습

지속적인 학습은 미용사들이 전문성을 유지하고 발전시키는 데 필수 요소로 미용사들은 고객과의 상호작용을 통해 시술을 제공하는 과정에서 다양한 문제에 직면하게 되며, 이러한 문제를 해결하기 위해서는 지속적인 학습이 필요하다.

문제 해결 능력을 향상시키기 위해서는 이론적인 지식뿐만 아니라 실전에서의 경험이 중요하며 실제 상황에서 발생하는 다양한 문제를 해결하기 위해 미용사들을 지속적으로 학습하고, 새로운

트렌드에 적응해야 한다. 이러한 과정은 미용사들이 변화하는 환경에 효과적으로 대응할 수 있도록 돕는다.

자기 주도 학습은 학습자가 자신의 경험을 적극적으로 반영하고, 이를 통해 새로운 지식과 기술을 습득하는 과정을 포함한다. 미용사들은 고객의 피드백을 통해 자신의 시술을 평가하고, 이를 바탕으로 개선할 수 있는 기회를 가진다. 이러한 피드백은 미용사가 자신의 강점과 약점을 인식하는 데 도움을 주며, 필요한 기술이나 방법을 학습할 수 있는 동기를 제공한다.

결론적으로, 지속적인 학습은 미용사들이 전문성을 유지하고 발전시키는 데 중요한 역할을 하며, 자기 주도 학습을 통해 개인의 성장과 직업적 성공을 이끌어낼 수 있다.

결국, 자기 주도 학습은 미용사들이 변화하는 환경에 적응하고, 고객의 요구에 부응하는 데 필수적인 과정이며 이를 통해 미용사들은 지속적으로 성장하고, 자신의 경력을 발전시킬 수 있다.

[사진 2-1] 미용분야 PBL 수업

라) 메타인지(Metacognition) 기술 획득

(1) 메타인지의 개념

메타인지란(2014. Mevarech, Z. and B. Kramarski)학습자가 자신의 인지 과정을 인식하고 조절하는 능력을 의미하며, 이는 복잡하고 비정형적인 문제를 해결하는 데 매우 중요한 역할을 한다. 메타인지상태는 학습자가 자신의 학습 과정과 결과를 평가하고, 필요한 경우 이를 조정하는 능력을 포함한다.
학습자가 다음과 같은 상황이라면 메타인지 상태라 할 수 있다.

첫째, 인지: 학습 시 학습자가 학습 과정에 어려움을 겪고 있다는 것을 인식하는 것은 자신의 학습 상태를 평가하는 첫 단계로 학습자가 어떤 부분에서 더 많은 지원이 필요한지를 이해하는 데 도움이 된다.

둘째, 재검토: 어떤 것을 사실로 받아들이기 전에 재검토해야겠다는 생각은 학습자가 정보를 비판적으로 분석하고, 신뢰성을 평가하는 과정으로 이는 더 깊은 이해를 위한 중요한 단계이다.

셋째 선택지 검토: 여러 가지 선택지 중 최선의 선택을 위해 모든 대안에 대한 검토를 진행한다면 학습자가 의사결정 과정에서 신중함을 기울이고 있다는 것을 의미한다.

넷째, 자각: 자각은 학습자 스스로가 자신의 이해 부족을 깨닫고 이를 보완하기 위해 필요한 정보를 찾으려는 의지를 보이는 과정으로 이는 학습자가 성장하는데 중요한 출발점이다.

다섯째, 기억: 학습자가 자신의 기억 한계를 자각하고, 이를 보완하기 위해 메모, 녹음 등과 같은 조치를 취하려는 의도는 학습자의 메타인지적 사고와 효율적인 학습전략을 보여주는 것이다.

여섯째, 질문: 어떤 사안에 대해 자신이 명확하게 알고 있는지 확인하기 위해 타인에게 질문이 필요하다는 판단은 학습자가 자신의 지식을 점검하고, 필요할 경우 외부의 도움을 요청하려는 태도로 메타인지 상태이다.

메타인지는 인지 과정을 능동적으로 제어하는 고차원적 사고로, 학습자가 지식을 습득하고 문제를 해결하며 목표를 달성하는 데 핵심 역량이다. 이를 통해 자신의 지식 수준을 모니터링하고, 자원을 계획적으로 활용하며 성과를 평가할 수 있다.

[사진 2-2] 미용교육의 메타인지 사고

[사진2-2]과 같이 미용분야의 경우 헤어스타일링이나 메이크업 기술을 분석하고 시술 과정 및 결과에 대한 반성 혹은 소그룹 토론과 노트 리뷰를 통해 학습을 심화하는 과정에 메타인지 사고능력이 향상되는 것을 알 수 있다.

이는, 어린아이의 경우 그림과 달력을 혼동하는 반면, 성인은 경험을 통해 획득한 정보를 기반으로 그림과 달력을 구분하는 문제를 해결할 수 있는 것과 동일하다. 따라서, 미용사의 고객 응대 계획이나 운동선수가 자신의 동작을 모니터링하는 활동은 메타인지의 대표적 사례라 할 수 있다. 특히, 시술 단계별 관찰하고 평가하는 과정은 메타인지적 사고력을 향상시킬 수 있는 과정이다.

〈표2-4〉 메타인지

항목		내용
메타인지 정의		자신의 사고와 학습 과정을 인식하고 조절하는 능력
메타인지 상태		학습 과정과 결과를 평가하고 필요한 경우 조정하는 능력
상황별 메타인지 상태	인지	학습의 어려움을 인식하고 필요한 지원을 파악
	재검토	정보를 비판적으로 검토하고 신뢰성을 평가
	선택지 검토	최선의 선택을 위해 대안을 신중히 검토
	자각	이해 부족을 깨닫고 필요한 정보를 탐색
	기억	기억 한계를 인식하고 메모 등 보완책을 활용
	질문	명확한 이해를 위해 타인에게 질문하고 외부 도움을 요청
메타인지 중요성		학습자가 지식 습득, 문제 해결, 목표 달성을 위해 자신의 인지 과정을 능동적 제어
메타인지 활용 사례		어린아이와 성인의 정보 처리 차이, 미용사의 고객 응대 계획, 운동선수의 동작 모니터링 등

(2) 인지(Cognition)와 메타인지(Metacognition)

메타인지의 기초적인 개념은 '자신의 생각에 대해 생각하는 것'이다. 학습자는 어떤 주제에 대해 자기의 지식, 추론, 해결안 등을 검토하는 과정에 인지적 측면과 메타인지적 측면이 함께 작용한다. 학습자 혹은 미용사는 미용업무를 수행하며 자신이 알고 있는 것과 모르고 있는 것에 대해 알고 있다. 또한 자신이 알고 있는 것에 대해서는 추론이 가능하며, 모르는 것에 대해서는 누구에게 물어봐야 할지도 잘 알고 있다. 이는 굳이 배우지 않아도 알 수 있는 일이다.

(3) 인지와 메타인지의 비교

인지와 메타인지는 서로 관련있지만 개념적으로는 매우 다르다. 인지는 정보를 처리하고 기억하는 능력이며 메타인지는 자신의 인지 과정을 인식하고 조절하는 능력이다.(2001. Henk Vos.)

예를 들어 우리가 일상에서 비밀번호를 기억하는 것은 인지라하고 이 비밀번호를 기억는 전략을 인식하는 것은 메타인지인 것이다. 만약 비밀번호가 '1231'이라고 한다면 '1231'을 기억하는 것은 인지적 능력에 의한것이지만 비밀번호가 자신의 생일 12월31일로 저장했기 때문에 기억했다며 이는 메타인지적인 것이다.

또 다른 예를 들자면 복잡한 수학 문제를 푸는 것은 인지기능이지만, 자신이 내놓은 문제의 답을 되새기면서 이 답이 문제가 원하는 답인지를 아닌지를 파악하는 것은 메타인지 기능이다.

메타인지의 중요성은 특히 고등 직업 교육에서 두드러지며, 학습자는 복잡한 지식과 기술을 효과적으로 다루기 위해 자신의 학습 과정을 잘 이해하고 조절해야 한다. 미용 분야와 같이 미용사가 고객 시술 상황에서 스스로 정보를 처리하고 문제해결 능력이 요구되는 분야에서 메타인지 능력은 더욱 요구된다.

인지기능은 기억, 독서, 문제 해결 등이 포함되며, 이를 메타인지와 인지를 구분하기 위해서는 각 개념의 내용과 기능을 명확히 이해해야 한다. 인지는 현실 세계의 사물이나 사건을 다루는 반면, 메타인지는 이러한 인지에 대한 지식과 기술을 포함한다. 인지 기능은 문제 해결에 중점을 두지만, 메타인지의 기능은 인지 과정을 조절하는 데 중점을 둔다.

이것을 문제 해결의 과정 요소로 비교한 것이 〈표2-5〉 인지와 메타인지의 비교표이다.

〈표2-5〉 인지와 메타인지의 비교

구 분	내 용(Contents)	기 능(Function)
인지	문제	문제 해결 실행
메타인지	문제에 대한 생각	문제 해결에 대한 생각의 조절

(4) 인지와 메타인지의 상호 연관성(1990. Thomas O. Nelson)

전체 인지 과정은 메타 수준과 실체 수준으로 나뉘며, 이 두 수준은 서로 밀접하게 연관되어 있다. 메타 수준은 인지 과정을 조절하는 역할을 하며, 실체 수준은 실제 정보나 사물에 대한 인지를 다루게 된다. 정보의 흐름은 메타 수준에서 실체 수준로 작용 시에는 조절이라 하며, 이는 인지 과정을 관리하고 최적화하는 것을 의미한다. 그와는 반대로 객체 수준에서 메타 수준으로의 정보 흐름은 모니터링으로, 이는 인지 활동을 점검하고 평가하는 과정이다. [그림2-1]에서 알 수 있듯 이러한 구분은 인지 과정의 효율성을 높이는 데 중요한 역할을 한다.

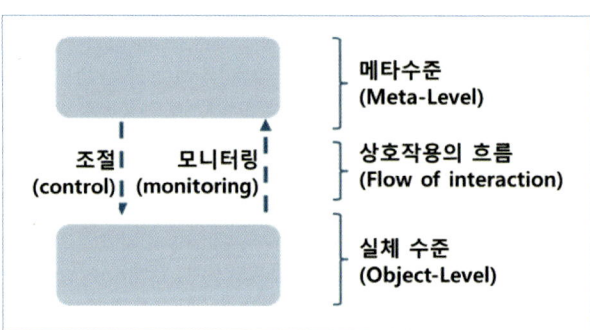

[그림 2-1] 실체 수준(Object Level)과 메타 수준(Meta Level)과의 관계

첫째, 조절 (Control)

조절의 기본 개념은 메타 수준이 객체 수준을 수정하거나 변경하는 것으로 메타 수준에서 객체 수준으로 흐르는 정보는 객체 수준의 사고 프로세스의 상태를 변화시키거나, 아예 사고 자체를 변경할 수 있다. 이러한 변화는 다음과 같은 동작을 유발할 수 있다:

- ▶ **동작을 시작하기 위한 것:** 새로운 행동을 시작하는 데 필요한 정보 혹은 의사결정 제공
- ▶ **동작을 계속하려는 것:** 이전의 행동을 지속할 수 있도록 지원하지만, 상황의 변화에 따라 이전과는 다른 방식으로 행동할 수 있음
  예시: 정확하고 신속하게 헤어커트를 잘 했지만 시간이 지나면서 상황이 변해 정확하지도 신속하지도 않게 커트하게 되는 경우
- ▶ **동작을 종료하기 위한 것:** 특정 행동을 중단하는 결정을 내림

이러한 조절 과정이 이루어지기 위해서는, 객체 수준의 정보와는 독립적으로 작동하는 모니터링 구성요소가 필요하다. 이는 조절이 이루어지지 않더라도, 인지과정의 상태를 점검하고 평가하는 데 중요한 역할을 한다.

둘째, 모니터링 (Monitoring)

모니터링의 기본 개념은 실체 수준이 메타 수준에게 정보를 제공하는 것으로 실체 수준에서 수집된 정보는 메타 수준의 상황 모델의 상태를 변화시킨다. 이 변화는 상태가 변하지 않는 경우도 포함되며 실체 수준에서는 메타 수준의 모델이 존재하지 않기 때문에, 메타인지에 대한 모니터링이 이루어 진다.(2016. Joke van Velzen)

학습자가 작성하는 자기 성찰 보고서는 메타인지 모니터링을 밝히는 대표적인 방법으로 학습자는 효과적인 학습법과 암기법을 결정하기 위해 메타 수준의 사고를 사용하며, 학습 활동을 관리하기 위한 실행 프로세스를 결정한다.

학습자는 학습 프로세스를 실행하기 위해 계획을 세우고, 평가하기 위해 모니터링을 한다. 필요한 경우 조절 요소를 사용하여 현재의 학습 활동 수준을 원하는 수준에 맞게 조정한다.

2-2. PBL 교수학습법의 특징

PBL교수학습법의 특징 은 학습자 중심의 접근 방식으로, 학생의 참여와 흥미를 중시한다. 이를 통해 학습자는 능동적으로 수업에 참여하게 되며, 명확한 학습 목표가 설정되어 있어 학습의 방향성을 제공한다. 교수와 학생 간의 활발한 상호작용이 이루어지며, 이는 학습 효과를 높이는 데 기여한다.(2016. Joke van Velzen)

또한, 다양한 교수 방법을 활용하여 여러 학습 스타일을 반영하고, 지속적인 평가와 피드백을 통해 학습자의 이해도를 점검하고 개선할 수 있다. 이러한 과정은 학생의 비판적 사고 능력을 개발하는 데 도움을 주며, 다양한 학문 분야와의 융합적 접근을 통해 폭넓은 이해를 촉진한다. 이처럼 교수학습법은 여러 요소가 결합되어 효과적인 학습 환경을 조성한다.

2-2-1. 비구조적인 PBL 문제

PBL에서 '문제'라는 개념은 매우 중요하며, 그 정의와 맥락은 다양한 요소에 따라 달라질 수 있습니다. 문제의 유래와 의미를 살펴보면, 그리스어 'problema'에서 유래된 '문제'는 본래 장애물이나 도전과제를 의미한다. 그러나 미용 분야 PBL 교수학습에서 다루는 문제는 미용 현장에서 마주치는 불확실한 상황 속에서 해결이 필요하지만 바로 해결되지 않는 질문이나 쟁점을 말한다.
(2021. Jette Egelund Holgaard, Thomas Ryberg,(2021)

예를들어 미용실에서 새로운 서비스 메뉴를 개발 후 이에 대한 효과적인 마케팅 전략에 대해 고민하는 것 등이 불확실한 상황과 조건에 대한 질문을 포함하며 해결이 필요한 상황인 것이다.

그러나 모든 문제가 동일하게 인식되는 것은 아니다. 사람에 따라 특정 문제에 대해 해결할 가치를 느끼지만, 또 다른 사람은 가치를 못 느낄 수도 있다. 문제는 그 문제를 마주한 사람이 문제 해결의 필요성이나 과정의 어려움이 있을 때 비로소 문제가 된다. 즉, 문제는 개인의 사회적, 문화적, 지적 가치와 관련이 있으며, 이러한 가치가 문제를 인식하는 데 중요한 역할을 한다.
문제는 간혹 감정적인 측면을 동반하며, 사람들이 문제를 인식할 때 '딜레마(Dilemma)', '난제(Quandary)', '장애물(Obstacle)'과 같은 단어를 떠올리는 경우가 많다. 이러한 단어들은 감정적 함축성을 지니고 있지만, PBL에서는 이러한 심리적 요소보다 인지적 차원에서 문제에 접근한다.

PBL에서는 문제를 단순한 난관으로 보지 않고, 학습자가 해결해야 할 질문으로 정의합니다.
즉 PBL에서의 문제는 장애물이 아니라 학습자가 해결하고 탐구해야 할 도전 과제로 인식되며, 이는 학습자의 필요와 가치에 따라 정의될 수 있다. 문제는 학습자의 참여와 사고를 유도하는 핵심적인 역할과 함께 이러한 인식은 PBL의 효과적인 실행을 가능하게 하며, 학습자의 자기 주도적 사고와 창의적 문제 해결 능력을 촉진한다.(2010, David H. Jonassen)

가. 문제의 종류

일상에서 사람들이 해결하는 문제는 상황, 해결책, 그리고 문제 해결 프로세스의 다양성에 따라 무수히 많은 종류로 나눌 수 있다.(1997. David H. Jonassen) 그러나 이를 간단히 이해하기 위해, 문제의 구조화 정도를 기준으로 문제를 다음의 두 가지로 구분할 수 있다:

(1) 구조화된 문제

일반적으로 학교에서 부딪히는 문제는 구조화된 문제(1973. Herbert A. Simon) .로 제한된 문제 상황에서 한정된 개념, 규칙 및 원칙을 적용해서 문제를 해결할 수 있으며 정해진 답이 있는 명확한 수학 문제가 대표적인 구조화된 문제다. 이와같이 구조화된 문제는 다음과 같은 특징이 있다.

- ▶ 문제 관련 요소 제시
- ▶ 정확하고 수렴된 답이 존재
- ▶ 이해할 수 있는 해결책을 보유
- ▶ 선호하는 솔루션 프로세스가 존재
- ▶ 규칙적이고 구조화된 개념과 규칙 포함
- ▶ 제한된 수의 규칙과 원칙의 적용에 참여
- ▶ 학습자에게 가능한 해결책과 함께 잘 정의된 문제 제시

(2) 비 구조화된 문제

비 구조화된 문제는 특정한 상황적 맥락에서 발생하며, 그 상황 자체가 여러 측면으로 이루어져 있고 명확히 정의되지 않은 경우가 많다. 이러한 문제는 문제 해결에 필요한 정보가 문제 자체에 포함되어 있지 않으며, 학습자가 다양한 방법으로 문제를 분석하고 해결해야 한다.
비구조화된 문제의 주요 특징은 다음과 같다.

첫째, 상황적 맥락의 다양성: 특정 상황에서 발생, 여러 측면을 포함한 상황으로 정의가 불명확한 경우
둘째, 정보의 부족: 모호하게 정의되거나 불분명한 목표와 명시되지 않은 제약이 있는 경우
셋째, 다양한 솔루션: 적절한 솔루션에 대한 합의가 없는 경우
넷째, 다양한 평가기준의 솔루션: 솔루션을 평가하기 위한 여러 가지 기준이 있는 경우
다섯째, 전형적 타입의 사례부재: 사례의 중요성이 맥락에 따라 달라지기 때문
여섯째, 불확실한 개념: 문제 해결에 필요한 개념, 규칙 및 원칙, 혹은 그것들이 어떻게 구성되었는지에 대한 불확실성을 제시한 경우
일곱째, 일관성의 부재: 사례 간에 개념, 규칙, 원칙의 관계가 일관성이 없는 경우
여덟째, 다양한 접근 가능: 추론에 필요한 일반적인 규칙이나 원칙을 제시하지 않는 경우
아홉째, 다학문적 접근: 적절한 조치를 결정하기 위해 두가지 이상의 전문지식이 필요한 경우
열째, 문제해결자의 결정: 학습자에게 문제에 대한 개인적인 의견이나 신념 표현을 요구한 경우

▶ **비구조화된 문제 예시**
- **미용실에서의 고객 만족 문제:** 고객 만족을 위해서는 미용 기술뿐만 아니라, 경영학적 마케팅 전략, 고객 상담에 필요한 심리학적 지식 등이 통합적으로 필요하다.
- **체중 감량 문제:** 체중 감량은 모든 사람이 공통적으로 직면하는 문제이지만, 문제의 상황, 해결 방법, 그리고 프로세스가 사람마다 다르므로 어떤 해결책도 정답이 아니며, 개인의 상황에 따라 최적의 방법이 달라질 수 있다.

〈표2-6〉 PBL 교수학습법의 설계원칙

구 분	설 명
PBL과 지식 습득	- PBL은 사고력뿐만 아니라 관련 지식과 기술 습득도 중요함. - 문제 해결과 지식 습득이 균형을 이루도록 설계해야 함. - 미용 분야에서는 NCS 능력단위를 활용한 문제 개발이 효과적임.
PBL 문제의 복잡성과 비정형성	- PBL 문제 설계 시 복잡성과 비정형성을 고려해야 함. - 적절한 복잡성을 통해 학습자가 깊이 있는 탐구를 하도록 유도해야 함. - 비정형성을 포함하여 다양한 해결책을 탐색하도록 해야 함.

비구조화된 문제는 실생활에서 자주 접하는 문제로, 학습자에게 문제 해결 능력과 융합적 사고를 요구하며, 이를 통해 학습자는 다양한 맥락 속에서 문제를 정의하고, 창의적이고 통합적인 해결책을 탐색할 수 있는 능력을 키울 수 있다.

나. 문제의 구성 요소

PBL에서 문제 설계는 PBL 프로세스와 커리큘럼의 성공을 결정하는 데 핵심적인 역할을 한다. 이러한 문제 구성의 요소는 내용(Content), 맥락(Context)이다.(2006. Woei Hung)

(1) 내용(content)
첫째, PBL과 지식습득
PBL에 대한 오해와 그에 대한 설명은 매우 중요한 주제로 PBL은 사고력 발달에만 초점을 맞추는 것이 아니라, 관련 분야의 깊이 있는 지식 및 기술 습득도 중요시해야 한다는 점을 강조한다.

PBL 교수학습법으로 훈련을 진행할 경우 문제를 이해하고 솔루션을 찾는데 많은 시간을 투자하지만 그렇다고 해서 지식이나 기술을 중요하게 생각하지 않는다는 것은 아니다.

오히려 PBL은 학습자들이 문제 해결 능력을 개발하는 동시에 관련 전문 지식을 습득할 수 있도록 설계되어야 한다. 특히, 제도권 교육기관에서 PBL 교수학습법을 적용할 경우에는 문제 해결 능력과 지식 습득이 상호 보완적인 관계에 있다는 점을 인식해야 한다.
문제 설계 시에는 관련 전문 분야의 지식 구성 요소를 충분히 고려하여, 학습자들이 문제를 해결하기 위해 필요한 지식을 효과적으로 습득할 수 있도록 해야 한다.

미용분야와 같이 국가주도로 직무분석이 되어있는 경우에는 NCS의 능력단위를 활용하여 문제를 개발하는 것이 좋은 접근법이 될 수 있다. 이를 통해 학습자들은 실질적인 문제 해결 능력을 강화하며 지식, 기술 태도를 체계적이고 균형있게 습득할 수 있다.

결론적으로 PBL의 설계는 문제 해결 능력과 지식 습득이 균형을 이루도록 해야 하며, 이를 통해 학습자들이 보다 효과적으로 학습할 수 있는 환경을 조성하는 것이 중요하다.

둘째, PBL문제의 복잡성과 비정형성
PBL 문제 설계 시 두 가지 핵심 변수인 문제의 복잡성과 비정형성(2008, David H. Jonassen)은 매우 중요하다. 이 두 가지 요소는 학습자의 학습 경험과 결과에 큰 영향을 미친다.
- 적절한 깊이의 복잡성: 문제를 단순하게 해결할 경우, 표면적인 이해에 그칠 수 있음을 강조한다. 따라서 문제 설계 시 적절한 복잡성을 부여하여 학습자들이 깊이 있는 탐구를 하도록 유도해야 한다.
- 비정형성: 학습자에게 다양한 추론과 해결책을 탐색할 기회를 제공한다. 정해진 솔루션이 없는 비구조적 문제는 학습자가 여러 대안을 고민하게 하여, 지식을 심층적으로 이해하고 적용할 수 있는 능력을 키우게 한다.

결론적으로, PBL 문제 설계 시에는 적절한 깊이의 복잡성과 비정형성을 고려하여 학습자들이 주제에 대한 깊이 있는 이해를 할 수 있도록 돕는 것이 중요하며 이러한 접근은 학습자들이 문제 해결 능력을 개발하는 데 기여하며, 궁극적으로는 더 나은 학습 결과를 가져올 수 있게 된다.

(2) 맥락(Context)
PBL에서 문제의 맥락(Context)은 학습자가 지식을 적용하고 문제를 해결하는 데 필요한 상황적 지식을 포함하며, 이는 다음과 같은 세 가지 구성 요소로 나눌 수 있다.

첫째, 맥락 타당성
문제의 맥락이 실제 상황과 얼마나 잘 연결되는지를 의미한다. 학습자가 문제 해결 시 문제의 맥락이 현실적이고 신뢰할 수 있어야 한다. 이는 학습자가 보유한 지식과 기술을 실제 상황에서 효과적으로 활용할 수 있도록 도와주기 때문이다. 예를 들어, 미용실에서의 시술 상황은 특정한 규칙과 관행이 존재하므로, 미용실과 유사한 환경을 조성하고 이러한 맥락에서 학습하는 것이 중요하다.

둘째, 상황화 정도
문제의 상황화 정도는 학습자가 문제를 해결하기 위해 필요한 구체적인 상황적 지식의 양을 나타낸다. 학습자는 특정한 맥락에서 문제를 해결하기 위해 필요한 암묵적이고 명시적인 정보를 이해하고 활용할 수 있어야 한다. 예를 들어, 직장에 다니는 여성 고객들의 경우 직장별로 허용되는 염색의 색과 톤이 다르다는 점은 상황화의 중요한 요소가 되는 경우이다. 이러한 맥락적 요소는 학습자가 문제의 솔루션을 제공하는데 다양한 대안을 고려하도록 유도하게 된다.

셋째, 학습자들의 동기 부여

문제의 맥락이 학습자들에게 어느 정도의 동기를 부여하는지 중요하다. 학습자가 문제를 해결하는 과정에서 느끼는 흥미와 관련성은 그들의 참여도와 학습 효과에 영향을 미치며 실제적이고 의미 있는 문제는 학습자들의 몰입을 유도하고 이는 학습의 질을 높이는 데 기여한다.

결국 학습자가 문제를 해결하는데 있어 맥락의 관련성과 접근성은 학습자와 문제 간의 관계에 중요한 영향을 미치게 된다. 예를 들어, 자신이 취업하고 싶은 미용실에 대한 정보를 검색하는 경우, 해당 미용실의 웹사이트나 소셜 미디어를 통해 쉽게 정보를 얻을 수 있다면, 학습자는 더 적극적으로 문제 해결에 참여할 가능성이 높으며 이러한 접근성은 학습자가 필요한 정보를 신속하게 찾고, 이를 바탕으로 문제를 해결하는 데 도움을 주게 된다.

결론적으로, PBL에서 맥락의 관련성과 접근성은 학습자의 동기 부여와 참여도를 높이는 데 중요한 역할을 합니다. 학습자가 자신의 경험과 관련된 문제를 해결하고, 쉽게 접근할 수 있는 정보를 활용할 수 있을 때, 그들은 더욱 적극적으로 문제 해결 과정에 참여하게 되며 이는 학습의 질을 높이고, 효과적인 문제 해결 능력을 기르는 데 기여하게 된다.

2-2-2. 학습자 중심의 학습

학습자들의 참여와 활동은 PBL의 핵심 원칙 중 하나로, 학습자 간의 관계는 협업적이고 협력적인 "학습자 공동체"의 기초를 형성한다. 이러한 관계는 여러 가지 중요한 측면에서 PBL의 효과성을 높이는 데 기여한다.(2010. Karen O'Rourke)

가. 학습자들의 학습 경험

문제 중심 학습(PBL) 학습 과정 시 학습자들의 교육적 경험은 여러 가지 차원에서 논의할 수 있다. 그 대표적인 차원은 개인적 차원, 교육학적 차원, 관계적 차원으로 구분할 수 있다.

(1) 개인적인 차원

문제 중심 학습(PBL)에서 학습자의 교육 경험은 특히 개인적 차원에서 중요한 역할을 한다. 학습자는 PBL 환경에서 자신을 발견하고 정의하며, 학습 경험을 형성하게 된다.PBL에서는 학습자가 학습할 내용을 스스로 결정하며, 사전 지식을 활용하고 동료와 토론을 통해 기존의 자아와 발전하는 자아를 통합한다. 이는 전통적인 강의 방식과 달리 동기부여와 자기 확인의 기회를 제공한다.예를 들어, 미용 분야의 PBL 프로젝트에서는 학습자가 자신의 강점과 약점을 인식하고, 학습 목표와 자기주도적 학습 계획을 수립한다.

이를 통해 효율적인 학습 전략을 개발하고 성장하며, 새로운 가치관을 정립한다.또한, 팀원들의 아이디어를 접하며 자신의 아이디어를 객관적으로 평가하고, 이는 자기 변화의 계기가 된다. 그러나 타인의 평가로 인해 불편함을 느낄 수도 있다. 결국, PBL은 감정적 안정과 자기 이해를 돕는 깊이 있는 학습을 제공하는 효과적인 교육 방법임을 보여준다.

(2) 교육학적 차원

Liz Galle(2010)의 저서 The Student Experience에서 다루어진 바와 같이, 학습자들이 학습 상황에서 내리는 선택과 학습 환경에 가져오는 특정 학습 경험은 모두 학습자들의 교육학적 입장에 영향을 미친다. 교육학적 입장의 개념은 학습자의 자아와 학습 자체 사이의 관계를 말하며, 일부에게 교육학적 입장은 학습자가 지식을 단순히 수용하는 것을 넘어 그것을 질문하고 반성하는 '반성적 지식'의 개념을 포함한다. 교육학적 입장의 주요 영역으로는 '생산적 교육학', '전략적 교육학', '교육학적 자율성', '성찰적 교육학'이 있다.

첫째, PBL과 교육학적 입장

PBL은 학습자가 실제 문제에 적극적으로 참여하는 경험을 제공하며, 전통적인 교수 주도형 교육과 다르다. 기존 교육에서는 교수자가 주도하고 학습자는 수동적이지만, PBL에서는 자기 주도적 학습의 자유가 주어진다. 그러나 학습 방향에 대한 확신이 부족하면 부담을 느낄 수 있어, 안전한 학습 환경과 자기 주도적 학습의 균형이 중요하다.

둘째, 현장 작업의 직접적 참여와 교육학적 입장

PBL의 학습 경험은 현장 작업의 직접적 참여를 포함하며, 미용사들은 이를 통해 자신의 지식과 기술을 성찰하고 사회화 과정을 경험하게 된다. 이는 전통적 학습 방식과 달리, 작업 배치 경험을 통해 학습의 효과를 더욱 강화하는 역할을 한다.

또한, 작업 배치를 경험하면서 학습자들은 자신의 관점이 아닌, 현장에서 요구되는 적합성을 고려하게 되며, 이를 통해 모든 지식이 세상을 이해하는 데 기여한다는 사실을 깨닫는다. 이러한 과정은 학습과 자아의 관계를 재정립하는 데 중요한 역할을 한다.

(3) 관계적 차원

관계적 차원은 학습자가 학습 상황에서 다른 사람과 상호작용하는 방식을 파악하기 위해 사용된다. 이는 그룹 내에서의 학습자 간의 관계와 개인 및 그룹 차원에서의 진행자-학습자 관계를 포함한다. 따라서 관계적 차원은 학습자들이 개인 및 그들이 배우는 다른 사람들에 대해 서로에 대해 의미를 형성하는 방식을 전체적으로 포함한다.

학습자가 그룹 내에서 다른 학습자에 대해 이론을 세우는 방식은 학습자들이 상호 작용하며 행동하고 말하는 방식을 포함하는 관계적 차원이다. 또한, 관계적 차원은 학습자들이 집단으로 이루어지는 과정에 학습 과정에 관여하고 의미를 부여하는 수단을 전체적으로 포함하는 개념이다. 학습자들이 자신들의 학습을 이해하게 되는 것은 이러한 과정들에 대한 성찰을 통해 이루어진다.

첫째, PBL과 관계적 차원

PBL 과정에서 학습자의 적극적인 참여는 교수자의 활동적인 스타일 덕분일 수 있다. 교수자는 적절한 질문을 통해 학습을 지원하고 격려하며, 학습자와의 진솔한 소통이 성공적인 학습을 이끈다. 교수자의 스타일은 지시적일 수도, 덜 지시적일 수도 있으며, 학습자 스스로 정보를 찾도록 기대하는 것과 교수자가 필요한 정보를 제공하는 것 사이의 균형이 중요하다. 이러한 균형은 학습자의 참여도에 영향을 미치며, 교수자와 학습자 간의 상호작용이 PBL의 성공에 필수적이다.

둘째, 팀워크와 개인주의의 균형

PBL에서는 개인이 팀워크 기술을 개발하기 위해 그룹 활동의 중요성을 인식하면서도, 더 나은 학습 결과를 위해 개인주의를 선택할 수 있다. 그룹 활동에서 구성원들이 충분히 노력하지 않으면 개인적인 좌절감을 느낄 수 있지만, PBL은 학습자들이 서로의 의견을 듣고 협력하며 조정기술을 배우는 기회를 제공한다. 또한, 주어진 역할을 통해 개인적 성찰을 경험하고, 실제 임상 상황을 바탕으로 문제를 해결함으로써 실무자의 팀원으로서의 역할을 준비하게 된다.

셋째, 협력과 갈등 관리

PBL 과정에서 학습자들은 팀 내에서 협력하며 갈등을 관리하는 능력을 배양한다. 이는 미용 분야에서 고객과의 소통뿐만 아니라 동료 간의 협력에서도 중요한 역량으로 작용한다. 학습자들은 팀 프로젝트를 진행하면서 다양한 의견을 조율하고, 갈등 상황에서 효과적으로 문제를 해결하는 방법을 학습하게 된다. 이러한 경험은 학습자들이 실제 현장에서 발생할 수 있는 다양한 상황에 유연하게 대처할 수 있는 능력을 기르는 데 도움을 준다.

나. PBL 교수법에서 교수자 역할

PBL은 전통적인 수업 방식과는 확연히 다른 학습 환경을 제공한다. PBL 수업을 관찰하는 사람들은 학습자들이 줄지어 앉아 있지 않고, 소규모 그룹으로 협력하며, 필요한 정보를 찾기 위해 이동하는 모습을 보게 된다. 학습자들은 교수자의 강의를 듣는 대신, 서로의 의견을 나누고 문제 해결에 필요한 지식을 탐색하는 데 적극적으로 참여한다. (2002. Lina Torp, Sara Sage)

이 과정에서 교수자는 전통적인 강의자 역할에서 벗어나 학습자들의 활동을 지원하고, 피드백을 제공하는 역할을 수행한다. PBL에서 교수자는 단순히 학습자들이 스스로 작업하는 것을 지켜보는 것이 아니라, 수업을 감독하고 학습자들이 자기 주도적으로 학습할 수 있도록 격려한다. 교수자는 학습자들의 성과를 평가하고, 어떤 지식과 기술이 그들의 발전에 도움이 되는지를 결정하는 중요한 역할을 맡고 있다. 이 과정에서 교수자는 문제를 설계하고, 학습자들이 문제를 해결하는 데 필요한 방향을 제시하지만, 직접적인 답을 제공하지 않는다. (1997. Robert Delisle)

결국, PBL에서 교수자의 역할은 전통적인 강의식 수업보다 더 많은 준비와 노력을 요구하며, 학습자들이 주어진 문제를 해결하는 과정에서 적극적인 참여를 유도하는 데 중점을 둔다. 이는 교수자가 PBL을 성공적으로 적용하고 있다는 증거로, 학습자들이 스스로 문제를 탐구하고 해결하는 능력을 기르는 데 기여한다. (2003. 강인애)

(1) 커리큘럼 디자이너로서의 PBL 교수자
교수자는 학습자 개개인의 학습 필요성, 흥미, 경험, 문화, 그리고 사전 경험 지식을 고려하여 문제를 개발해야 한다. 또한 개발된 문제는 전체 학습 커리큘럼에 자리를 잡고, 학습자에게 유용한 지식과 기술을 지도하는 동시에 그 과정에서 학습자들의 학습 경험이 이루어져야 한다. 그러므로 학습자들의 경험과 관심사에 의해 만들어진 문제 중심 학습(PBL)의 문제는 학습자들이 더욱 적극적으로 참여하게 하고, 문제를 해결하기 위해 더욱 노력할 것이다.

(2) 수업 가이드로서의 PBL 교수자
문제 중심 학습의 두 번째 단계에서는 학습자가 문제를 해결 할 때 교수자가 안내자, 즉 문제 해결을 위한 조력자의 역할을 맡는다. 교수자는 학습 분위기를 조성하고, 학습자들이 문제에 자신의 사전 경험을 연결할 수 있도록 돕고, 문제 해결을 위한 업무 구조를 정하며, 학습자들과 함께 문제를 찾아가고, 문제를 재점검하고, 학습 결과를 제작하는 것을 촉진 시키며, 학습자들의 자기평가를 장려한다. (2021. Buck Institute for Education)

문제 중심 학습(PBL)을 사용하는 교수자는 주도하지 않고 지도하고 주도하지 않고 보조해야 하는 어려운 과제에 직면해 있다. 이러한 작업에는 학습자들이 가능한 해결책을 개발하는 과정을 안내하고, 무엇을 알고 무엇을 알아내야 하는지 결정하며, 학습자들이 스스로 질문에 대답하는 방법을 결정하는 과정이 포함된다. 학습자들이 연구하고 문제를 해결하듯이, 교수자는 학습자들이 막혔을 때 제안하고, 학습자의 연구나 해결책이 적절치 않을 때 대안을 제시한다.
(2010. Malcom S. Knowles)

(3) 평가자로서의 PBL 교수자
문제 중심 학습(PBL) 과정에서 교수자는 평가자의 역할을 수행하며, 다음 세 가지 주요 평가를 진행한다:

▶ **문제의 효과 평가:** 학습자들의 지식과 기술 발전에 효과적이었는지 판단 문제의 난이도가 적절하지 않을 경우 수정 가능
▶ **학습 성과 평가:** 과제 해결에 어려움을 겪는 학습자를 찾아 특별한 도움을 제공
▶ **교수자 성과 평가:** 교수자는 자신이 학습자들에게 적절한 지원을 제공하고 있는지 점검하며, 수업 후 PBL 업무에서 더 효과적일 수 있는 방법에 대한 제안 목록 작성

2-2-3. 자기 주도 학습(Self Directed Learning)

자기 주도형 학습은 현대 교육에서 중요한 개념으로 자리 잡고 있다. 많은 교육 기관들이 이를 주요 목표로 삼고 있다. Sharan B. Merriam. (2009)는 이 학습 방식이 학습자가 스스로 학습 계획을 세우고 실행하며, 그 결과를 평가하는 과정을 포함하고 있고 하였다.

자기 주도적 학습자는 혼자서 또는 공식적인 학습 과정에서 학습을 진행할 수 있으며, 타인과의 대화에 자유롭게 참여하여 자신의 흥미와 관점을 탐색하고 있다. 이 과정에서 다른 사람들의 관점과 비교하고, 다양한 실험을 통해 자신의 흥미와 관점을 수정할 수 있는 능력을 기르게 된다. 이러한 접근은 개인의 주체성과 자유의지를 강조하며, 평생 학습의 기초를 다지는 데 중요한 역할을 하고 있다.

결국, 자기 주도형 학습은 학습자가 자신의 학습 과정을 주도적으로 관리하고, 지속적으로 성장할 수 있는 환경을 조성하는 데 중점을 두고 있다.

가. 자기주도형 학습(Self Directed Learning)의 정의

자기주도 학습은 학습자가 자신의 학습 요구를 스스로 진단하고, 이를 충족하기 위한 목표를 설정하며, 필요한 자원과 전략을 파악하고, 학습 과정을 평가하는 능동적인 과정이다. 이 과정에서 학습자는 자신의 학습에 대한 책임을 지며, 자율적 규제를 통해 목표를 달성하기 위해 행동을 조정할 수 있는 능력을 갖추게 된다. (2010. Tenna J. Clouston, Lyn Westcott)

문제 중심 학습에서는 학습자가 단순히 지식을 이해하는 것을 넘어, "학습하는 방법"을 배우고, 평생 학습자로서 자율적이고 책임감 있게 행동해야 한다는 요구가 있다. 특히 미용 교육과 같은 분야에서는 제도권 교육의 한계로 인해 현장에서의 변화에 적응하기 어려운 경우가 많다. 따라서 학습자들이 지속적으로 변화하는 지식을 탐색할 수 있는 기술을 제공하는 것이 중요하며, 자기 주도형 학습이 그 대표적인 방법이다.

문제 중심 학습은 학습자가 올바른 지식을 습득할 뿐만 아니라, 그 지식을 활용할 수 있는 의지와 기술을 갖추도록 돕는다. 이는 암기 중심의 전통적인 학습 방식에서 벗어나, 빠르게 변화하는 환경에서 평생 학습을 가능하게 하는 방향으로 나아가게 한다. 학습자는 자신이 알아야 할 것을 파악하고, 당면한 문제를 해결하기 위해 자기 주도 학습을 통해 필요한 지식을 탐색하게 된다.

결론적으로, 자기 주도 학습은 학습자가 학습 목표, 일정, 학습 속도 등을 설정하고, 현재의 지식 수준을 파악하며, 학습 과정을 형성적으로 평가하는 지속적인 프로세스를 의미한다. 이는 학습자가 학습할 내용과 자원을 결정하는 과정에서 시작하여, 학습 동기를 유지하는 방법까지 포함된다. 이러한 자기 주도 학습의 접근은 학습자의 자율성과 전략적 사고를 강조하며, 변화하는 환경에 적응할 수 있는 능력을 키우는 데 중요한 역할을 한다.

나. 글로우(Grow)의 단계별 자기 주도 학습 모델(Staged Self-Directed Learning (SSDL))

글로우(Grow) 교수는 저널리즘 교육자로서 학습자들과의 도전적인 교육 시도와 관찰을 통해 교육 철학을 발전시킨다. 그의 교육 여정은 교사들이 학습자들의 자율성을 어떻게 개발할 수 있을지를 고민하는 데서 시작된다. 그는 교육 관찰을 통해 교수자의 지도 방식과 학습자의 자율성 수준이 다를 경우, 학습의 효과가 저하된다는 사실을 깨닫는다. 따라서 교수자는 학습자들의 자율성 수준을 파악하고, 그에 맞춰 지시사항을 조정해야 한다고 강조했다.

그는 "한 발달 단계에서 한 학습자에게 '좋은 교육'이란 것은 다른 발달 단계에서 다른 학습자들에게 '좋은 교육'이 아닐 수 있다."라고 하며, 각 단계별 자기 주도 학습 모델을 설명했다. 이는 모든 단계는 학습자의 준비도, 즉 자율성의 정도에 따라 교수자의 상대적인 힘에 의해 균형을 이루어야 함을 의미하는 것이다.

결국, 교수자는 학습자가 보다 자기 주도적으로 학습할 수 있도록 탐색의 리더 역할을 수행해야 하며, 이 과정에서 보다 자기 주도적으로 되는 단계를 현명하고 민감하게 이끌어야 할 책임이 있으며, 이러한 접근은 학습자들이 자신의 학습을 주도할 수 있는 능력을 키우고, 각자의 발달 단계에 맞는 최적의 교육을 제공하는 데 중점을 둔다할 수 있다.

(1) 1단계: 의존적 학습자 단계

1단계인 의존적 학습자 단계는 학습자가 교수자의 권위에 의존하는 시기로, 동기부여가 부족하거나 교수자에 대한 존경심으로 인해 학습 방향을 스스로 설정하지 못한다. 이 단계의 학습자는 교수자의 지도를 필요로 하며, 교육 과정은 전통적인 방식으로 강의와 반복 학습에 중점을 둔다. 평가도 객관적이며 명확한 답이 제시된다. 글로우 교수는 이 단계의 목표를 "명확한 학습 목표와 간단한 기술 제공"으로 설명하며, 여전히 많은 분야에서 이 방법이 사용되고 있다.

(2) 2단계: 흥미를 보이는 학습자 단계

2단계인 흥미를 보이는 학습자 단계에서는 학습자가 주제에 대한 흥미를 느끼며, 교수자는 이 흥미를 활용해 학습자의 열정과 동기를 유도한다. 이 단계의 학습자는 교수자의 지도 방식을 이해하고 필요할 때 도움을 요청하며, 교수자의 지시를 따르는 경향이 있다. 긍정적인 관계를 통해 자율적인 학습의 기초가 형성된다.

교수자는 학습자들이 목표를 설정하고 이를 달성하도록 돕는 역할을 하며, 칭찬을 통해 외적 동기부여에서 내적 동기부여로 전환하도록 유도한다. 교수 방법으로는 강의 후 토론, 기술 시연, 실습, 구조화된 프로젝트 등이 있으며, 글로우 교수는 셰익스피어 문학 수업을 예로 들었다. 이 단계의 핵심은 강력한 개인 교류와 주제에 대한 집중의 균형을 맞추는 것이다.

(3) 3단계: 참여적인 학습자 단계

3단계에서는 학습자들이 서로 협력하여 지식을 공유하고, 공동의 목표를 달성하기 위해 팀워크를 발휘한다. 교수자는 주로 조력자의 역할을 하며, 학습자들이 서로의 의견을 존중하고, 다양한 관점을 통해 문제를 해결하도록 유도하며 이 과정에서 학습자들은 토론, 그룹 프로젝트, 피어 리뷰 등을 통해 상호작용하며, 자신의 생각을 표현하고 다른 사람의 피드백을 수용하는 능력을 키운다. 이 단계의 핵심은 협력과 소통이며, 학습자들은 공동의 문제를 해결하기 위해 다양한 전략을 모색하는 것이다.

(4) 4단계: 자기주도 학습자 단계

4단계는 학습자들이 자신의 학습 목표와 기준을 스스로 설정하는 단계이다. 이 단계에서는 학습자들이 독립적으로 학습 계획을 세우고, 실행하며, 결과를 평가하는 과정이 포함된다. 교수자는 이때 멘토나 컨설턴트의 역할을 하며, 학습자들이 자율적으로 학습할 수 있도록 지원한다. 학습의 초점은 학습자와 과제, 문제 환경, 그리고 다른 학습자 간의 상호작용에 있으며, 이 단계에서는 논문 연구, 회의 발표, 독자적인 연구와 같은 비공식적인 작업이 주를 이룬다. 자기주도적인 학습은 학습자에게 더 큰 책임과 자율성을 부여하며, 이는 그들의 비판적 사고와 문제 해결 능력을 더욱 발전시키는 데 기여한다.

[사진 2-3] 글로우(Grow)의 단계별 자기주도 학습모델(SSDL)

[사진2-3]과 같이 글로우(Grow)는 단계별 자기 주도 학습 모델(SSDL)을 통해서 학습자들이 의존적인 단계로부터 발전해 새로운 내용을 학습하고 결국 매우 독립적인 방법으로 교육 교재를 다루는 단계까지 설명하였다.

2-2-4. 협동학습과 팀워크

협동학습은 학습자들이 소그룹으로 모여 공동의 목표를 달성하기 위해 서로 협력하고 소통하는 학습 방법이다. 이 과정에서 각 학습자는 자신의 역할을 수행하며, 서로의 의견을 존중하고 지원함으로써 지식을 공유하고 문제를 해결한다. 협동학습은 사회적 상호작용을 통해 학습 효과를 높이고, 비판적 사고, 의사소통 능력, 팀워크 등을 기르는 데 도움을 준다.

가. 협동학습의 기능

협동학습이 문제 중심 학습의 기본인 이유로 Robert E. Slavin(1995)는 단순히 모여서 같이 학습한다는 것보다 더 큰 의미는 집단이 개인의 지식습득에 더욱 효과적인 환경을 제공하기 때문이라 했다. 대표적으로 협동학습은 그룹 안에서의 개인에게 보다 성과를 내기 위한 내재적 동기를 증진시키기도 한다. 이러한 여러 기대와 효과를 종합하여 문제 중심 학습에서의 협동학습의 기능은 다음과 같다.

첫째, 협동학습 과정에서 학습자들은 협동학습의 그룹 안에서 서로 내용을 설명하고 토론하고 그 내용의 결과를 도출하는 과정에서 서로 협상함으로써 개별적 구성원들이 습득한 지식을 공유하고 구체화하며 다른 구성원이 습득한 지식과 통합하여 현실에 적용한다.
둘째, 협동학습의 학습자들은 서로 간 우정을 발전시키데 도움을 줄 것이고 또한, 강사들과 학습자 사이의 긴밀한 접촉은 학문적인 공동체를 형성하는 데 도움을 준다.
문제 중심 학습 수업 과정에서 문제 해결을 위해 그룹 단위에서 추정한 문제 해결 방법은 개별 학습자가 서로를 의존하게 만들기 때문에 각자의 학습자들이 서로 노력하도록 강요하게 된다. 협동학습은 개별 학습자가 성공하기 위해서는 그룹이 성공해야 하므로 가장 좋은 방법은 학습자 서로가 협동심을 발전시켜서 서로의 학습을 도와 가는 방법이다.

나. 협동학습의 역동성에 미치는 요인

문제 중심 학습(PBL)에서 문제에 대해 헤르코 T.H 폰테인(2019. Herco T. H. Fonteijn)은 협동학습 활동의 중심이라 주장하며 따라서 문제는 협동학습에서 상호 의존적인 그룹의 개별 구성원들의 학습목표와 지식의 교류를 이끌어 낸다하였다. 그러나 협동학습과정에서 지식과 기술의 습득은 대부분 개개인의 개별학습을 기반으로 한다. 따라서 문제 중심 학습(PBL)의 협동학습은 그룹 개별 학습자의 개인적 차이나 기능의 차이에 의해 제한된다.
또한, 문제 중심 학습(PBL)의 학습 과정이 진행함으로 인해 생기게 되는 개별학습자들의 만족도, 그룹의 응집력 또한 그룹의 효율성 등이 다른 요인으로 나타난다. 예를 들어 개별 학습자가 그룹 안에서 심리적 안전성을 느낀다면 다른 구성원에게 자신의 생각에 대한 피드백을 요청하고, 도움을 구하며, 서로 잘못된 생각을 토론할 것이다. 그러한 상태는 당연히 그룹 학습 행동에 큰 영향을 미친다. 반대의 상황도 마찬가지다. 이렇듯 협동학습과 협동학습 과정의 역동성에 미치는 요인은 다음과 같다.

(1) 학습 그룹의 크기 및 구성원의 다양성

협동 학습의 성과는 학습 그룹의 크기와 구성원의 다양성에 크게 영향을 받는다. 대규모 그룹은 다양한 자원을 제공하지만, 의견 조정과 문제 해결 과정에서 시간적 손실이 발생할 수 있다. 연구에 따르면, 6명으로 구성된 그룹이 9명으로 구성된 그룹보다 자기 주도 학습이 더 활발하게 이루어진다고 한다.

구성원의 다양성 중 인지적 다양성은 학습에 긍정적인 영향을 미치지만, 인구통계학적 다양성은 갈등을 초래할 가능성이 있다. 그러나 친사회적 동기를 통해 상호작용이 촉진되면 정보 공유와 팀의 효율성이 높아질 수 있다.

교수자는 그룹의 크기와 다양성을 고려하여 학습 목표와 상황에 맞는 팀을 구성해야 한다. 이질적인 팀은 상호 지원과 학습 잠재력을 극대화하며, 동질적인 팀은 특정 관심사를 깊이 탐구할 수 있다. 무작위적 팀은 흥미를 유발하지만 성취도 편차가 있을 수 있으며, 학습자 선택형 팀은 친밀감을 바탕으로 긍정적인 환경을 조성할 수 있으나 낙인 효과 같은 단점도 존재한다.

적절한 팀 구성을 통해 협동 학습의 효과를 극대화하고 공정성과 다양성을 고려한 학습 환경을 조성해야 하며, 각 유형은 특정 상황(2009. Spencer Kagen)과 목표에 따라 적절히 선택되어야 한다. 이러한 접근은 학습 성과를 극대화하는 데 기여하며 팀별 특징은 다음과 같다.

첫째, 이질적인 팀
이질적인 팀은 다양한 성취 수준, 다양한 성별, 성향적 다양성을 포함한 학습자들로 구성된다. 이러한 다양성은 학습자 간의 상호 지원을 극대화하고, 교수자가 학습 과정을 효과적으로 관리하는 데 도움을 준다. 높은 성취자를 포함하면 새로운 자료를 습득하고 팀원에게 소개하는 것이 쉬워진다. 결국, 이질적인 요소가 섞여 있어야 팀의 학습 잠재력이 커진다는 점이 중요하다.

둘째, 동질적인 팀
동질적인 팀은 공통된 특성을 가진 학습자들로 구성되며, 능력 수준, 사용하는 원어, 또는 공통의 관심사를 기준으로 형성될 수 있다. 예를 들어, 미용 분야에서는 헤어, 피부, 네일, 메이크업 등 다양한 관심사로 팀을 구성할 수 있다. 이러한 팀은 학습자들이 자유롭게 관심사를 탐구할 수 있는 이점이 있다. 동질적인 팀의 학습 촉진은 학습자들의 타고난 탐구심에서 비롯될 수 있다.

셋째, 무작위적 팀
무작위적 팀은 운에 의해 구성되는 팀으로, 예를 들어 주사위를 던져 팀을 만드는 방식이다. 학습자들은 번호표를 뽑고 서로 섞인 후 번호를 교환하여 팀을 형성한다. 무작위적 팀은 우연히 큰 효과를 발휘하고 흥미를 유발할 수 있지만, 계획이 부족할 수 있으며, 성취도가 낮은 학습자들로만 구성될 위험이 있다. 이러한 이유로 무작위적 팀은 장기간 사용하기에는 적합하지 않다.

넷째, 학습자 선택형 팀

학습자들이 자신의 팀을 선택할 수 있는 경우, 이는 학기 초에 재미, 다양성, 연습, 복습을 위해 활용될 수 있다. 친구들끼리 팀을 이루면 서로 친숙하고 존중하며 신뢰하는 관계가 형성되어 긍정적인 학습 환경을 조성할 수 있다. 또한, 친구들과 함께 학습하는 것이 즐겁기 때문에 학습 능률이 향상될 수 있으며, 비슷한 관심사와 관점을 공유하는 경우 팀의 결정 과정이 더 빠르고 효율적일 수 있다.

그러나 학습자 선택형 팀에는 몇 가지 단점이 존재한다. 선택된 친구들 사이에서 학습에 대한 관심이 낮거나 다른 관심사를 공유할 경우, 팀은 학습보다는 다른 활동으로 이어질 가능성이 높다. 또한, 팀의 지위가 '잘 생긴 팀'이나 '못 생긴 팀'으로 낙인찍힐 수 있으며, 가장 나중에 선택된 학습자는 인기 없는 학습자로 낙인찍힐 위험이 있다. 이러한 요소들은 학습자 선택형 팀의 효과성을 저해할 수 있으므로, 팀 구성 시 주의가 필요하다.

이렇게 각 팀 유형은 특정 상황에서 유용하게 사용될 수 있으며, 학습 목표와 환경에 따라 적절한 팀 유형을 선택하는 것이 중요합니다. 이질적인 팀이 가장 바람직하지만, 다른 팀 유형들도 전체 학습 과정에서 적절히 활용하는 것이 좋다.

(2) 개인적 차원의 차이

개인의 성격적 차이와 능력은 협동 학습의 성과에 영향을 미친다. 외향성, 양심성, 친화성 등의 성격 요인은 그룹의 협동성에 영향을 미치며, 성실성이 높은 학습자는 협동 학습을 선호하지 않고, 친화성이 낮은 학습자는 PBL에 부정적인 태도를 보인다. PBL의 성공을 평가할 때는 공동의 노력과 협력 과정의 공정성을 고려해야 하며, 이는 사회적 동기부여와 그룹 차원의 학습 결과 개선에 기여한다. 친사회적 동기부여는 팀의 응집력과 협업을 촉진하지만, 부족할 경우 무임승차와 팀 이탈을 초래할 수 있다.

학습 팀에서는 개인 책임이 중요하다. 학습 팀의 성공은 각 학습자의 개인적인 학습 성공에 달려 있으며, 개인의 책임이 결여되면 무임승차 현상이 발생할 수 있다. 이는 협동 학습의 효과를 저해하고 전체적인 학습 성과를 감소시킬 수 있다. 따라서, 학습 팀에서는 개인의 책임과 동기 부여를 강조하여 모든 학습자가 적극적으로 참여하고 성장할 수 있는 환경을 조성해야 한다.

(3) 구성원의 능력

팀의 각 구성원의 인지적인 능력과 기술적 수준이 협동 학습의 성과를 향상시키며, 그룹 구성원 간의 협업에 의해서 나오는 그룹 지능을 향상시킨다. 그러나 모든 그룹을 이룬다고 그룹 지능이 향상되지는 않는다. 예를 들어 어떠한 우수한 학습자는 그 팀의 귀중한 자원이 될 수도 있고 다른 구성원의 활동을 도울 수도 있지만 다른 구성원의 의욕을 반감 시킬 수 도 있다. 그렇기 때문에 협동 학습에서의 팀 구성원의 개별 능력도 중요하지만 협업능력이을 더 중요하게 여기는 이유이다. 그 외 그룹의 전체적인 사회적 지각력, 그룹 내의 여성의 비율, 그룹 안에서 발표하는 순서 등이 집단지능을 높이는데 필요한 요소들이다.

(4) 경험

그룹 작업 경험은 문제 중심 학습(PBL)의 결과에 큰 영향을 미친다. 학습자들이 수동적이거나 교수자가 주도성을 잃으면 학습이 어려워지며, PBL 경험이 많은 교수자와 학습자가 더 나은 학습 효과를 보인다. 협동 학습에서 중요한 원칙은 긍정적 상호 의존성으로, 이는 개인의 이익이 다른 구성원에 따라 달라지며 집단의 협력을 촉진한다. 긍정적 상호 의존성은 개인들이 협력하게 만드는 핵심 원칙이며, 이를 확립하기 위한 두 가지 조건은 다음과 같다.(2009. Spencer kagen)

첫째, 결과의 긍정적인 상관관계(a positive correlation of outcomes)

결과의 긍정적 상관관계는 구성원의 성과가 서로 연결될 때 발생하며, 예를 들어 두 산악인이 협력하여 함께 성공하거나 실패하는 경우가 있다. 학습자들도 자신의 성공이 다른 사람의 성공에 도움이 된다고 느낄 때 협력과 격려가 촉진된다. 반면, 부정적 상관관계는 한 사람의 손실이 다른 사람의 이득으로 이어져 협력이 어려워질 수 있다.

둘째, 상호 의존성(Interdependence)

상호 의존성은 팀 과제가 모든 구성원의 협력을 필요로 하는 구조를 말한다. 예를 들어, 1000원 짜리 생수를 구매하려면 각자 500원씩 협력해야만 가능하다. 단, 결과의 긍정적 상관관계가 항상 상호 의존성을 보장하지는 않는다. 재능 있는 한 명이 모든 과제를 수행할 수 있는 경우 상호 의존성은 성립하지 않으므로, 교수자는 모든 구성원이 반드시 참여하도록 과제를 설계해야 한다.

(5) 공평한 참여 보장

협력 학습의 여러 효과를 높이기 위해서는 학습자들의 참여를 높이는 방안이 매우 중요하다. 교수자가 학습자의 참여를 권유하기 보다는 모든 학습자들이 참여할 수 밖에 없는 학습의 구조를 제공해야 한다. 학습자의 공평한 참여는 필수적인 부분이다. 협력 학습에서 공평한 학습 결과를 얻기 위해서는 참여도 상대적으로 공평해야 한다.(2009. 변연계)

학습자의 공평한 참여를 보장하는 협동 학습 운영의 6가지 방식을 살펴보면 순서대로(Turn taking), 시간 할당(Time allocation), 잠시만(Think time), 규칙(Rrules), 역할(Role) 등이 있다.

첫째, 순서대로(Turn taking)

순서대로(Turn taking)는 학습자들의 공평한 참여를 보장하는 가장 간단하면서도 효과적인 방법이다. 이 방식에서는 모든 학습자가 자신의 참여 순서를 확보할 수 있다. 그러나 전통적인 전체 학습 구조에서는 시간이 너무 많이 소요되어 비현실적일 수 있다. 예를 들어, 30명의 학습자가 각각 1분씩 질문과 대답을 한다면 총 15시간이 필요하게 된다.

협동 학습 구조를 활용하면 이 문제를 해결할 수 있다. 예를 들어, 4명으로 구성된 팀에서 학습자들이 차례대로 자신의 생각을 발표하고 공유하거나, 새로운 질문이 나올 때마다 다음 순서의 학습자가 발표하는 방식으로 진행된다. 또한, 학습자들이 서로 파트너를 맺어 질문과 발표를 교대로 하며 참여할 수도 있다. 이러한 방식은 모든 학습자의 참여를 보장하고, 팀 내에서 개별 학습자의 지위를 동등하게 만들어 학습의 효과를 높인다.

둘째, 시간 할당(Time Allocation)
시간 할당(Time Allocation) 방식은 순서대로(Turn taking)방식의 연장선상에 있다. 전체 학습자의 시간할당을 통해서 모든 학습자들은 자신의 순서를 받을 수 있을 뿐만 아니라 거의 동일한 시간 동안 참여를 보장 받는다. 예를 들어 학습 파트너 갑이 1분간 발표하면 다른 학습 파트너도 1분가 발표합니다.

모든 학습자들은 동일한 양의 시간을 보장 받는다. 차례대로와 시간할당은 학습자들의 동등한 참여를 보장하는 매우 강력한 도구이다. 동일한 시간 할당은 학습자들의 학습 팀내 지위를 동등하게 하여 모든 학습자들의 팀 학습 기간에 모든 같은 시간 만큼 존중을 받고 참여 한다.

셋째, 생각할 시간(Think Time)
협력 학습의 효과를 높이기 위해서는 학습자 참여를 높이는 방안이 중요하다. 교수자가 단순히 참여를 권유하기보다, 모든 학습자가 자연스럽게 참여할 수밖에 없는 학습 구조를 설계해야 한다. 협력 학습에서 공평한 학습 결과를 얻기 위해서는 참여 역시 공평해야 한다.
이를 보장하기 위한 협동 학습 운영의 5가지 방식은 다음과 같다.

▶ **순서대로(Turn taking):** 학습자들이 차례로 발언하거나 참여할 기회를 가진다.
▶ **시간 할당(Time allocation):** 각 학습자에게 일정한 시간을 배분해 참여를 유도한다.
▶ **잠시만(Think time):** 생각할 시간을 제공해 충분한 참여 기회를 보장한다.
▶ **규칙(Rules):** 참여를 유도하는 규칙을 설정해 학습의 질을 높인다.
▶ **역할(Role):** 각 학습자에게 특정 역할을 부여해 책임감을 높인다.

이러한 방식은 학습자들의 공평한 참여를 촉진하고 협력 학습 효과 극대화에 기여한다.

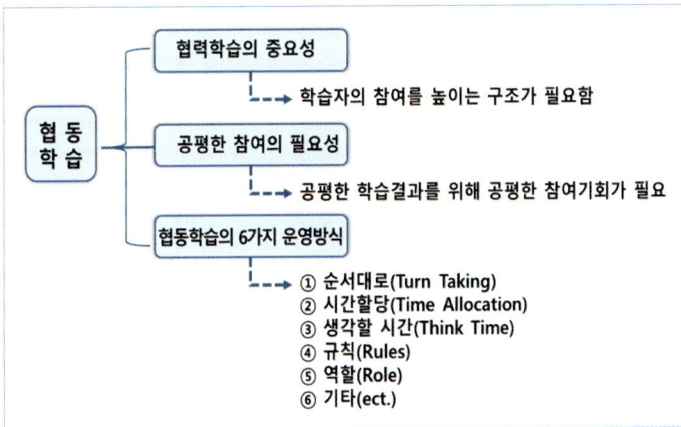

[그림 2-2] 협동학습의 운영방식

2-2-5. 수행 평가와 루브릭(Rubrics)

수행평가는 학습자가 실제 과제를 수행하며 지식과 기술을 적용하는 과정을 평가하는 방식으로, 사고력, 문제 해결 능력, 창의성 등을 종합적으로 측정한다. 전통적인 선택형 시험과 달리, 발표, 실험, 프로젝트, 에세이 작성 등 다양한 방법을 통해 학습자의 학습 성취를 실질적으로 확인할 수 있습니다. 수행평가는 과제를 해결하는 과정을 관찰하고 결과물을 평가하여 학습 목표의 달성 여부를 파악한다.

루브릭은 수행평가의 공정성과 일관성을 높이기 위해 사용되는 평가 도구로, 평가 기준과 성취 수준을 명확히 기술하여 학습자가 평가 기준을 이해하고 자신의 학습 성취를 개선할 방향을 알 수 있도록 돕는다. 예를 들어, 발표 과제를 평가할 때 루브릭은 발표 내용의 정확성, 논리적 구성, 발표 태도 등의 기준과 각 기준에 대한 성취 수준을 명시한다.
즉 수행평가와 루브릭은 학습자의 성장과 학습 목표 달성을 지원하며, 학습 과정에서의 피드백과 방향성을 제공하는 데 중요한 역할을 한다.

가. 학습 평가

수행평가는 학습자가 실제 과제를 수행하며 지식과 기술을 적용하는 과정을 평가하는 방식으로, 사고력, 문제 해결 능력, 창의성 등을 종합적으로 측정한다. 전통적인 선택형 시험과 달리, 발표, 실험, 프로젝트, 에세이 작성 등과 같은 다양한 방법을 통해 학습자의 학습 성취를 실질적으로 확인할 수 있다. 수행평가는 학습자가 과제를 해결하는 과정을 관찰하고, 결과물을 평가하여 학습 목표의 달성 여부를 파악한다.
이와 함께 루브릭은 수행평가의 공정성과 일관성을 높이기 위해 사용되는 평가 도구이다. 루브릭은 평가 기준과 성취 수준을 명확히 기술하여 학습자가 평가 기준을 이해하고, 자신의 학습 성취를 개선할 방향을 알 수 있도록 돕는다. 예를 들어, 발표 과제를 평가할 경우, 루브릭은 발표 내용의 정확성, 논리적 구성, 발표 태도와 같은 평가 기준과, 각 기준에 대해 우수, 보통, 미흡과 같은 성취 수준을 명시한다. 이를 통해 학습자는 평가 과정을 명확히 이해하고, 자신에게 필요한 개선 사항을 파악할 수 있다.

수행평가와 루브릭은 학습자의 성장과 학습 목표 달성을 지원하며, 학습 과정에서의 피드백과 방향성을 제공하는 데 중요한 역할을 한다.

(1) 평가의 종류

무엇을 또는 어떻게 평가할 것인가를 판단하기 전에, 평가에 관련된 많은 서로 상충되는 생각들이 있다. 일반적으로 학교에서의 평가는 학습자들의 순위를 정하기 위한 목적이 가장 강할 것이고, 미용사 시험의 평가는 미용사 자격증을 발행할 것인지가 가장 큰 목적일 것이다. 평가는 이처럼 다양한 이유로 많은 이해 관계되는 사람들에게 중요하다. 자주 사용되는 평가의 종류에 대한 구분은 평가의 목표를 기준으로 분류한다.(2006.Manitoba Education, Citizenship and Youth.)

첫째, 학습에 대한 평가(Assessment of learning)

학습에 대한 평가는 교육 현장에서 가장 일반적으로 사용되는 평가 방식으로, 학습자가 외부 사물이나 세상에 대해 올바른 판단을 내리고 있는지를 중심에 둔다. 이는 학습자가 알고 있는 지식이나 기술이 학습 과목의 목표를 충족했는지, 혹은 특정 기술의 숙련도를 인증했는지를 확인하는 과정이다. 예를 들어, 자격증 시험, 학교의 정기 평가, 국가 주도의 전문 자격 시험, 미용사 자격증 시험 등이 이에 해당된다. 학습 평가는 학습자가 과정을 이해하고 목표를 성취했는지를 입증하며, 이를 통해 인증과 성과를 보여준다.

학습 평가는 점수, 순위, 합격 또는 불합격 형태로 결과가 제공되며, 학습자의 미래 계획과 외부 평가에 중요한 기준이 된다. 평가의 신뢰성과 정확성은 필수적이며, 명확한 결과는 학습자의 목표 달성과 의사 결정에 영향을 미친다.

둘째, 학습을 위한 평가(Assessment for Learning)

다음은 '학습을 위한 평가'이다. '학습을 위한 평가'는 학습자가 더 잘 배우도록 학습 과정을 평가하는 방법으로, 학습 과정 전체에 걸쳐 이루어진다. 이는 학습자의 이해를 가시화하여 교수자가 학습 발전을 위해 무엇을 해야 하는지 결정할 수 있도록 설계된다.

교수자는 평가를 통해 학습자가 무엇을 알고 할 수 있는지, 학습에서의 혼란이나 선입견이 무엇인지 파악하며, 이를 바탕으로 학습자의 발전을 위한 다음 단계를 설계한다. 이 과정에서 수집된 정보는 피드백 제공, 학습자 그룹화, 수업 전략 및 학습 자원 결정 등 교수 전략에 활용된다.

'학습을 위한 평가'는 학습자가 이미 알고 있는 것과 할 수 있는 것을 기반으로 수업을 설계해, 학습자가 혼란이나 좌절 없이 필요한 지원과 자료를 받을 수 있도록 돕는다. 교수자는 학습자의 학습 속도를 높이고 학습 과정을 간소화하기 위해 목표를 신중히 설정하고 학습을 적시에 지원한다.

셋째, 학습으로서의 평가(Assessment as Learning)

마지막으로 '학습으로서의 평가'이다. '학습으로서의 평가'는 학습자 사고와 메타인지 과정에 초점을 맞추며, 학습자가 자신의 사고 과정을 모니터링하고 조정하여 학습을 발전시키는 것을 강조한다. 이는 학습자가 비판적 평가자가 되어 자신의 사전 지식과 현재 학습을 연결하고 새로운 학습으로 확장하는 과정으로, 메타인지적 사고의 핵심 과정이다.

이 접근은 전통적인 지식 전달 중심의 학습관과 달리, 학습자 상호 간 지식과 아이디어의 상호작용을 통해 인지 재구성이 이루어진다고 본다. 학습자는 자신의 학습 과정을 능동적으로 성찰하고, 이를 통해 더 깊은 이해와 학습의 독립성을 높이게 된다.

궁극적으로 '학습으로서의 평가'는 학습자가 스스로 자신의 학습을 평가하고 조정할 수 있는 능력을 키우는 데 목적이 있다. 이를 위해 교수자는 학습자에게 정서적 안정, 참여, 독립, 책임의 기회를 제공해 자기 평가 능력을 개발할 수 있는 환경을 조성해야 한다. 시간이 지남에 따라 학습자는 자신의 학습을 효과적으로 평가하고 조정하는 독립적 학습자로 성장하게 된다.

〈표2-7〉 평가별 목적과 내용

구 분	학습에 대한 평가	학습을 위한 평가	학습으로서 평가
평가의 목적	숙련도 수준 검증	다음 학습 단계 결정을 위함	자기 성찰 및 다음 단계 식별 검증
평가의 내용	숙련도 적용 수준	학습 진행 및 요구 사항	학습 전략에 대한 이해 수준 학습 조정 메커니즘에 대한 이해

최근 학습에 대한 평가는 '학습에 대한' 평가에서 '학습을 위한 평가' "학습으로서의 평가"로 나아가는 움직임이 있다. 그러나 문제 중심의 학습이 직업 교육 일 경우라도 학교에서 이루어질 때는 "학습에 대한 평가'와 더불어 평가 설계해야 학습의 결과에 따른 학교 교육이 제도적 학습 목표가 달성될 수 있다. 대표적인 예가 숫자로 학습 결과를 나타내거나 아니면 학습자들의 서열을 자리매김할 수 있다.

'학습을 위한 평가(형성 평가)와 '학습에 대한 평가'(총괄 평가)는 처음에는 다른 범주의 평가로 이해되었으나, 사실은 평가라는 연속선상에서 양쪽의 끝에 해당하는 것이 '학습에 대한 평가'와 '학습을 위한 평가'이다. 그러니 현실에서의 바람직 한 평가는 '학습에 대한 평가'와 '학습을 위한 평가' 각각 역할의 균형을 맞추는 것이 중요하다.

(2) 평가의 주체

평가 주체는 동료, 직원, 실무 전문가 등으로 구성되며, 이들의 평가는 학습자가 건전한 판단을 형성하는 데 필수적이다. 학습자의 판단 역량을 과소평가하면 학습자의 판단력을 약화시킬 수 있다. 다음은 평가 주체별 평가가 이루어지는 관점 및 초점이다.(2010. Sue Pengelly)

- **교수자**: 해당 과목의 전문적 지식이 요구될 때 평가 수행.
- **학습자**: 자신의 성찰과 학습 과정 평가가 필요할 때.
- **타 학습자**: 효과적인 형성적 피드백을 제공할 때.
- **미용사(실무 전무가)**: 직업 현장에서의 실제 경험과 관련된 평가
- **고객**: 고객 지향적인 업무와 관련된 평가

특히 PBL 평가에서는 전통적인 평가와 달리 학습자 자신의 평가와 동료 학습자에 의한 평가가 강조되며, 이를 통해 학습 과정에서 실질적이고 효과적인 피드백이 가능하다. 그 내용을 살펴보면 다음과 같다.

첫째, 자가 평가(Self-Assessment)

학습은 학습자가 스스로 구축하고 만들어가는 과정이며, 자가 평가는 학습자가 자신의 현재 학습 상태를 검토하고, 학습 요구를 파악하며, 이를 충족했는지 평가하는 과정이다. 이는 학습자의 자기 주도적 학습 발전을 돕는 중요한 도구이다.(1995. Boud, D.)

① 자가 평가 기술과 평생학습

모든 학습자는 자신의 학습 성과를 현실적으로 평가하고 효과적으로 모니터링하는 능력을 개발하는 것이 중요하다. 학습자는 자신이 알고 있는 것과 알아야 할 것을 파악하고 이를 기반으로 학습을 모니터링해야 한다.

학교와 같이 제도권 교육 기관에서는 학습자가 스스로 학습을 계획하지 않아도 학습이 이루어질 수 있지만, 직업 현장이나 삶의 현장에서는 거의 이루어지지 않는다. 이로 인해 자가 평가 능력은 제도권 교육 이후에도 평생 학습자로서 학습을 지속할 수 있게 하는 핵심적 토대가 된다. 특히, 미용 분야와 같이 평생 학습이 요구되는 분야에서는 자가 평가 능력이 필수적인 기초 기술로 작용한다.

② 자가 평가와 효과적인 학습

효과적인 학습을 위해 학습자는 자신의 학습을 모니터링하고 학습 전략을 수정할 수 있는 메타인지 능력을 개발해야 한다(신명희, 2007). 이는 단순히 지식을 전달받는 것이 아니라, 자기 주도적 학습을 통해 학습에 주도적으로 참여하는 것을 의미한다.

특히 자가 평가 능력은 미용 분야처럼 지속적인 학습이 필요한 분야에서 필수적이다. 자가 평가는 학습자의 자율성과 메타인지 능력을 키워주며, 교수자나 상사에게 의존하지 않고 자신의 지식과 기술을 개발하고 평가할 수 있게 한다.

학습은 동료, 교수자, 전문가의 평가와 기대 속에서 이루어지지만, 이러한 평가가 학습자의 자가 평가 능력을 개발하지 않는다면 교육적 가치는 제한적이다. 궁극적으로 학습 결과는 학습자가 내린 결정에 따라 달라지며, 이는 자율적 학습의 핵심이다. 〈표2-8〉은 자가 평가의 모범적 실행과 부실한 실행을 비교한 것이다.

〈표2-8〉 평가별 목적과 내용비교

구 분	모범적 자가평가 실행	부실한 자가 평가 실행
도입 목적	학습 향상을 목표로 도입됨	외부 요구로 인해 형식적으로 도입됨
평가 기준	명확한 근거와 학습자 참여로 마련됨	타인이 만든 기준을 근거 없이 사용함
프로세스 준비	학습자의 인식을 고려하고 지침을 마련함	사전 준비 없이 일회성으로 진행됨
학습자 역할	학습자가 기준 마련과 과정에 적극 참여	학습자가 소극적으로 참여하며 의견 미반영
평가방법	질적 방식과 데이터를 기반의 평가	근거 없는 포괄적 판단과 느낌에 의존한 평가
학습효과	자가 평가 기술과 자기 주도적 학습 촉진	학습 효과가 미미하며 부수적인 주제로 다룸짐
활동의 맥락	맥락에 스며들며 단계적으로 도입됨	현재 주제나 특정 요구에 국한됨
평가데이터 사용	학습 개선과 기여도 판단에 활용	평가 결과가 공식적으로 미활용
평가 지속성	지속적이고 발전적인 실행으로 이어짐	준비 없이 시행된 일회성 이벤트로 끝남
동료 피드백	동료 피드백을 효과적으로 활용함	동료 피드백과 분리되어 활용 부족
평가결과 활용	차기 학습과 의사 결정에 기여함	결과 미활용, 평가 자체에 대한 평가 미실시

출처:Boud, D. (1995). Enhancing Learning through Self Assessment. Routledge. pp28-29의 내용 재구성

둘째, 동료 평가(Peer Assessment)
동료 평가는 학습자가 그룹 작업이나 학습 과정에서 다른 학습자의 성과물(Product), 학습 과정, 또는 수행 과정을 평가하는 활동으로 학습의 우수성 기준에 따라 피드백을 제공하거나 점수를 매기는 방식으로 이루어진다.(1995. Boud, D.)

① **동료평가의 유형**
- **동료 간 평가**: 학과나 학급 단위에서 이루어지는 평가.
- **동료 내 평가**: 그룹 내 학습자들의 기여도를 개별적으로 평가하는 방식으로, 그룹 학습에서 개인 학습자의 공헌 분리에 유용

② **PBL과의 연관성**
- 동료 평가는 PBL 학습 과정에서 중요한 역할을 하며, 학습자 간의 상호작용과 협력 촉진
- 그러나 성적과 직접 연계된 동료 평가는 협력을 방해하고 부정적 감정 유발의 가능성이 있음

③ **동료 평가의 가치**

학습자는 다른 학습자에게 건설적이고 설명이 포함된 피드백을 제공함으로써 자기 평가 능력을 향상시키고, 학습에 유용한 정보를 얻을 수 있다. 동료 피드백은 책임감과 판단력을 키우고, 학습자 간 상호 학습 지원을 강화하는 역할을 하지만, 몇 가지 어려움과 제한이 따른다.
- **시간 부족**: 작업을 충분히 이해하고 유효한 피드백 제공 시간 부족
- **익숙하지 않음**: 동료 작품에 대한 평가에 익숙하지 않음
- **기준 설정**: 동료 평가 기준의 공식화는 어려움
- **작품의 복잡성**: 작품의 성격(예: 에세이 vs. 스케치)에 따라 피드백 제공의 난이도가 다름

④ **효과적인 동료 평가의 조건**
- **피드백 방식**: 피드백은 구체적이고 설명적이어야 하며, 학습 목표를 기반으로 해야 함
- **일관성**: 평가 스타일과 톤의 일관성이 중요하며, 검토와 성찰 시간 필요

⑤ **현실적 접근 방법**
- **피드백 범위**: 모든 학습자 간 피드백은 비현실적이며, 깊이 있는 피드백 제공이 효과적
- **공동 작업**: 복잡한 작업은 공개 토론과 비교로 피드백의 질 향상 가능
- **기준 설정**: 동료 평가 기준의 공식화는 어려움

나. 수행 평가(Performance Assessment)

(1) 수행 평가(Performance Assessment)의 개념과 특징
수행평가는 학습자가 자신의 지식과 기술을 활용하여 학습 결과물을 창출하고 과제를 수행하는 능력을 강조하는 평가 방식이다. 이 방법은 퍼포먼스 기반 평가로, 학습자는 학습의 결과를 다양한 형태로 발표하거나, 논문 및 프로젝트와 같은 완성된 결과물을 통해 자신의 역량을 보여준다.

특히 미용 분야에서는 학습자의 미용 지식과 기술이 모델이나 위그 등을 활용한 학습 결과물로 나타난다.(2017. 윤관식)

수행평가는 Berk (1986)에 따르면 학습 관련 기술이나 역량을 발휘하며, 문제 해결을 위한 답을 구성하는 과정에서 교수자가 이를 관찰하고 판단하는 방식으로 진행되며, 평가의 정의는 체계적인 관찰을 통해 개인에 대한 의사 결정을 위한 자료 수집 과정으로 설명된다고 하였다. 다음은 수행 평가의 5가지 학술적 특징을 정리한 것이다.

- ▶ **실제적 과제 수행:** 수행평가는 테스트가 아닌 현자의 업무 프로세스
- ▶ **다양한 평가 방식 활용:** 다양한 도구와 전략을 활용해 자료(Data)를 수집함
- ▶ **직접적 관찰과 판단:** 자료는 체계적이고 직접적인 관찰을 통해 수집됨
- ▶ **다양한 평가방식 활용:** 발표, 프로젝트 등 다양한 평가의 형식을 통해 학습자 평가
- ▶ **피드백 및 자기평가기능:** 학습자는 수행단계에서 피드백을 받고 자기 평가를 통해 성장

위와 같은 수행 평가의 학술적 특징도 중요하지만 일반적인 수행평가의 특징은 다음과 같다.

- ▶ **학습자의 역할:** 수행, 창작, 건설, 생산 등 학습자가 직접 수행.
- ▶ **평가내용:** 관련 분야에 대한 깊은 이해와 추론 능력을 평가
- ▶ **작업기간:** 몇 일 또는 몇 주에 걸친 지속적인 작업 필요
- ▶ **학습자 설명:** 수행에 대한 설명, 정당성, 반론 방어 등에 대한 설명 요구
- ▶ **평가방법:** 훈련된 전문 평가자가 평가 진행
- ▶ **평가 기준:** 여러 준거와 기준이 사전에 정해지고 공표됨
- ▶ **정답:** 다양한 정답이 존재
- ▶ **현실기반:** 실제 현실의 맥락과 한계를 기반으로 수행

이러한 수행 평가의 역사상 최초의 사례라 할 수 있는 사례로 일본도 전문 평가사는 교도소 죄수의 팔·다리를 자르며 성능을 평가하였으며, 또한 검을 제작하는 대장장이의 제작 과정을 관찰하며 평가하였다.(1991. Scriven, Michael.)

(2) 수행 평가를 통한 학습 목표

McMillan, James H. (2007)은 수행 평가의 평가 측면 및 수행 평가를 통한 학습은 다음 4가지를 중요 시 하였다.

첫째, 학습자의 학습에 대한 깊은 이해(Deep Understanding)
둘째, 학습자의 추론 능력 향상(Reasoning)
셋째, 학습자의 관련 분야 기술 향상(Skill)
넷째, 학습자의 학습 결과물의 품질 향상(Product)

첫 번째와 두 번 째 목표인 학습에 대한 깊은 이해와 학습자의 추론 능력은 기존의 지식과 지식의 적용 그리고 참신하고 정교한 방식의 관련 분야 기술에 대한 심층적이고 복잡한 생각을 포함한다. 세 번째 목표인 학습자이 관련 분야 기술은(Skill)은 추론 기술, 커뮤니케이션 기술, 심체적 기술(Psychomotor)(운동 기능적 영역의 기술) 과제에 대한 학습자의 숙련정도를 포함한다. 네 번째 목표의 학습 결과물(Product)는 학습자들이 자신들의 지식과 기술을 사용하여 학기말 논문이

나 프로젝트나 과제물로 만들어진 완성된 작품을 의미한다. 미용에서는 아주 흔하게 많은 작품들이 통가발 위에 만들어 진다. 사실 수행 평가는 미술, 음악, 육상, 글쓰기 등의 분야에서 수많이 사용해왔다. 대단히 새로운 것은 아니지만 수행 평가의 기본 평가 정신을 놓친다면 형태는 수행 평가지만 내용은 종이를 통해 평가하는 전통적인 평가 방법과 차이가 없을 것이다.

첫째, 학습자의 학습에 대한 심층적 이해(Deep Understanding)
수행평가의 핵심 목적은 학습자의 심층적 이해를 향상시키는 것이다. 이는 장기간의 의미 있는 실습 활동을 포함하여, 전통적인 강의나 종이 시험보다 학습을 더 풍부하고 광범위하게 형성할 수 있도록 한다.

수행평가는 지식과 기술의 활용에 중점을 두며, 학습자는 새로운 상황에서 깊이 있는 사고와 의미의 미묘한 차이를 반영한 답변을 구성해야 한다. 또한, 자신의 지식과 기술을 적용하고 발표함으로써 학습 내용을 효과적으로 표현하도록 요구받는다.

둘째, 학습자의 추론 능력 향상(Reasoning)
추론은 수행평가의 필수 요소로, 학습자는 문제 해결과 의사 결정 과정에서 문제 분석, 비판적 사고, 결과 예측 등의 인지 과정을 활용해야 한다. 이에 따라 수행평가에서는 추론 기술을 평가할 명확한 기준이 필요하다.

그러나 수행평가만이 학습 평가의 유일한 방법은 아니며, 비판적 사고는 단답형 질문이나 모의 재판 등 다양한 방식으로도 평가될 수 있다. 모든 학습 활동이 수행과 관련되지만, 체계적인 수행평가는 명확한 평가 기준과 구조화된 방식이 필요하다.

셋째, 학습자의 관련 분야 기술 향상(Skill)
학습자들은 추론 능력 외에도 의사소통 기술 능력, 프레젠테이션 기술 능력, 심체적 기술(Psychomotor)(운동 기능적 영역의 기술)능력을 요구된다. 이러한 분야의 기술 향상 목표는 수행 평가에 가장 잘 걸맞는 목표이다. 내용들을 살펴보면 다음과 같다.

① 커뮤니케이션 과 프레젠테이션 기술
커뮤니케이션 기술 학습 목표는 읽기, 쓰기, 말하기, 듣기를 포함한다.
- 읽기는 읽기 전, 읽는 중, 읽은 후의 과정으로 나뉘며, 독후감과 같은 학습 결과물로 평가할 수 있다.
- 쓰기는 설득력 있는 편지, 연구 논문, 사실 기반 글 작성 등 다양한 맥락에서 글쓰기 기술을 수행할 수 있어야 한다. 예를 들어, 학습자가 편집자에게 편지를 작성했다면, 이후 광고나 연설문 작성을 통해 해당 기술을 증명할 수 있다.
- 말하기(구두 커뮤니케이션 기술)는 연설, 노래, 외국어 말하기, 토론 대회 등 특정한 발표 상황을 통해 학습된다.

② 말하기 기술은 세 가지 요소로 구분된다.
- 물리적 표현 – 눈 맞춤, 자세, 얼굴 표정, 제스처, 신체 움직임
- 음성 표현 – 발음의 정확성, 선명성, 발성 변화, 소리의 크기, 말하는 속도
- 언어 표현 – 반복, 조직, 요약, 추론, 아이디어 완전성, 적절한 단어 선택

〈표2-9〉 커뮤니케이션 기술 학습 목표

구 분	커뮤니케이션 기술	부실한 자가 평가 실행	세부 요소
1	읽기	읽기 전, 읽는 중, 읽은 후의 과정과 학습 결과물(예: 독후감) 포함	읽기 전, 읽는 중, 읽은 후
2	쓰기	설득력 있는 편지, 연구 논문, 사실 기반 글 작성 등 다양한 맥락에서 수행	설득력 있는 글쓰기(광고, 연설문 등)
3	말하기	연설, 노래, 외국어 말하기, 토론대회 등 특정한 발표 상황에서 학습	물리적 표현(눈 맞춤, 자세, 표정, 제스처), 음성 표현(발음, 소리 크기, 속도), 언어 표현(조직, 요약, 단어 선택)

③ 심동적 기술(Psychomotor) (운동 기능적 영역의 기술)

심동적 기술Robert M. Gagne. (2007)에 의하면 신체의 움직임과 근육의 조정을 포함하는 기술로, 미세한 조작부터 복잡한 동작까지 다양한 수준의 신체 활동을 포함한다. 이는 학습자가 신체적 수행 능력을 개발하고 정교하게 조절할 수 있도록 하는 기술이며, 특히 미용, 스포츠, 의료, 예술 등의 분야에서 중요하게 여긴다.

- 심동적 기술의 특징
  ✓ 신체 활동과 연관 – 학습자가 손, 팔, 눈, 근육 등을 활용하여 특정 동작을 수행하는 과정.
  ✓ 연습과 반복을 통한 숙달 – 꾸준한 훈련과 반복을 통해 기술이 자동화됨.
  ✓ 감각과 운동 기능의 통합 – 시각, 촉각 등의 감각을 활용하여 세밀한 조정을 수행.
  ✓ 단순 동작에서 복잡한 동작으로 발전 – 기본적인 운동 기능에서 시작해 고도의 정밀한 기술로 발전.

- 데이브의 심동적 기술의 5단계
  ✓ 모방_상대방의 행동을 관찰하고 따라하는 단계
  ✓ 조작_설명을 듣고 스스로 활동을 수행해보는 숙련 단계
  ✓ 반복 조작_반복적으로 수행하며 연결을 통해 작업이 이루어지고 일관되게 수행하는 단계
  ✓ 조정_여러가지 기술을 수용하고 통합하여 수용하는 단계
  ✓ 창작_새로운 기술을 개발하는 단계

- 심동적 학습의 3단계
  ✓ 인지적 단계(Cognitive Stage) – 초기 학습 단계로 이해하는 과정
  ✓ 연합 단계(Associative Stage) – 반복적으로 연습하면서 개선하는 단계로 살롱워크 과정
  ✓ 자율적 단계(Autonomous Stage) – 책임과 권한을 부여받은 단계로 실제 작업에 투입

- 심동적 기술의 주요 단계(Simpson의 분류)

  엘리자베스 심슨(Elizabeth Simpson)은 심동적(Psychomotor) 기술 학습의 7단계를 제시하며, 단계별로 신체적 동작과 조정 능력을 기반으로 기술을 학습하는 과정을 설명하였다. 기술 학습의 7단계는 미용과 같은 실기 중심 학습에서도 매우 중요한 개념으로 강사를 모방하는 단계에서 시작하여 자기만의 창의적인 기술 개발로 발전하는 과정이다.(1966. E. J. Simpson)

〈표2-10〉 Simpson의 심동적 기술 7단계

단계	설명	미용분야 예시
1. 지각(Perception)	감각을 통해 정보를 수집	강사의 시연을 관찰(견습)
2. 준비(Set)	학습할 준비상태	연습에 집중하며 도구준비
3. 유도 반응(Guided Response)	모방하며 카핑	강사의 동작을 카핑
4. 기계적 반응(Mechanism)	반복 연습 후 기본 숙달	숙련도 향상을 위해 연습
5. 복합 외현 반응(Complex Overt Response)	세부적인 정교한 수행	결과물이 완성도가 높아짐
6. 적응(Adaptation)	기술을 응용하여 변형	고객 니즈별 결과물 제시
7. 창조(Origination)	창의적 기술 개발	새로운 헤어스타일 개발

지각단계에서 강사의 역할

① 학습자가 기술을 관찰할 수 있도록 시범을 제공

강사는 정확하고 명확한 동작을 시연하여 학습자가 시각적 정보를 충분히 습득할 수 있도록 한다.
예시: 강사가 가위를 잡는 법, 빗을 사용하는 법, 커트하는 손의 움직임을 천천히 보여줌.

② 학습자가 감각을 활용할 수 있도록 유도

학습자가 단순히 보는 것이 아니라 손의 감각, 도구의 질감, 소리 등 다양한 감각을 활용하여 경험하도록 한다.
예시: "가위가 닫힐 때 나는 소리를 잘 들어보세요. 적절한 텐션을 유지하면서 커트를 해야 합니다."

③ 핵심 포인트를 강조하여 인식하도록 도움

강사는 "어떤 부분을 특히 주의해야 하는지"를 강조하여 학습자가 집중할 요소를 명확히 인식하게 한다.
예시: "커트할 때 손목의 각도를 잘 보세요. 손목을 너무 굽히면 커트 라인이 틀어질 수 있어요."

④ 학습자가 주의를 집중할 수 있도록 환경 조성

실습실의 조명, 도구 배치, 학습자의 자리 등을 고려하여 학습자가 최적의 환경에서 관찰할 수 있도록 설정한다.
예시: 강사는 학습자들이 가장 잘 볼 수 있는 각도에서 시범을 보이고, 거울을 활용하여 다양한 각도에서 관찰하게 함.

④ 학습자의 학습 결과물의 품질 향상(Product)

학습 수행의 결과물은 대부분 학습의 완성 수준을 어느 정도 포함되어있다. 학습자들은 수면동안 논문, 보고서, 프로젝트의 결과, 미용 분야의 경우 실습 결과물로서의 통가발을 학습 결과물로 만들어 왔다. 이러한 결과물이 학습자 마다 어떻게 다르며 어떤 결과물이 보다 매력적이고 보다 진정성이 있는지를 공개된 평가 영역과 기준으로 점수를 매긴다.

다. 수행 평가 방법으로서 루브릭(Rubrics)

(1) 루브릭(Rubrics)의 정의

루브릭(Rubrics)은 라틴어 빨간색(Ruber)에서 유래된 단어로, 과거 가톨릭 기도서나 법률 문서에서 중요한 내용을 강조하기 위해 빨간색으로 표시한 것에서 시작되었다.

교육 분야에서 루브릭은 학습자의 수행을 평가하는 기준 및 채점 지침을 제공하는 도구로 사용되며 교수자는 루브릭을 통해 학습자의 학습 결과를 명확하게 판단하고, 공정하고 신뢰할 수 있는 피드백을 제공할 수 있어야 한다. 루브릭은 학습자의 수행을 평가하기 위한 구조화된 지침으로, 평가 과정에서 다음과 같은 주요 질문에 대한 답을 제공해야 한다.

- 어떤 기준으로 성과를 판단할 것인가?
- 수행의 성공 여부를 어떻게 판단할 것인가?
- 좋은 수행과 미흡한 수행의 품질의 차이는 무엇인가?
- 점수 부여의 기준과 공정성을 어떻게 확보할 것인가?
- 각 수준의 수행 품질을 어떻게 설명하고 구별할 것인가?

(2) 루브릭(Rubrics)의 구성요소

루브릭은 Wiggins, Grant P (1998)에 따르면 척도, 기준, 수행 품질 기준 등 세 가지 요소로 구성된다. 이는 미용분야 중 헤어 샴푸 과정을 루브릭을 활용하여 〈표0-0〉과 같이 행동과 결과물로 수행기준을 명확하게 제시하는 것으로 설명할 수 있다.

▶ **척도(Scale):** 학습자의 수행 수준을 나타내는 점수 기준 (예: 1~5점 척도).
▶ **기준(Criteria):** 평가 항목(예: 헤어 샴푸 준비, 샴푸 실행, 샴푸 마무리 등).
▶ **수행 품질 기준(Performance Descriptors):** 각 수준의 수행 품질을 설명하는 구체적인 내용.

〈표2-11〉 헤어샴푸 루브릭

척 도(Scale)	1점	2점	3점	4점	5점
헤어샴푸 준비하기	1-1수행품질기준	1-2수행품질기준	1-3수행품질기준	1-4수행품질기준	1-5수행품질기준
헤어샴푸 실행하기	2-1수행품질기준	2-2수행품질기준	2-3수행품질기준	2-4수행품질기준	2-5수행품질기준
헤어샴푸 마무리하기	3-1수행품질기준	3-2수행품질기준	3-3수행품질기준	3-4수행품질기준	3-5수행품질기준

〈표2-12〉의 헤어샴푸 루브릭과 같이 5점 척도로 평가 할 경우 각 척도별 기준(Criteria)은 다음과 같다.

〈표2-12〉 헤어샴푸 루브릭

척 도(Scale)	기 준(Criteria)
5점	수행준거의 내용을 완벽하게 이해하고 이 수준에 맞는 수행을 하고 있음을 보여준다.
4점	수행준거의 내용을 대부분 이해하고 이 수준에 맞는 수행을 하고 있음을 보여준다.
3점	수행준거의 내용을 부분적으로 이해하고 이 수준에 맞는 수행을 하고 있음을 보여준다.
2점	수행준거의 내용을 조금 이해하고 이 수준에 맞는 수행을 하고 있음을 보여준다.
1점	수행준거의 내용을 이해하지 못하고 수행을 하고 있음을 보여준다.

(3) 루브릭(Rubrics)의 수행품질 기준 설명문

루브릭의 핵심 요소 중 하나로 학습자의 수행을 신뢰할 수 있고 공정하게 평가할 수 있도록 수행 수준을 설명하는 수행품질에 대한 기준은 어떤 점수를 부여하며 그 점수가 무엇을 의미하며, 기준에 대한 타당성과 신뢰성을 어떻게 공정하게 결정할 것인가에 대한 설명이다.

각 수준의 수행 설명문에는 예시 및 구체적인 설명이 포함되어야 하며 좋은 루브릭은 명확한 수행 기준을 포함하여, 학습자의 수행을 객관적으로 판별할 수 있도록 구성된다.

예를 들어, 헤어 샴푸 루브릭을 설계하기 위해선 우선 헤어 샴푸의 수행 준거를 명확하게 할 필요가 있으므로 NCS에서 제시한 능력단위를 기반으로 루브릭을 개발한다.

〈표2-13〉 헤어샴푸 루브릭

능력단위요소	수행준거
헤어샴푸준비하기	1.1 고객에게 가운 착용을 안내하고 샴푸실로 안전하게 이동할 수 있다.
	1.2 와식 및 좌식 샴푸 중 샴푸 방법을 선택할 수 있다.
	1.3 샴푸대에 앉은 고객에게 무릎 덮개와 어깨 타월 등을 착용시킬 수 있다.
	1.4 샴푸 시작 전 두피 및 모발 상태를 파악하고 사전 브러싱을 할 수 있다.
	1.5 고객의 편안함을 위해 샴푸대의 높이와 수온 및 수압을 조절할 수 있다.

출처:한국직업능력연구원 (2022). NCS 학습모듈_헤어샴푸와 클리닉. 교육부.

〈표2-14〉와 같이 수행 준거를 기준으로 헤어샴푸 준비하기의 루브릭은 다음과 같이 설계할 수 있다.

〈표2-14〉 예시_헤어샴푸 준비하기 루브릭 예시

척도(Scale)	기 준(Criteria)
5점	고객에게 가운을 착용시키고 샴푸대까지 안전하고 친절하게 안내하고 와식 샴푸와 좌식 샴푸 중 고객의 요구와 목적에 맞는 샴푸를 선택하였다. 또한 샴푸대에서 고객에게 무릎덮개 및 어깨 타월 등을 편안하게 착용시키고 샴푸 전 고객의 두피 모발 상태를 정확하게 파악하여 브러싱하였으며 고객의 편안함을 위해 샴푸대의 높이, 수압 및 물 온도를 완벽하게 조절하였다.
4점	고객에게 가운을 착용시키고 샴푸대까지 안전하고 친절하게 안내하고 와식 샴푸와 좌식 샴푸 중 고객의 요구와 목적에 맞는 샴푸를 선택하였다. 또한 샴푸대에서 고객에게 무릎덮개 및 어깨 타월 등을 편안하게 착용시키고 샴푸 전 고객의 두피 모발 상태를 정확하게 파악하여 브러싱하였으나 고객의 편안함을 위해 샴푸대의 높이, 수압 및 물 온도를 조절하는 것은 다소 미흡하였다.
3점	고객에게 가운을 착용시키고 샴푸대까지 안전하고 친절하게 안내하고 와식 샴푸와 좌식 샴푸 중 고객의 요구와 목적에 맞는 샴푸를 선택하였다. 그러나 샴푸대에서 고객에게 무릎덮개 및 어깨 타월 등을 착용시킨 후 샴푸 전 고객의 두피 모발 상태를 파악하고 브러싱하는 것은 미흡하였다. 또한 고객의 편안함을 위해 샴푸대의 높이, 수압 및 물 온도를 조절하는 것도 미흡하였다.
2점	고객에게 가운을 착용시키고 샴푸대까지 안전하고 친절하게 안내하고 와식 샴푸와 좌식 샴푸 중 고객의 요구와 목적에 맞는 샴푸를 선택하였으나 샴푸대에서 고객에게 무릎덮개 및 어깨 타월 등을 착용시키는 것이 미흡하였다. 또한 샴푸 전 고객의 두피 모발 상태를 파악하고 브러싱하는 것과 고객의 편안함을 위해 샴푸대의 높이, 수압 및 물 온도를 조절하는 것도 매우 미흡하였다.
1점	고객에게 가운을 착용시키고 샴푸대까지 안내하였으나 와식 샴푸와 좌식 샴푸 중 고객의 요구와 목적에 맞는 샴푸를 선택하는데 미흡하였으며, 샴푸대에서 고객에게 무릎덮개 및 어깨 타월 등을 착용시키는 것도 미흡하였다. 또한 샴푸 전 고객의 두피 모발 상태를 파악하고 브러싱하는 것과 고객의 편안함을 위해 샴푸대의 높이, 수압 및 물 온도를 조절하는 것도 매우 미흡하였다.

이와같이 헤어 샴푸를 구성하는 능력단위 요소인 '헤어 샴푸 실행하기'와 '헤어 샴푸 마무리 하기'의 수행 준거를 이용한다면 '헤어 샴푸'의 루브릭을 완성할 수 있다.

라. 루브릭 사용 시 학습 관련 좋은 점

루브릭은 미용 실습 교육에서 학습자의 수행을 명확한 기준에 따라 평가할 수 있도록 돕는 도구로 이를 통해 학습자는 자신의 수행 수준을 인식하고, 개선할 방향을 파악할 수 있다. 특히 미용과 같이 실무 중심의 교육에서 루브릭을 활용할 경우 기술 습득과정 및 수행평가를 체계적으로 운영할 수 있으므로 미용교육의 질을 높이고 학습자의 전문성을 강화하는데 중요한 역할을 하게된다. 따라서 다음에 제시하는 루브릭 활용에 좋은 점들은 학습자와 교육자 모두에게 긍정적인 영향을 미칠 것이다.(2001. Judith Arter & Jay McTighe)

(1) 학습 목표의 명확화

루브릭은 학습자에게 요구되는 수행 수준과 평가 기준을 명확히 하여 교수자가 수업 목표를 구체적으로 설정할 수 있게 한다. 이를 통해 학습자는 자신이 개발해야 할 역량을 인식하고, 목표를 설정하며 학습에 집중할 수 있게 된다.

(2) 자기 주도적 학습 촉진
학습자는 루브릭을 통해 자신의 현재 수행 수준과 목표 수행 수준을 비교할 수 있어 자기 평가와 자기 주도적 학습을 촉진할 수 있다. 이를 통해 강점과 약점을 파악하고, 목표 수준에 도달하기 위한 전략을 스스로 계획할 수도 있게된다.

(3) 피드백 제공의 용이성
루브릭은 구체적이고 구조화된 피드백을 제공하는 도구로 학습자는 단순한 점수뿐만 아니라, 자신의 수행에서 우수한 부분과 개선해야 할 부분을 구체적으로 이해할 수 있게 된다. 교수자는 객관적인 기준에 기반하여 피드백을 제공할 수 있어 평가의 일관성을 유지할 수 있다.

(4) 공정하고 신뢰성 있는 평가 가능
루브릭은 명확한 평가 기준을 제시하여 평가자의 주관성을 줄이고 평가의 신뢰성을 높인다. 동일한 과제를 수행한 학생이라도 모호한 기준 없이 공정한 채점이 가능하며 평가자 간 일관성을 유지할 수 있어, 평가 결과에 대한 신뢰도가 향상된다.

(5) 학습 과정과 결과에 대한 인식 향상
학습자는 단순히 점수만 확인하는 것이 아니라, 자신의 수행 과정을 분석하고 반성할 기회를 가진다. 루브릭을 활용하면 중요한 과정과 학습 성취에 기여하는 요소를 이해할 수 있어, 학습 동기가 향상되고 이해 중심 학습이 가능해진다.

(6) 교수·학습 개선에 기여
교수자는 루브릭을 통해 학습자들의 수행 경향을 분석하고, 수업을 개선할 방향을 설정하며, 루브릭을 활용한 평가 결과를 기반으로 어떤 부분에서 학생들이 어려움을 겪는지 파악할 수 있다.
또한 이를 반영하여 교수 방법을 조정하고, 학습자 맞춤형 피드백과 지원을 제공할 수 있다.

(7) 수행 평가(Performance Assessment)와의 적합성
루브릭은 단순한 시험 점수 평가가 아닌, 학습자의 실질적인 수행을 평가하는 데 유용하며, 창의적 문제 해결력, 실무 능력, 비판적 사고와 같은 복합적인 역량을 평가하는 수행 평가에도 적합하다. 미용 실습, 프로젝트 기반 학습, 프레젠테이션, 글쓰기 평가 등에서 학습자의 수행을 측정하는 데 효과적이다.

[그림2-3]의 루브릭의 예시는 PBL(문제 기반 학습) 과정에서 학습자의 역량을 평가하기 위한 기준으로 설계되었으며, 각 항목은 문제 해결 과정, 협업 및 참여도, 자기 주도 학습, 성과물 평가, 성찰 및 피드백 등 다섯 가지 주요 영역을 포함하고 있다. 학습자는 각 항목에 대해 점수를 부여받아 자신의 강점과 개선점을 파악하고, 향후 학습 및 성장에 필요한 방향성을 설정할 수 있다.

■ PBL 교수학습 평가 루브릭			
이 루브릭은 PBL과정에서 학습자의 5개 항목에 대한 역량을 평가하기 위한 기준으로 각 항목별로 점수를 부여하여 학습자를 체계적으로 평가할 수 있습니다.			
평가항목	점수	세부평가항목	평가
문제 해결 과정 (20점)	20(우수)	문제의 본질을 명확하게 이해하고 분석하며, 논리적이고 창의적인 해결 방안을 제시하였다.	
	15(양호)	문제의 핵심을 파악하고 해결책을 제시하나, 논리성과 창의성이 다소 부족하였다.	
	10(보통)	문제를 이해하는 데 일부 어려움이 있으며, 해결 방안이 논리적이지 않거나 비효율적이었다.	
	5(미흡)	문제의 본질을 이해하지 못하며, 해결 방법을 효과적으로 제시하지 못하였다.	
협업 및 소통능력 (20점)	20(우수)	팀원들과 효과적으로 협력하고, 적극적인 의사소통을 통해 팀워크를 발휘하였다.	
	15(양호)	협업 과정에서 원활한 소통을 유지하며, 팀의 목표 달성에 기여하였다.	
	10(보통)	협업 과정에서 일부 소극적인 태도를 보이거나, 의견 조율에 어려움을 겪었다.	
	5(미흡)	협업에 적극적으로 참여하지 않으며, 팀 원들과의 의사소통이 원활하지 않았다.	
자기주도학습 (20점)	20(우수)	필요한 정보를 적극적으로 탐색하고 활용하며, 학습 과정을 반성하고 개선하려는 태도를 보였다.	
	15(양호)	정보를 탐색하고 활용하는 노력이 있으나, 자기 성찰과 개선 활동이 다소 부족하였다.	
	10(보통)	정보 탐색 및 활용이 미흡하며, 자기 성찰이 거의 이루어지지 않았다.	
	5(미흡)	정보 탐색을 하지 않으며, 학습 과정에서 자기 성찰이 전혀 이루어지지 않았다.	
성과물 평가 (20점)	20(우수)	결과물이 창의적이고 완성도가 높으며, 실질적인 가치와 적용 가능성이 뛰어났다.	
	15(양호)	결과물이 논리적으로 구성되어 있으며, 실용성이 있지만 일부 개선이 필요함.	
	10(보통)	결과물이 논리성과 창의성이 부족하며, 실용성이 낮았다.	
	5(미흡)	결과물이 비논리적이며, 실질적인 활용이 어려웠다.	
성찰 및 피드백 (20점)	20(우수)	학습 과정에서 얻은 교훈을 명확하게 설명하고, 향후 적용 방안을 고려하였다.	
	15(양호)	학습 과정에서 얻은 교훈을 설명하나, 향후 적용 방안이 구체적이지 않았다.	
	10(보통)	학습 과정에서의 교훈을 인식하는 데 어려움을 겪으며, 적용 방안이 미흡하였다.	
	5(미흡)	학습 과정에서 얻은 교훈을 설명하지 못하며, 향후 개선 방안을 고려하지 않았다.	
		총 합계 점	

[그림2-3] PBL 교수학습 평가 루브릭 예시

마. 교수자 입장에서 좋은 점

미용 분야 학습자들의 실습 결과물 평가 시 교수자는 어떤 기준을 적용해야 할까? 예를 들어, 헤어 커트 실습에서 교수자의 시연 결과물을 잘 모방한 학습자와 모방성은 미흡하지만 자신만의 창의적인 결과물에 대한 설명이 뛰어난 학습자 중 어느 쪽에 더 높은 점수를 줄 것인가?

미용 경영자의 관점에서 본다면 다소 모방성은 미흡하지만 자신이 결과물에 대해 잘 설명한 학습자가 향후 고객과의 소통을 통해 높은 고객 만족도로 생산성 높은 직원이 될 확률이 높다고 판단할 수 있다. 따라서 기술적으로 다소 미흡하더라도 소통 능력이 뛰어난 학습자에게 좋은 평가를 줄 수 있것이다. 이러한 평가의 기준들이 현장과의 미스매칭을 가져오는 요소라 할 수 있다. 이렇게 현장과 평가기준이 차이를 보이게 되면 교수자는 스스로에게 다음과 같은 질문을 던지며 의문을 갖기 시작한다.

"내가 혹시 요즘 트렌드를 잘 모르는 것은 아닐까?", "나의 평가 기준이 학습자들에게 인정받고 있는가?", "다른 교수자들은 나의 평가 기준에 동의하는가?"

따라서 소규모 그룹 학습이 이루어지는 가운데, 학습자들의 수행에 대해 다음[그림2-4]과 같은 평가항목을 설정한다면 현장이 요구하는 역량을 갖추고 있는 지에 대한 평가로 적합할 것이다.

■ PBL 교수학습 평가지

•PBL과정에서 학습자를 다음의 평가항목을 기준으로 평가해주세요.

평가항목	연번	세부평가항목	5	4	3	2	1
문제 해결 과정 (20점)	1	문제의 본질을 정확하게 이해하고 분석하였다.					
	2	문제 해결을 위해 논리적이고 체계적인 접근을 하였다.					
	3	다양한 해결 방법을 탐색하고 평가하였다.					
	4	문제 해결 과정에서 발생한 주요 장애물을 효과적으로 극복하였다.					
협업 및 소통능력 (20점)	5	팀원들과 효과적으로 협력하고 의견을 조율하였다.					
	6	주어진 역할을 충실히 수행하며 팀 활동에 적극 참여하였다.					
	7	문제 해결 과정에서 의사소통이 원활하게 이루어졌다.					
	8	팀 내에서 갈등 상황을 해결하기 위한 노력을 하였다.					
자기주도학습 (20점)	9	필요한 정보를 적극적으로 탐색하고 활용하였다.					
	10	학습 과정에서 자기 성찰을 통해 개선하려고 노력 하였다.					
	11	도전적인 태도로 새로운 접근 방식을 시도하였다.					
	12	학습 목표를 설정하고 이를 달성하기 위한 계획을 수립하였다.					
성과물 평가 (20점)	13	최종 결과물의 창의성과 실용성이 높았다.					
	14	프로젝트의 완성도가 높고, 실질적인 가치가 있었다.					
	15	문제 해결 과정이 명확하게 반영된 결과물을 제출하였다.					
	16	결과물에 대한 피드백을 수용하고 이를 개선하는 노력을 하였다.					
성찰 및 피드백 (20점)	17	학습 과정에서 얻은 교훈을 명확하게 설명하였다.					
	18	문제 해결 과정에서의 강점과 개선점을 인식하였다.					
	19	향후 유사한 문제 해결 시 적용할 전략을 고려하였다.					
	20	동료나 멘토의 피드백을 통해 자신의 성장 가능성을 인식하였다.					
총 합계 점							

[그림2-4] PBL 교수학습 평가 루브릭 예시

(2) 개선된 교육 지침

NCS 기반의 명확한 수행 기준과 채점 가이드를 활용하면 교육 목표가 분명해지고, 교수자의 평가가 일관되며, 학습자는 자신의 성취도를 객관적으로 파악할 수 있다.

이러한 접근은 미용 교육에서 교수자의 평가 신뢰도를 높이고, 학습자들에게 보다 명확한 피드백을 제공하는 데 중요한 역할을 한다.

〈표2-15〉 소규모 그룹 활동 시 수행평가 기준

평가기준	상	중	하
1. 그룹의 임무 이해	각 임무를 수행하기 위해 주어진 책임을 발휘한다.	다른 학습자가 그 임무를 시작 시점에 참여한다.	주어진 임무를 수행하지 않는다.
2. 다른 구성원과의 협력	다른 구성원의 의견에 귀 기울이고, 조정적인 태도로 한다.	구성원 간의 토론에 참여하지만, 적극적이지 않다.	토론에 참여하지 않는다.
3. 다양한 관점을 존중	서로 다른 관점을 존중하는 태도를 보인다.	아이디어의 권리를 인정하나, 큰 영향을 미치지 않는다.	타인의 의견을 존중하지 않는다.
4. 사회적 상호작용 능력	사회적 상황에 맞춰 적절하게 행동한다.	상대의 차이를 인정하나, 적절한 방식으로 행동하지 않는다.	상대의 의견에 반응하지 않는다.
5. 갈등 해결 능력	갈등 발생 시 해결하려고 노력한다.	갈등 해결에 참여는 하나, 효과적이지 않다.	갈등을 방치한다.
6. 그룹의 결정에 대한 기여	그룹의 결정에 이바지한다.	그룹의 결정에 기여하나, 그 영향력이 적다.	그룹의 결정에 참여하지 않는다.

첫째, 수행 기준과 교수(Teaching)와의 관계
명확하게 정의된 정의된 수행 기준과 채점 가이드는 교육 목표를 구체화하고 교수자의 수업 목표를 명확히 설정하는 역할을 한다.

- ▶ 명확하지 않은 평가 기준은 교수자가 평가할 때마다 결과가 달라질 수 있다.
- ▶ 평가자 간 일관성을 유지하기 어렵다.
- ▶ 교수자는 학습자의 수행을 체계적으로 분석해야 한다.
- ▶ 좋은 수행과 부족한 수행의 차이를 명확히 이해해야 한다.

둘째, 미용 분야에서 수행 기준의 필요성
미용 교육과 같이 숙련도를 요하는 과정에서 교수자는 평가기준을 내면화[4] 해야한다.

- ▶ NCS(국가 직무 능력 표준)의 도입으로 미용 분야의 직무가 체계적으로 분석되고 능력 단위와 수행 준거가 구체적으로 정의되었다.
- ▶ 각 분야별 능력단위에는 학습 목표, 수행준거 등이 명확하게 제시되어 있다.

셋째, 평가의 객관성과 신뢰성 확보
수행 기준을 학습 과정에 체계적으로 적용하면, 교수자의 주관적인 평가가 객관적이고 신뢰할 수 있는 평가로 전환될 수 있다.

- ▶ 구체적인 평가기준을 적용하면 평가의 일관선이 보장된다.
- ▶ 학습자는 자신의 수행 수준과 개선 방향을 명확히 인식

---

4) 내면화: 특정 개념이나 기준을 이해하고, 이를 자신의 가치관이나 행동에 통합하여 자연스럽게 실천하게 되는 과정으로, 평가 기준이나 지침을 단순히 외우는 것이 아니라, 그 의미와 중요성을 깊이 이해하고, 실제 상황에서 일관되게 적용할 수 있도록 만드는 것

미용분야 PBL로 여는
숙련에서 비판적 사고의 길
미용분야 PBL교수학습설계 지침서

PART 03

HOW PBL?

파트3에서는 문제 기반 학습(PBL) 교수학습법의 운영 요소를 심층적으로 다루었습니다.
첫 번째 장에서는 PBL 문제 개발의 중요성과 그 과정에 대해 설명하며, PBL에 적합한 문제 유형, 문제 난이도, 그리고 문제의 특징과 개발 프로세스를 소개 하였습니다.

두 번째 장은 학습 촉진자인 퍼실리테이터의 역할과 소양에 대한 논의입니다. 퍼실리테이션의 정의와 함께, 효과적인 학습 촉진을 위한 퍼실리테이터의 필수적인 기술과 헬프 스킬에 대해 설명하며, 퍼실리테이터로의 전환 과정도 다룹니다.

마지막 장에서는 피드백의 중요성을 강조하며 피드백의 정의와 기능을 설명하고, 효과적인 피드백을 제공하기 위한 세 가지 질문 유형과 학습 지원 도구를 소개합니다. 또한, 피드백 사용 시 발생할 수 있는 문제점도 다루어, PBL 환경에서 피드백의 활용을 최적화하는 방법을 제시합니다.
여기에서는 PBL 교수학습법을 효과적으로 운영하기 위한 핵심 요소들을 체계적으로 정리하여, 교육자들이 실질적으로 적용할 수 있는 지침을 제공합니다.

Chapt 3. PBL교수학습법 운영요소

3-1. PBL 문제 개발(Developing a Problem)
- 3-1-1. PBL에 적합한 문제 유형
- 3-1-2. 문제 난이도와 그 구성요소
- 3-1-3. PBL 문제의 특징
- 3-1-4. PBL 문제의 개발 프로세스

3-2. 퍼실리에이터(학습 촉진자)
- 3-2-1. 퍼실리테이션의 정의
- 3-2-2. 퍼실리테이터 소양
- 3-2-3. 퍼실리테이터의 역할
- 3-2-4. 퍼실리테이터의 헬프 스킬
- 3-2-5. 퍼실리테이터로 전환

3-3. 피드백(Feed-Back)
- 3-3-1. 피드백의 정의
- 3-3-2. 피드백의 기능
- 3-3-3. 세 종류의 피드백 질문
- 3-3-4 세 종류의 학습지원 도구
- 3-3-5. 피드백 제공 시 문제점

3 CHAPT

PBL 교수학습법 운영요소

3-1. PBL 문제 개발(Developing a Problem)

문제 중심 학습(PBL)은 교수자들이 학습자들로 하여금 기존의 교과서나 교육 자료의 한계를 넘어 창의적이고 실질적인 문제를 탐구할 수 있도록 지원한다. 또한 교수자들은 실제 사건이나 학습자의 경험을 기반으로 다양한 문제를 개발할 수 있으며, 그 활용 범위는 매우 넓다.

가. 주요 특징 및 예시

(1) 실제 사례와 학습자 경험의 연계
- 미용현장 안팎의 다양한 실제 사건들을 문제의 소재로 활용
- 학습자들이 개인적으로 관심을 갖거나 경험한 문제들을 PBL 학습 단위로 구성

(2) 문제 개발의 다양한 예시
- 환경 문제: 미용 현장에서 사용되는 일회용 물품의 문제 제기
- 개인 보건: 미용사의 위생 및 보건 문제를 다루는 문제 설계
- 네일 미용: 권투 선수인 남친의 물어 뜯어 훼손된 손톱의 개선 과정을 통한 문제 개발

나. 문제 개발의 목적과 적용 범위

(1) 학습자의 기술 숙달 지원
- 전문 과목의 기술을 익히도록 돕는 문제 개발

(2) 대인 관계 문제 해결
- 학습 공간 내에서의 대인 관계 문제를 다루는 문제 설계

(3) 학습 과정과의 통합 활용
- 전체 학습 과정의 일부로 구성하거나, 학습 전반에 걸쳐 분산하여 활용 가능

다. 문제 설계 시 고려 사항

(1) 학습자 중심의 구성
- 학습자의 성장과 발전에 부합해야 하며, 학습자의 경험을 반영해야 함

(2) 교과 과정과의 연계
- 학습자가 학생인 경우, 해당 학년의 교과 과정을 기반으로 문제를 구성하는 것이 중요함

이처럼 PBL에서는 교수자들이 기존 자료에서 문제를 선택하거나, 처음부터 문제를 설계할 때 학습자의 실제 경험과 필요에 맞추어 자유롭게 접근할 수 있다.

3-1-1. PBL에 적합한 문제 유형(1997, David H. Jonassen)

문제 중심 학습(PBL)에 가장 적합한 문제 유형은 의료 분야에서 사용되는 진단해결형 문제(Diagnosis-Solution Problems)로 이 문제들은 비구조적이며 전문 지식의 범위가 복잡하다. 다른 유형의 문제로는 의사결정형 문제(Decision-Making Problems)와 상황적 사례/정책형 문제(Situated Cases/Policy Problems)가 있다.

가. 진단 해결형 문제(Diagnosis-Solution Problems)

진단 해결형 문제에는 문제 해결과 치료(의료 환자의 경우)가 포함된다. 이러한 문제는 일반적으로 환자(또는 고객)나 시스템(사회, 조직, 기계 등)의 증상에서 시작된다. 예를 들어:

(1) 의료 분야
- 환자가 몸의 여러 부위에 통증을 느끼거나, 가슴의 불편함 및 어지러움을 호소하는 경우

(2) 미용 분야
- 건조한 두피와 모발, 민감한 두피로 인한 탈모, 컬러 후 심한 탈색이 발생한 경우

위와 같은 진단해결형 문제는 다음과 같은 특징이 있다.

(1) 명확한 목표 지점 존재
- 환자의 몸 상태를 호전시키는 것
- 고객의 두피 상태를 호전 시키는 것, 탈모를 완화 시키는 것, 컬러 후 탈색을 방지하는 것 등

(2) 문제 해석의 이질성
- 환자의 몸상태를 호전시키기 위한 다양한 방법이 존재하며 환자 상태에 따라 치료 방법도 다름
- 고객의 두피상태를 호전시키는 다양한 방법이 존재하며 고객 상태에 따라 시술 방법 또한 다양할 수 있음
- 명확한 목표가 있음에도 해결 방법은 하나로 결정되지 않고 다양하게 존재함

◎ 의사와 미용사의 사례를 통해 살펴 본 문제 해결 과정은 의사는 초기 진단 전에 환자를 진찰하고 환자 이력을 고려하며 관련 데이터를 수집하고, 추론하며 여러 가지 검사를 통해 통해 환자에게 발생한 병의 원인을 찾는 진단에 초점을 맞춘다. 인간의 신체는 복잡하여 의사는 질병 상태를 추론하기 위해 상당한 의학적 지식을 갖추고 있어야 하며, 이로 인해 문제의 관계적 복잡성이 증가한다. 최종적으로 의사는 환자의 질병을 진단한 후 치료 계획을 제안하고 처방을 내리게 된다.

미용사 역시 고객의 문제를 파악하기 위해 고객의 상태를 파악하고 정보를 수집하여 추론하며 해결 방안을 찾아 시술 계획을 세워 진행한다.

이와 같은 분석에 기초하여, 진단-해결 문제는 중간 정도의 비구조적 구조를 가지며 상당히 복잡한 문제로 간주된다.

진단해결형 문제예시

① 문제 상황
최근들어 ABC 헤어샵의 고객들이 자주 불만을 제기한다고 합니다. 특히, 여러 고객이 퍼머 후 모발 손상에 관해 불만을 호소하고 있으며, 이러한 문제는 ABC헤어샵에 대한 부정적인 이미지와 매출에 타격을 주고 있습니다.

② 문제 진단
고객의 불만을 해결하기 위해 다음과 같은 사항을 점검해야 합니다:
퍼머 시술 과정 분석: 퍼머 시술 시 사용되는 제품과 기술이 고객의 모발에 미치는 영향 평가
고객의 모발 상태 확인: 시술 전 고객의 모발 상태(손상 정도, 모발 타입 등)를 정확히 파악
고객 피드백 수집: 불만을 제기한 고객들의 피드백을 수집하여, 공통적인 문제점 분석

③ **질문**
문제 진단: 퍼머 후 고객의 모발 손상을 유발하는 주요 원인은 무엇인가?
고객의 모발 상태에 따라 어떤 차별적인 문제가 발생할 수 있나?
해결 방안 제시: 고객의 모발 손상을 방지하기 위해 어떤 시술 방법을 개선해야 할까?
퍼머 시술 전후에 고객에게 어떤 관리 방법을 제안할 수 있나?
실행 계획: 개선된 시술 방법을 도입하기 위해 어떤 교육이 필요할까?
시술 과정에서 필요한 제품이나 도구는 무엇이며, 이를 어떻게 확보할 수 있나?
평가 방법: 개선된 시술 방법의 효과를 어떻게 평가할 수 있을까?
고객의 만족도를 측정하기 위한 피드백 방법은 어떤 것이 있을까?

④ **학습목표**
- 퍼머 시술의 과정과 고객 모발 상태의 관계 이해
- 고객 불만을 분석하고, 문제 해결을 위한 적절한 대안을 제시하는 능력 함양
- 고객 서비스 품질 향상을 위한 전략적 사고 훈련

나. 의사 결정형 문제(Decision-Making Problems)

의사 결정형 문제는 여러 경쟁 대안 중에서 선택해야 하는 결정을 요구한다. 예를 들어, 미용실에서 신규 고객 모객을 위한 마케팅 계획을 수립할 때는 다음과 같은 다양한 요소들을 고려해야 한다.

- 어떤 연령대를 대상으로 할 것인가?
- 어떤 시술을 중심으로 진행할 것인가?
- 마케팅 홍보 시기 및 기간은 언제로 정할 것인가?
- 기존 고객의 불만이 발생할 상황은 없는가?
- 소속 디자이너들을 마케팅에 참여 시키 방법은 무엇인가?

이와 같이 다수의 고려 사항들에 대해 결정을 내려야 하므로 의사 결정형 문제는 진단 해결형 문제와 유사한 측면이 있다. 오히려 의사 결정형 문제는 진단 해결형 문제의 연속적인 형태인 경우가 많다. 진단 문제는 문제의 원인을 파악하는 데 초점을 맞추고, 의사 결정형 문제는 발생한 상황에서 가장 실행 가능한 해결책을 찾는 데 중점을 둔다.

예를 들어, 신규 고객을 모집하기 위한 마케팅 계획 수립 시에는 대상 연령대에 맞추어 선호하는 시술을 선택하는 등 다양한 결정을 내려한다.

의사결정형 문제예시

① 문제 상황

미용분야 관련부처에서는 출장 미용사 문제를 해결하기 위해 정책 논의를 시작했습니다. 출장 미용사는 고객의 집이나 특정 장소에서 미용 서비스를 제공하는 직업으로, 이들은 기존 미용사 면허와 관련된 법적 규제가 적용되지 않아 여러 가지 문제가 발생했습니다. 특히, 이로 인해 서비스 품질이 불균형하게 유지되고, 고객의 안전과 건강이 위협받는 경우도 있었습니다.

이 문제를 해결하기 위해 관련부처는 부처의 담당자, 직능단체, 미용분야 종사자 등 다양한 이해관계자들을 초청하여 정책 회의를 진행하였습니다. 각 당사자들은 자신의 입장을 주장하며, 문제 해결을 위한 다양한 방안을 논의했습니다.

② 정책형 문제 진단 시 고려사항

고객의 불만을 해결하기 위해 다음과 같은 사항을 점검해야 합니다:
법적 규제: 출장 미용사를 위한 법적 기준과 면허 제도
서비스 품질: 출장 미용사의 서비스 품질을 보장하기 위한 교육 및 인증 프로그램 운영현황
고객 안전: 고객의 건강과 안전을 위한 가이드라인
산업의 발전: 출장 미용 산업의 성장 가능성을 고려한 정책 수립 방향
사회적 가치: 출장 미용 서비스가 창출하는 사회적 가치 .

③ 질문
문제 본질 파악: 출장 미용사 문제의 핵심 원인과 이것이 고객에게 미치는 영향은?
　　　　　　　출장 미용사와 기존 미용사 간의 차별점과 이로 인해 발생하는 문제는?
다양한 관점: 각 이해관계자(정부, 협회, 출장 미용사, 고객)의 주요 우려사항은 무엇인가?
　　　　　　출장 미용사 문제 해결을 위한 각 당사자의 요구는 어떤 차이가 있나?
정책 수립: 출장 미용사에게 필요한 법적 기준과 면허 제도는 어떤 형태여야 할까?
　　　　　　서비스 품질을 보장하기 위한 교육 및 인증 프로그램은 어떻게 설계해야 하나?
정책 실행 및 유지: 정책 시행 후, 그 효과를 어떻게 측정하고 평가할 것인가?
　　　　　　　　　정책의 지속적인 개선을 위해 어떤 피드백 시스템을 구축해야 할까?

④ 학습목표
- 복잡한 사회적 문제를 다양한 관점에서 분석하고 이해하는 능력 함양
- 여러 이해관계자 간의 갈등을 해결하기 위한 정책 제안 능력 향상
- 정책의 실행과 유지에 필요한 전략적 사고 발전

다. 상황적 사례형/정책형 문제(Situated Case / Policy Problems)

상황적 사례형 및 정책형 문제는 일반적으로 복잡하고 여러 상황이 얽혀 있는 문제이다. 이러한 문제들을 해결하기 어렵게 만드는 주요 요인은 다음과 같다.

- 무엇이 문제인지를 항상 명확하게 파악할 수 없으며,
- 문제의 초기 상태가 불분명하여 문제의 영역을 정의하는 것이 모호하고 어렵다.

정책형 문제는 체계적이지 않으며 매우 복잡할 수 있다. 문제 해결을 위해서는 문제 해결 당사자가 해결책을 제안하기 전에 문제의 본질과 문제에 영향을 미치는 다양한 관점을 명확히 설명해야 한다. 이와 관련하여 정책형 문제의 특징은 다음과 같다.

- 맥락 의존성
- 지금까지 고려된 문제보다 더 다양한 맥락에 얽매여 있다.
- 법적인 문제를 해결할 때는 당사자들이 심각하게 여기는 이질적인 관점들이 포함된다.
- 경제적, 정치적, 종교적, 사회적, 인류학적 요소들이 반드시 고려되어야 한다.

- 정책의 두 가지 조건
- 정책을 만드는 문제와 정책을 실행 및 유지하는 문제로 나뉜다.
- 정책 결정의 목적은 상충되는 이해관계를 가진 당사자들을 조율하는 규칙을 수립하는 것이다.

의사결정형 문제예시

① 문제 상황
미용분야 관련부처에서는 출장 미용사 문제를 해결하기 위해 정책 논의를 시작했습니다. 출장 미용사는 고객의 집이나 특정 장소에서 미용 서비스를 제공하는 직업으로, 이들은 기존 미용사 면허와 관련된 법적 규제가 적용되지 않아 여러 가지 문제가 발생했습니다. 특히, 이로 인해 서비스 품질이 불균형하게 유지되고, 고객의 안전과 건강이 위협받는 경우도 있었습니다.
이 문제를 해결하기 위해 관련부처는 부처의 담당자, 직능단체, 미용분야 종사자 등 다양한 이해관계자들을 초청하여 정책 회의를 진행하였습니다. 각 당사자들은 자신의 입장을 주장하며, 문제 해결을 위한 다양한 방안을 논의했습니다.

② 정책형 문제 진단 시 고려사항
고객의 불만을 해결하기 위해 다음과 같은 사항을 점검해야 합니다:
법적 규제: 출장 미용사를 위한 법적 기준과 면허 제도

> **서비스 품질:** 출장 미용사의 서비스 품질을 보장하기 위한 교육 및 인증 프로그램 운영현황
> **고객 안전:** 고객의 건강과 안전을 위한 가이드라인
> **산업의 발전:** 출장 미용 산업의 성장 가능성을 고려한 정책 수립 방향
> **사회적 가치:** 출장 미용 서비스가 창출하는 사회적 가치.
>
> ③ 질문
> **문제 본질 파악:** 출장 미용사 문제의 핵심 원인과 이것이 고객에게 미치는 영향은?
> 　　　　　　　　출장 미용사와 기존 미용사 간의 차별점과 이로 인해 발생하는 문제는?
> **다양한 관점:** 각 이해관계자(정부, 협회, 출장 미용사, 고객)의 주요 우려사항은 무엇인가?
> 　　　　　　　출장 미용사 문제 해결을 위한 각 당사자의 요구는 어떤 차이가 있나?
> **정책 수립:** 출장 미용사에게 필요한 법적 기준과 면허 제도는 어떤 형태여야 할까?
> 　　　　　　서비스 품질을 보장하기 위한 교육 및 인증 프로그램은 어떻게 설계해야 하나?
> **정책 실행 및 유지:** 정책 시행 후, 그 효과를 어떻게 측정하고 평가할 것인가?
> 　　　　　　　　　정책의 지속적인 개선을 위해 어떤 피드백 시스템을 구축해야 할까?
>
> ④ 학습목표
> • 복잡한 사회적 문제를 다양한 관점에서 분석하고 이해하는 능력 함양
> • 여러 이해관계자 간의 갈등을 해결하기 위한 정책 제안 능력 향상
> • 정책의 실행과 유지에 필요한 전략적 사고 발전

3-1-2 문제 난이도와 그 구성요소(2019, Woei Hung)

문제 중심 학습(PBL)은 의학, 간호학, 사회사업, 교수자 교육, 경영학, 법학, 대학원 비즈니스 프로그램 등 다양한 전문 분야에 적용되어 운영된다. 각 분야마다 다루는 문제 유형이 달라, 의료 관련 분야는 주로 진단-해결 문제를, 경영과 리더십 교육은 의사결정 및 정책 분석 문제를, 법학은 복잡한 규칙 사용 문제를, 그리고 비즈니스 프로그램은 구조화된 사례 분석 문제를 활용한다.

그러나 학습자와 교수자들이 가장 중점적으로 고민하는 것은 문제의 유형보다는 문제 난이도이다. 교수자들은 보통 경험이나 직관에 의존해 문제 난이도를 선택하지만, 실제 난이도는 학습 결과로 평가되므로 예측하기가 어렵다. 문제가 어렵다는 것은 문제 해결의 성공 확률, 즉 문제의 복잡성과 구조화 정도 등 여러 요소에 따른 함수로 볼 수 있음을 고려해야 한다.(2008, David H. Jonassen, Woei Hung)

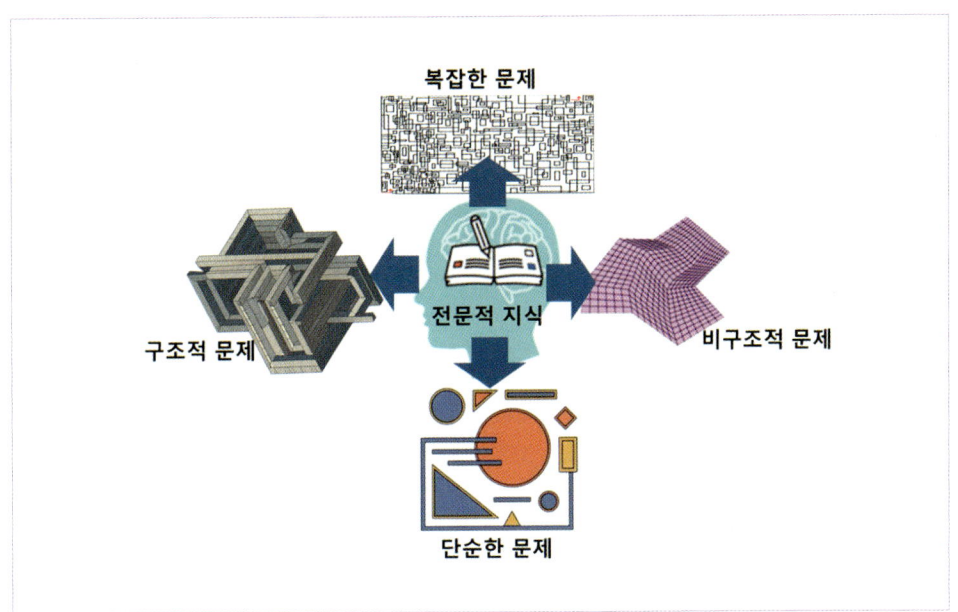

[사진3-1] 문제의 복잡성과 구조화

가. 문제의 복잡성(Complexity of Problems)

문제의 복잡성(2010, David Jonassen)은 필요한 지식의 범위, 관련된 관련 전문 지식을 이해하고 적용하는 어려움, 문제를 푸는 데 필요한 기술과 지식 수준, 문제 해결 절차의 복잡성을 포함한 다양한 형태로 나타난다. 문제의 복잡성 정도를 결정할 때 이 세 가지 주요 매개변수를 검토해야 한다.

(1) 필요한 지식 범위

문제 해결에 필요한 전문 지식의 양이 문제의 크기와 복잡도를 결정한다. 문제해결에 요구되는 일반 지식과 전문 지식이 많을수록 문제는 더 커지고 복잡해지며, 이는 처리해야 할 개별 정보의 수와 그들 간의 상호 관계의 수에 따라 달라진다.

예를 들어, 접이식 지붕을 갖춘 축구 경기장 설계는 단순 알루미늄 창고 설계보다 복잡하고, 모량이 적고 손상도가 심한 모발의 고객이 펌이나 컬러를 요구할 경우는 버진헤어에 모량이 적당한 고객이 펌이나 컬러를 요구할 때 보다 고려해야 할 것들과 필요한 전문지식 그리고 시술의 복잡성이 달라진다.

즉, 문제 해결 당사자가 이미 많은 전문 지식과 기술을 보유하고 있다면, 작업의 복잡성은 처리해야 할 개별 정보의 양과 이해하고 처리해야 할 상호 관계의 수가 증가할수록 문제의 복잡성이 높아진다.

(2) 전문지식 달성(도달) 수준

문제 난이도는 문제 해결에 적용되는 개념들의 난이도에 따라 달라지며, 이 개념들이 발전되거나 추상적일수록 문제는 더 어려워진다.

예를 들어, 단순 산술 문제(예: 2+3=5)는 덧셈이라는 구체적이고 명확한 개념만 알면 쉽게 해결할 수 있지만 미적분 문제에서 함수의 극한이나 미분과 같이 추상적이고 발전된 개념이 요구되는 문제는, 해당 개념들을 깊이 이해해야 하므로 난이도가 훨씬 높아지는 것과 동일한 개념이다.

미용분야의 경우 짧은 길이의 버진 헤어에 원컬러로 염색하는 경우, 모발의 구조와 색소가 자연 그대로여서 도포 테크닉이나 준비 과정이 간단하다. 반면, 여러 번 컬러링한 모발은 염모제로 인해 모발 내 구조와 색소가 변화되어 있으며, 기존 색상이 남아 있어 원하는 색으로 바꾸기 위해서는 기존 색소를 중화하거나 제거하는 복잡한 기술과 세심한 케어가 필요하다. 따라서 후자의 경우, 색상 조절, 모발 손상 관리, 그리고 새로운 색의 균일한 발색을 위해 더 높은 전문 지식과 기술이 요구된다

한가지 더 예를 든다면 일반적인 프레 샴푸는 고객의 기본적인 모발과 두피 상태에 따른 간단한 케어로, 주로 기본적인 세정 원리와 제품 사용법 등 구체적 개념에 의존하는 반면, 모발 클리닉과정에 진행되는 샴푸는 고객의 모발 손상 정도, 두피 건강 상태, 사용 제품의 화학적 특성, 그리고 다양한 효과를 고려하는 등 여러 추상적이고 발전된 개념들이 요구되므로 난이도가 더 높아 진다.

(3) 문제 해결 절차의 복잡성

문제의 복잡성을 평가하기 위한 세 번째 요소는 문제 해결 과정의 복잡성이다. 이 요소는 문제 해결을 위해 진행하는 경로에서 실행할 단계 수와 이러한 단계의 작업 및 절차의 복잡성 정도를 포함한다. 일반적으로 복잡하다는 것은 문제 해결에 더 많은 시간이 필요하다는 의미로 해석된다.

나. 문제의 구조화(Structuredness of Problems)

복잡성의 차원은 필요한 지식의 범위, 전문 지식 달성 수준, 복잡성 및 상호 관련성의 관점에서 문제를 설명한다. 반면, 구조화는 다음과 같은 요소로 설명된다:
- ✓ 문제가 생기는 문맥의 투명성
- ✓ 문제 해석의 다양한 가능성
- ✓ 다른 전문 분야와의 연계성
- ✓ 문제와 관련된 요소들의 역동성

(1) 비 투명성(Intransparency)

문제의 비 투명성은 학습자가 문제에 대해 알지 못하는 정도를 의미한다. 비 투명성이 높을수록 문제는 더 비구조적이다. 예를 들어, 염색 후 모발이 예상과 다르게 탈색이 심하게 진행된 경우, 고객의 홈케어 방법이나 사용된 제품 등에 대해 충분한 정보를 수집하지 못하면 문제 해결에 어려

움이 크다. 이러한 비투명성은 문제를 더욱 복잡하게 만든다. 비 투명성이 높은 문제는 가정이나 추측을 바탕으로 해결해야 하며, 이는 문제 해결에 대한 신뢰를 낮출 수 있다.

(2) 해석의 다양한 가능성(Heterogeneity of Interpretations)
구조화의 두 번째 요소로는 문제를 이해하거나 해결하기 위해 가능한 해석과 관점이 얼마나 다양한지를 설명한다. 다양한 해석이 가능한 문제일수록 비구조적이다. 이는 미용 전문가에 따라 고객이 원하는 헤어스타일, 피부상태, 메이크업 결과에 대한 해석이 다를 수 있다. 고객이 요구하는 "자연스러운 컬"에 각각의 해석이 가능하며 "자연스러운 메이크업"에 대해서도 전혀 다른 결과물로 완성할 수 있게된다. 이러한 차이는 시술 과정에서 혼란을 초래할 수 있다.

(3) 다른 전문분야와의 연계성(Interdisciplinarity)
세 번째 요소는 다른 전문부야와의 연계성이다. 학문 간 연계성의 정도는 다음의 두 가지 방법으로 문제의 구조화 수준에 영향을 미친다.
- ✓ 문제를 해결하기 위해서는 모든 관련 분야가 고려되어야 하므로 문제 해결에 어려움을 초래할 수 있다.
- ✓ 다양한 분야의 상호 의존성 때문에 한 분야의 변화가 다른 분야에 영향을 미칠 수 있다.

그 결과, 문제의 모든 측면의 균형을 맞추는 작업은 더욱 어려워진다. 대부분의 일상적이고 전문적인 문제들은 본질적으로 여러 학문분야를 포괄하는 문제이기 때문에 대부분의 문제 중심 학습(PBL).문제는 비구조적이다. 예를 들어 헤어 케어 제품의 성분과 효과를 이해하기 위해서는 화학지식이 필요하므로 미용사는 화학적 지식이 요구되는 제품을 사용하여 고객의 모발 상태에 맞는 솔루션을 제공해야 한다. 이를 위해 미용사는 화학적 지식과 미용기술의 상호 의존성을 이해하고 시술을 하지않으면 안된다.

(4) 역동성(Dynamicity)
문제에 관련된 요소들이 변화하는 특성은 문제의 비구조화에 크게 기여한다. 예를 들어 바둑에서와 같이 상대의 동작에 따라 대응 결정이 이루어지듯 문제 해결 담당자의 결정이나 어떠한 행위가 문제에 관련된 요소들의 변화에 대응하는 속성이 있는 경우 요소의 역동성이 크다 말한다.
특히 미용분야의 경우 역동성은 일상적인 요소로 고객의 모발 상태 및 요구사항의 지속적인 변화에 맞추어 미용사는 지속적으로 적절한 시술 방법을 조정해야 한다.

요약하자면 문제의 복잡성과 구조화 차원의 요소들을 조사함으로써 문제의 난이도의 성격과 수준으로 분석하고 평가할 수 있다. 우선 복잡성의 요소는 문제 해결에 필요한 지식의 폭, 전문적 지식의 달성 수준, 문제 해결 절차의 복잡성 및 관계형 복잡성등 네 가지 요소로 구성되며. 구조화의 차원은 비 투명성, 다양한 해석의 가능성. 다른 전문 분야의 연계성, 역동성으로 구성된다.
아래〈표3-1〉의 표는 문제 중심 학습(PBL)에서 많이 쓰이는 문제의 유형과 문제의 복잡성 요소와의 관계를 나타낸 표이다.

〈표3-1〉 PBL 문제의 난이도 요소 및 문제유형과의 관계

구 분	진단-해결 형	의사 결정형	상황적 사례/정책 형
지식의 폭	넓은	상당히 넓은	넓은
전문지식 수준	높은	적당한	높은
절차의 복잡성	매우 복잡한	의사 결정 모델별 복잡	적당히 복잡함
비투명성	매우 투명할 수 있다	중간 정도의 투명도	중간 정도의 투명도
다양한 해석	상당히 동질적인	동질적인	매우 동질적
타분야 연계성	중간 정도의 학제간 융합	의사결정 모델별 상이	매우 학제적인.
역동성	매우 역동적	적당히 역동적	적당히 역동적

※출처: 2008. David H. Jonassen, Woei Hung.All Problems are not Equal. The Interdisciplinary Journal of Problem-based Learning • volume 2, no. 2. pp6-28 재구성

3-1-3. PBL 문제의 특징

"The Power of Problem-Based Learning"(2001, Barbara Duch)에서 제시된 좋은 문제 중심 학습(PBL) 문제의 주요 특징은 다음과 같다.

가. 흥미와 동기부여

- 학습자들에게 흥미를 유발하고 동기를 부여하여, 개념에 대한 깊은 이해를 이끌어냄.
- 문제는 현실 세계와 관련된 맥락에서 제시되어야 함.
- 예시: 고객이 특정한 헤어스타일을 원할 경우, 그 스타일이 최신 트렌드와 어떻게 연결되는지에 대한 문제를 제시한다. 이 문제는 학생들이 고객의 요구와 실제 트렌드를 비교하고 고려하여 트렌드에 대한 관심을 이끌어 낼 수 있도록 유도할 수 있다.

나. 정보기반의 결정

- 학습자들이 결정을 내릴 때 사실, 정보, 논리 또는 합리성을 근거로 삼을 수 있어야 함.
- 필요한 가정, 관련 정보, 절차를 결정하는 데 도움을 줌.
- 예시: 특정 염모제 사용 시 장단점에 대한 문제를 제시하여, 학생들이 각 염모제의 성분과 효과를 분석하고, 고객의 모발 상태에 따라 어떤 제품을 선택할지 결정하게 한다. 이를 통해 정보와 논리를 기반으로 한 결정 과정이 이루어진다.

다. 복잡성

- 문제해결이 매우 복잡하여 학습자가 다른 구성원들과 협력해야만 해결할 수 있게 해야 함.

- 혼자서 해결하기 어려운 문제로, 그룹 차원에서 협력 학습과 토론이 필요함.
- 예시: 손상모에 대한 컬러 체인지 문제를 제시한다. 이 경우, 학생들은 모발 복구, 색상 조절, 그리고 고객의 요구를 동시에 고려해야 하므로, 협력하여 해결책을 찾는 것이 효과적이다.

라. 열린 결말

- 해결책이 열린 결말 형식이어야 하여 모든 학습자가 토론에 참여할 수 있는 기회를 제공.
- 학습자가 이전에 학습한 내용을 바탕으로 토론에 참여하도록 유도함.
- 예시: "고객의 모발 손상 문제를 해결하기 위한 최적의 관리 방법은 무엇인가?"라는 질문을 통해 여러 가지 접근법과 해결책을 토론한다. 학생들은 각자의 경험과 지식을 바탕으로 다양한 해결책을 제안하고, 그 과정에서 서로의 의견을 나눌 수 있다.

3-1-4. PBL 문제 개발 프로세스

교수자는 일반적으로 문제를 설계할 때 문제에 사용되는 지식의 내용과 기술, 학습자들이 학습과정에서 사용할 수 있는 학습 자원의 사용여부, 정확히 만들어진 문제 문항, 평가 전략의 결정 등이 따른다. 아래의 표는 비 구조화된 문제를 개발하기 위한 점검표이다. (2002. Linda Torp, Sara Sage)

〈표3-2〉 PBL 문제 점검표

구 분	체크항목	체 크
1. 흥미와 동기 부여	문제는 학습자들에게 흥미를 유발하고 동기를 부여할 수 있다	☐
2. 현실적 맥락	문제는 현실 세계와 관련된 맥락에서 제시되었다.	☐
3. 정보 기반 결정	문제 해결 과정에서 사실, 정보, 논리의 합리성을 근거로 할 수 있다.	☐
4. 복잡성	문제가 복잡하여 학습자들이 협력을 통해 해결할 수 있다.	☐
5. 열린 결말	문제의 해결책이 열린 결말 형식으로 제시되어 모든 학습자가 토론에 참여할 수 있다.	☐
6. 학습 목표와 일치	문제는 교수자가 설정한 학습 목표와 내용이 일치한다.	☐
7. 다양한 해석 가능성	문제는 다양한 해석과 접근이 가능하다.	☐
8. 학습 자료 활용	문제 해결에 필요한 자료와 정보가 충분히 제공되었다.	☐
9. 평가 기준 명확성	문제 해결 과정에서의 평가 기준이 명확히 제시되었다.	☐
10. 협력 학습 촉진	문제 해결과정에 그룹 내 협력 학습을 촉진하였다.	☐

※출처: The Power of Problem-Based Learning. Stylus Publishing .재구성

가. 학습 내용 및 전문 기술 선택(Selecting Content and Skills) Robert Delisle(1997).

학습 내용을 선택하기 위해서 교수자는 다음과 같은 절차를 따라야 한다.

(1) 커리큘럼 참조
- 해당 과목의 학습 목표는 물론 학습목표를 달성하기 위해 필요한 수행준거, 지식, 기술, 태도의 성취레벨 및 내용을 NCS를 참고하여 설정한다.

(2) 프로젝트 수업 설계
- NCS를 기반으로 신입사원의 직업기초능력, OJT 수립 프로젝트 수업에 대한 설계가 가능하다.
- 헤어, 피부, 메이크업, 네일 등 다양한 직무에 대한 프로젝트 수업 설계가 가능하다.
- 해외 이주자를 위한 한국의 공중위생법을 배우는 프로젝트 수업을 설계할 수 있다.

(3) 문제 해결 과정 결정
- 교수자는 문제 중심 학습(PBL)에서 해결해야 할 문제를 결정하고, 학습자들이 무엇을 할 수 있어야 하는지를 정의한다. 또한 문제 해결이 학습자들에게 어떤 기술 습득에 도움이 될지 고려해야 한다. 이러한 절차를 통해 교수자는 학습자들이 문제 해결에 필요한 정보를 쉽게 찾고 활용할 수 있도록 지원함으로써 PBL 과정에서 학습 효과를 극대화하고 학습의 질을 높이는데 기여할 수 있다.

나. 사용 가능한 정보 확인

교수자는 학습자들이 문제 중심 학습(PBL)을 수행하는 데 어려움을 겪지 않도록 주의해야 한다. 이를 위해 다음과 같은 절차를 따르는 것이 중요하다:

(1) 정보 및 자료의 접근성 확인
- PBL 문제를 디자인하거나 설계하기 전, 학습자들이 문제 해결에 필요한 정보를 찾을 수 있는 자료가 존재하는지 확인해야 한다.
- 예시: 능력단위 "미용업소 위생 관리"에 대해 문제를 제시하는 경우, 문제를 해결하기 위해 학습자들에게 필요한 정보가 무엇인지 파악 한다. 그리고 공중위생법, 미용업소의 위생 관리 수칙, 방역 절차 등 정보에 대한 접근성을 확인한다.

(2) 학습 자원 유효성 검토
- 문제 해결을 위해 필요한 정보가 사용 가능하고 유효한지에 대한 평가가 필요하다. 가령 학교 도서관에 관련 자료와 서적이 충분히 보유되어 있는지, 유효한 자료가 많은 인터넷 사이트를 제시하였는지 등을 확인한다.
- 예시: 교수자는 학교 도서관에 관련 서적이 있는지 확인하고, 최근 공중위생법에 변화가 있었는지 등의 최신 자료에 대한 정보를 제공한다. 또한, 미용 관련 전문 사이트, 전문지, 연구 논문 등이 있는지도 확인한다.

(3) 인터넷 자료 검토
- 인터넷을 이용할 경우, 각 사이트의 신뢰성과 유효성에 대한 점검이 필요하다. 이는 학습자들에게 신뢰할 수 있는 출처에서 정보를 얻을 수 있도록 하기 위함이다.
- 교수자는 미용 관련 웹사이트 신뢰성을 점검하고 각 사이트에서 제공하는 정보의 최신성 및 정확성 여부를 확인 후 학습자들이 참고할 수 있는 자료인지 평가한다.

(4) 학습 자원 목록 작성
- 위의 확인 과정을 통해 학습자들이 사용할 수 있는 자료 목록을 제공한다. 이 목록은 학습자들이 문제 해결 과정에서 참고할 수 있는 유용한 자료로 구성되어 있어야 한다.
- 예시: 확인된 자료를 바탕으로 학습자는 정보 및 자료의 목록을 작성한다.

(5) 지속적인 지원 제공
- 학습 과정에서 학습자들이 자료를 효율적으로 활용할 수 있도록 지속적으로 지원하고, 필요한 경우 추가 자료나 도움을 제공해야 한다.
- 예시: 학습 과정 중 교수자는 학생들에게 자원 사용에 대한 질문이나 도움이 필요할 경우 언제든지 연락할 것을 제안한다. 또한, 특정 주제에 대한 추가 자료를 제공하거나, 토론을 통해 학생들이 자원을 효과적으로 활용할 수 있도록 지원한다.

다. 문제 설계

교수자가 학습 내용과 전문 기술 목표를 정하고 필요한 자료를 수집 후, 다음 단계는 문제를 설계하는 것이다. 문제 개발 시 중요한 고려사항은 다음과 같다.

(1) 학습자 성장과의 관계
- 가령 "미용업소의 위생 관리" 관련 문제를 제시할 경우, 학습자의 지적 발달과 사회적, 정서적 요구를 고려해야 한다. 학생들이 위생 관리의 중요성을 이해하고, 실제 미용업소에서 위생 관리가 어떻게 이루어지는지를 경험할 수 있도록 문제를 설계한다.

(2) 학습자 경험 기반
- 학습자 자신이 일상에서 접할 수 문제를 기반으로 한다. 예를 들어, "미용실 방문 시 위생관리 상태를 확인하는 방법" 등과 같은 문제는 학생들의 실제 경험에 기반하였으므로 흥미와 적극적인 참여를 유도할 수 있다.

(3) 학습자 수준과 매칭
- 문제는 학습자들의 지적 발달 단계에 맞춰 설계되어야 한다.
- 지나치게 쉬운 문제는 흥미를 잃게 하지만, 너무 어려운 문제는 좌절감을 유발할 수 있다.
- 학습자들이 이미 습득한 기술과 지식을 바탕으로 새로운 문제를 해결할 수 있도록 문제를 설계한다.

> **문제 설계 방향**
>
> 미용업소에서의 위생 관리에 대한 기본 지식을 이미 가지고 있는 학생들에게는 이 지식을 활용하여 복잡한 상황을 해결하도록 요구하는 문제를 제시할 수 있다. 이런 문제는 학생들이 자신의 능력을 확장할 기회를 가질 수 있다.

(4) 다양한 교육 및 학습전략
- 문제는 여러 학습 스타일을 인정하는 방향으로 설계해야 한다.
- 예를 들어, "미용업소의 위생 관리 방안을 제안하시오"라는 문제를 제시하고 학생들에게 그룹 토론, 개별 연구, 시뮬레이션 등을 통해 다양한 방식으로 문제를 해결할 수 있도록 한다.
- 다양한 수준의 학습자들이 자신의 강점을 활용하여 참여할 수 있게 한다.

(5) 비구조화된 문제
- 문제는 학습자들이 필요한 정보를 스스로 찾아야 하는 비 구조화된 형태로 설계한다.

> **문제 설계 예시**
>
> "미용업소의 위생 관리 문제를 해결하기 위해 필요한 정보를 수집하고, 이를 바탕으로 효과적인 관리 방안을 제안하라"와 같은 문제는 학습자들이 기존 지식을 바탕으로 새로운 정보를 찾고 해석하도록 유도한다. 학생들에게 여러 해결책이 있을 수 있음을 인식하게 하여, 창의적이고 비판적인 사고를 촉진한다.

라. 동기 부여 활동 선택

교수자는 학습자들의 일상과 PBL 과제를 연결할 수 있는 방법을 고민해야 한다. 이를 위해 문제 선정 시 학습자와의 관련성을 적극 반영하여 주제를 소개하고, 학습자와 문제 사이의 연결 고리를 명확히 하는 것이 중요하다.

문제에 대한 관심이 높을수록 학습자는 문제 해결에 적극적으로 참여하게 된다. 가령 '탈모 예방과 모발 건강'을 주제로 PBL 과정을 진행 할 경우 학습자들 가족 구성원 중 탈모 문제를 겪고 있는 가족이 있는지 확인 후 학습자에게 실제 부모님의 두피와 모발 상태를 관찰하며 변화를 분석하도록 할 수 있다.

마. 집중 질문 문항의 개발

교수자는 학습자들이 문제에 관심을 가질 수 있도록 질문 리스트를 작성해야 하며, 선별된 문제 해결을 위한 구체적인 질문을 제공하여 학습자들이 문제 해결에 집중할 수 있도록 돕는 것이 중요하다. 예를 들어, "두피·모발 진단 시 문진 방법 이외의 다른 방법은 무엇일까?", "탈모 원인으로 스트레스를 꼽을 수 있지만, 연령별·성별로 대표되는 스트레스는 무엇일까?" 등 문제 해결에 접근할 수 있는 질문을 포함시켜 학습자들의 사고를 유도 한다.

바. 평가 전략 결정

평가 전략 결정 문제 중심 학습(PBL)을 포함한 평가 전략은 매우 다양하며, 이는 전통적인 학습 공간에서 사용하는 평가 전략처럼 여러 형태로 나타날 수 있다. 학습자의 이해도나 숙달 수준을 평가하기 위해 체크리스트를 활용하여 학습 전후의 수준을 비교하거나, 5점 척도의 체크리스트로 학습자들의 토론 과정을 평가할 수도 있다.

이러한 다양한 평가 방법들은 교수자가 설정한 문제 설계의 목적을 충족시키기 위해 통합적으로 실행되어야 한다. 평가 전략은 문제 중심 학습을 효과적으로 운영하는 데 중요한 역할을 하며 여기서 사용되는 평가 도구들은 학습 내용 습득 정도뿐만 아니라 문제 해결 과정에서 학습자의 참여도, 협업 능력, 그리고 토론 능력까지 폭넓게 반영할 수 있도록 구성되어야 한다.
또한 학습 전후 변화 비교 외에도 학습 과정 중의 활동을 세심하게 평가하는 방법을 필요로 한다. 평가 전략 결정은 문제 중심 학습의 효과적인 운영을 위해 매우 중요한 요소이다.
다양한 평가 방법(평가자 질문, 발표, 5점 척도 체크리스트 등)을 활용하여 학습자의 지식 습득 정도뿐만 아니라 토론 참여, 협업, 문제 해결 과정 등 여러 학습 측면을 종합적으로 평가할 수 있다. 이러한 평가 도구들은 교수자가 문제 설계 시 설정한 목표에 맞게 통합되어 사용되어야 하며, 문제 중심 학습이 포함된 평가 전략은 〈표3-3〉과 같이 그 적용 방식이 매우 다양하다는 점을 고려해야 한다.

〈표3-3〉 PBL평가전략

평가전략요소	설 명
다양한 평가 방법 활용	학습 전후의 테스트를 통해 학습 내용 숙달 정도를 비교 평가.
체크리스트와 루브릭	5점 척도로 토론 과정과 참여도 평가, 기여도, 협업 능력 등 다양한 항목 포함
프로젝트 평가	학습자들이 제안한 해결책이나 프로젝트의 질을 평가하기 위한 기준 설정 및 피드백 제공
자기 평가 및 동료 평가	학습자들이 자신의 학습 과정을 돌아보고 서로의 의견을 교환하여 자기 주도적 학습 촉진
종합적 평가 접근	지식 습득 정도뿐만 아니라 문제 해결 과정의 참여도, 협업 및 토론 능력 등 다양한 학습 측면 반영
피드백 제공	평가 후 구체적이고 건설적인 피드백을 제공하여 학습자들이 향후 학습에 적용할 수 있도록 지원

출처: 한국직업능력연구원 (2022). NCS 학습모듈_헤어샴푸와 클리닉. 교육부.

3-2. 퍼실리테이터(학습 촉진자)

문제 중심 학습(PBL)에서 퍼실리테이터의 역할은 매우 중요하며, 효과적인 학습 환경을 조성하는 데 필수적이다.
퍼실리테이터는 단순한 정보 전달자가 아니라 학습자들이 자율적으로 문제를 탐구하고 해결할 수 있도록 지원하는 촉진자의 역할을 한다. 다음은 퍼실리테이터의 기본적인 측면과 기대되는 기술에 대한 설명이다.

3-2-1 퍼실리테이션의 정의(2010. Gwilym Wyn Roberts)

퍼실리테이션(Facilitation)은 학습자들이 자신의 학습 목표를 설정하고, 문제를 해결하는 과정에서 필요한 지원을 제공하는 활동으로 이는 학습자들이 스스로 사고하고 협력하여 문제를 해결하도록 돕는 역할을 포함한다.

여기에 퍼실리테이터의 정의를 확장한다면 (1) 학습 그룹의 구성원이 아니며, (2) 학습 콘텐츠 중립적이며, (3) 학습 내용을 결정 권한이 없고, 지시를 하지 않으며, (4) 학습 그룹의 모든 구성원이 수용할 수 있으며, (5) 학습 그룹 활동을 진단하고 적절히 개입하는 사람이다.

여기서 진단과 개입은 학습그룹의 효율성을 높이기 위해 문제를 식별하고 해결하며 의사 결정을 내리는 프로세스를 개선할 수 있도록 지원하는 것에 목표를 둔다.(2017, Roger Schwarz)

가. 퍼실리테이터의 기능

(1) 전략적 계획 수립
퍼실리테이터는 학습자 집단이 학습 목적과 목표를 확인하고, 학습 비전을 개발하도록 지원한다. 이를 통해 학습자들은 원하는 미래에 도달하기 위한 행동 과정을 정의할 수 있다.

(2) 긍정적인 비전 제공
퍼실리테이터는 학습자들이 미래에 대한 긍정적인 비전을 갖도록 지원해야하며, 주어진 문제에 대한 혁신적인 해결책을 찾기 위한 탐색을 이끌어야 한다.

(3) 학습 전략 연결
퍼실리테이터는 문제 중심 학습의 운영을 학습자들의 학습 전략과 연결시키는 방법을 교육받아야 하며, 이는 학습자들이 실질적인 문제 해결 능력을 키울 수 있도록 지원하는 데 필요한 능력이다.

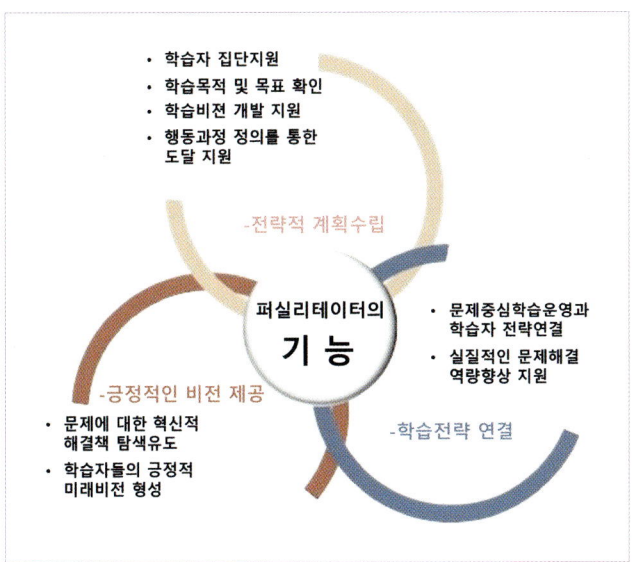

[사진3-2] 퍼실리테이터의 기능

나. 퍼실리테이터 직무

퍼실리테이터는 학습자 상호간의 토론을 자극하고, 학습의 정교함을 증대시키기 위한 자극을 제공하며, 지식의 통합을 장려하고, 학습자들 간의 상호 작용을 촉진할 수 있는 능력을 가지고 있어야 한다. 학습자에게 퍼실리테이터가 질문을 하고, 격려하고, 의견을 들어보며 학습자들이 실제적인 문제에 자신의 지식을 적용하는 능력을 향상시킬 수 있도록 지원하여야 하기 때문이다.

(1) 질문과 경청
퍼실리테이터는 학습자들의 의견을 경청하고, 적절한 질문을 통해 사고를 자극한다. 이는 학습자들이 깊이 있는 탐구를 할 수 있도록 돕는 역할을 한다.

(2) 조정 및 지원
학습자들이 그룹 내에서 협력하도록 지원하고, 필요할 경우 조정 역할을 수행한다. 이는 팀워크와 협업 능력을 강화하는 데 중요하다.

(3) 피드백 제공
학습 과정에서 학습자들에게 건설적인 피드백을 제공하여, 그들이 자신의 생각과 접근 방식을 개선할 수 있도록 한다.

(4) 정보 제공
학습자들이 문제 해결에 필요한 정보 및 자료에 쉽게 접근할 수 있도록 지원하고 학습자들이 스스로 정보를 탐색하고 활용할 수 있도록 돕는다.

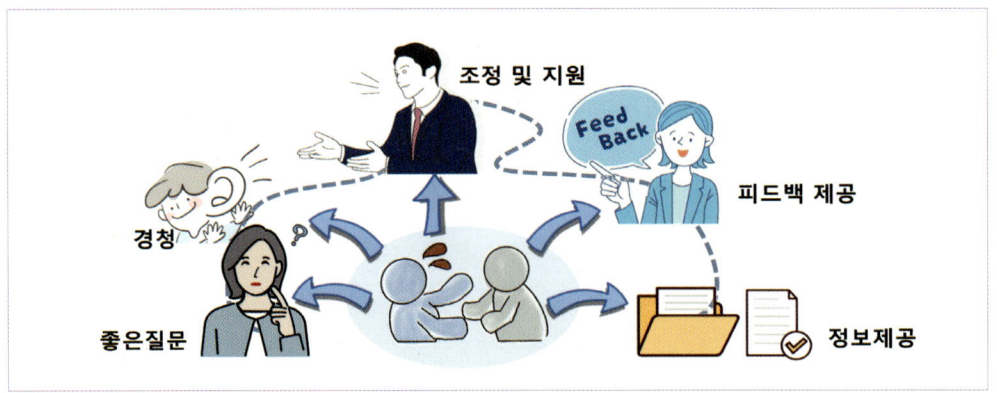

[사진3-3] 퍼실리테이터 직무

3-2-2 퍼실리테이터 소양(1976, Carkhuff, Robert R)

퍼실리테이터는 문제 중심 학습(PBL)에서 효과적인 학습 환경을 조성하기 위해 다양한 소양과 기술을 갖추어야 한다. 특히 공감성, 존중감, 진정성, 구체성 등은 중요한 요소로 학습자와의 긍정적인 관계를 형성하고 학습 경험을 향상시키는데 기여한다.

가. 공감성(Empathy)

퍼실리테이터는 학습자의 일상적인 감정에도 반응하면서 깊은 공감적 이해를 쌓아가야 한다. 초기에는 적절한 공감을, 후반에는 학습자를 적극적으로 이해하고 지원하여 학습자의 학습 활동을 촉진한다.

공감적 이해는 기술이 아니라 퍼실리테이터의 태도이며, 학습자가 자신의 감정을 자유롭게 표현하고 학습에 몰입하도록 돕는다. 교수자이자 퍼실리테이터는 학습자의 어려움뿐만 아니라 일상의 작은 감정에도 주의를 기울여야 한다. 초기에는 기본적인 공감이 필요하지만, 시간이 지날수록 깊은 공감이 학습자의 학습 과정에 큰 도움을 준다.

이러한 공감은 단순한 기술이 아니라, 학습자의 내면적인 느낌과 경험을 이해하고 소통하는 퍼실리테이터의 태도에서 비롯되며, 학습자의 감정 표현을 풍부하게 하고 학습 성공에 기여한다.

공감성

① **정 의**: 다른 사람의 감정과 관점을 이해하고, 그들의 경험에 대해 진정으로 느끼는 능력
② **중요성**: 퍼실리테이터가 학습자들의 감정과 필요를 이해하면, 학습자들은 더 편안하게 자신의 생각을 표현할 수 있다. 공감적인 태도는 학습자들에게 안전한 환경을 제공하여, 그들이 자유롭게

나. 존중감(Respect)

퍼실리테이터나 학습자가 자신의 감정과 경험을 존중하지 않으면, 다른 사람의 감정과 경험도 존중할 수 없다. 존중감 있는 의사소통은 공감성의 기초를 형성하며, 따뜻한 의사소통에는 퍼실리테이터의 헌신, 이해하려는 노력, 자발성이 포함된다.

존중감을 표현하는 방식으로는 항상 친절할 필요는 없으며, 때로는 엄격하거나 강한 피드백도 중요할 수 있다. 무조건적인 긍정적 배려는 잘못된 개념으로, 학습자의 비판적 사고와 자기 비평은 오히려 학습에 도움이 될 수 있다. 이와 같이 존중감은 다양한 방식으로 전달될 수 있다.

> **존중감**
> ① **정 의:** 존중감이란 자신과 타인의 가치를 인식하고 소중히 여기는 마음가짐과 태도
> ② **중요성:** 퍼실리테이터의 존중감은 학습자의 학습 경험, 느낌, 그리고 학습 잠재력에 대한 긍정적 존중과 관심에서 비롯되므로 학습자들이 자신감을 가지고 학습 과정에 참여하도록 유도하고며, 최종적으로 그들의 학습 성과에 긍정적인 영향을 미친다.

다. 진정성(Genuineness)

퍼실리테이터의 개인적인 성격과 말하는 방식은 그가 자신의 진정한 느낌을 얼마나 잘 반영하는지에 따라 구별된다. 퍼실리테이터가 학습자와 완전히 통합되기 위해서는 자신의 경험과 인식이 말과 행동에 일치해야 하며, 진정성 있는 관계를 형성해야 한다.

퍼실리테이터가 자신에게 솔직할수록 학습자와의 관계가 깊어지나 촉진적 진정성과 일반적 진정성은 구별되어야 한다. 부정적이고 난폭한 학습자의 행동도 그들의 경험에 기반한 진정성일 수 있으며, 이런 경우 퍼실리테이터는 해당 학습자의 진정성을 추가로 살펴 볼 필요가 있다.

퍼실리테이팅은 학습자를 위한 과정이며, 학습자가 학습 공간에 들어선 후 퍼실리테이터는 그들의 학습 목표를 성취하고 장애물을 제거하는 데 도움을 주어야한다. 때때로, 학습자가 상처받기 쉬운 성격일 경우 퍼실리테이터는 솔직한 반응을 잠시 보류할 수도 있다.

결국, 퍼실리테이터와 학습자는 평등한 관계를 유지하며 최대한의 정보를 공유해야 하며, 진정성이 결여된 학습 과정에서는 진정성을 기대할 수 없습니다. 퍼실리테이터는 학습자에게 무조건적으로 긍정적인 칭찬을 하지 않으면서도 말과 행동 간의 일관성을 유지해야 한다.

> **진정성**
>
> ① **정 의**: 진정성은 자신이 누구인지에 대한 진솔함과 정직함을 나타내는 태도
> ② **중요성**: 퍼실리테이터가 진정성을 가지고 행동하면, 학습자들은 그를 신뢰하게 된다. 신뢰는 학습자들이 질문하고 실수를 두려워하지 않도록 도와주며 진정한 태도는 학습자들에게 긍정적인 모델이 되어, 그들도 진정한 의견을 표현할 수 있도록 유도한다.

라. 구체성(Concreteness)

구체성(표현의 구체성)은 퍼실리테이터가 자신의 느낌이나 경험을 감정 상태에 관계없이 직접적이고 명확하게 표현하는 능력이다. 이는 학습자의 감정이나 경험과 가까운 반응을 보장하며, 학습자를 더 정확하게 이해하고, 학습 과정에서 나타나는 장애물이나 전략적 방향을 바로잡는 데 도움을 준다. 공감성, 존중감, 진정성과 함께 퍼실리테이터의 기본 소양 중 하나로, 다른 요소보다 성격이나 생활방식과 덜 연관되어 있어 비교적 쉽게 훈련될 수 있다.

> **구체성**
>
> ① **정 의**: 구체성은 명확하고 상세한 정보를 제공하는 능력
> ② **중요성**: 퍼실리테이터가 구체적인 피드백과 안내를 제공하면, 학습자들은 학습 목표와 기대되는 결과를 명확히 이해할 수 있다. 구체적인 지침은 학습자들이 올바른 방향으로 나아가도록 돕고, 문제 해결 과정에서 필요한 정보를 효과적으로 탐색할 수 있도록 한다.

3-2-3. 퍼실리테이터의 역할

퍼실리테이터는 PBL 과정에서 중요한 역할을 맡고 있으며, 그 역할은 단순한 정보 전달자가 아닌 학습자의 학습을 지원하는 데 초점을 맞춰야 한다. 교수자의 전통적인 역할은 수동적 관찰자로 보일 수 있지만, 실제로는 학습자들의 자기주도 학습력을 강화시키는데 있다.

PBL 과정을 운영하는 동안 퍼실레테이터는 각 단계마다 수행해야 하는 주요한 역할(1995. Edwin M. Bridges)이 있다. 이를 PBL 사전 단계, PBL 진행단계, PBL 종료 단계로 구분하며 퍼실리테이터의 단계별 역할은 다음과 같다.

가. 퍼실리테이터 준비 사항_PBL 사전단계

퍼실리테이터는 PBL 사전 단계에서 문제나 프로젝트에 대한 개발 뿐 아니라 PBL과정 운영에 필요한 적합한 학습도구를 선택하여 학습자들이 효과적으로 문제를 해결할 수 있도록 지원하고, 학습 자료의 수급 및 준비를 통해, 학습자들이 필요한 정보에 원활하게 접근할 수 있도록 해야한다. 또한 학습에 적합한 환경을 조성하여, 학생들이 협력하고 소통할 수 있는 공간과 환경을 조성해야 한다. 이러한 역할을 통해 퍼실리테이터는 학습자들이 PBL 과정을 통해 학습을 성공적으로 수행할 수 있는 기반을 마련하게 된다.

(1) PBL 주요 요소 선택

PBL 과정에서 학습과 관련된 주요 요소를 고려하고 선택하는 것은 매우 중요한 일이다. 교수자는 학습 내용을 전달하는 것뿐만 아니라, 학습자들의 학습 활동을 구조화하는 데 기여하기 위해 신중하게 요소를 검토해야 한다.

첫째, 학습 목표는 학습자가 도달해야 할 구체적이고 명확한 방향성을 제시해야하며, 둘째, 학습자의 사전 보유 기술이나 지식 정도를 고려하여 적절한 난이도의 문제를 설정하고, 이에 맞는 학습 내용을 조정해야 한다. 셋째, 문제의 맥락은 실제적이고 관련성 있는 상황을 제공하여 학습자들이 문제를 효과적으로 이해하고 해결할 수 있도록 한다. 마지막으로, 시간 제약을 고려하여 주어진 시간 내에 학습 목표를 달성할 수 있도록 학습 활동의 흐름과 일정을 계획을 수립해야 한다.

이러한 요소들을 종합적으로 고려하여 선택함으로써, 교수자는 효과적인 PBL 과정의 학습 환경을 조성할 수 있다.

첫째, 학습 목표
PBL 과정이 전체 학습 과정의 일부분인 경우, PBL의 학습 목표와 전체 과정의 학습목표가 일치하는지를 검토해야 한다. 미용 분야이 경우 NCS를 참고할 수 있지만 PBL은 전통적인 교수학습법과 운영방식에서 차이가 나므로 NCS의 학습목표와 일치하지 않을 수 있다. 이런 경우 교수자는 학습 목표에 대해 유연성을 가지고 PBL 과정에서 제기되는 문제와 관련된 전문 지식이 NCS와 어떤 연계성이 있는지를 설명해야 한다.

둘째, 학습자의 선행학습
PBL 과정 전에 명시적으로 학습자의 선행학습 내용을 제시하는 것이 중요하며, 만약 그렇지 못했을 경우 선행학습이 부족한 학습자에 대한 추가적 학습 지원과 같은 방안을 마련해야 한다.
특히 숙련 기술을 학습하는 미용분야에서는 매우 중요한 사항이다. 가령 트렌드 헤어컬러 과정에 참여한 학습자가 기초헤어컬러에 대한 선행학습이 되어있지 않을 경우 과정 참여에 어려움을 겪고 다른 학습자들에게도 불편함을 느끼게 할 수 있기 때문이다.

셋째, 문제의 문맥(Problem Context)

PBL 문제의 범위가 너무 좁으면 학습자들이 흥미를 잃게 된다. 그로 인해 학습 과정에서 이탈할 수 있으니, 교수자는 학습자들의 선행학습 내용과 수준을 고려해 더 넓은 문제 맥락을 설정해야 한다.

넷째, 시간 제약(Time Constraints)

PBL 과정의 시간 배분과 시간 제약은 다음의 두 가지 형태로 나타나므로 시간의 제약 요인을 사전에 검토하여 다양한 시간 형식과 구체적인 시간 계획을 세워 학습자들이 성공적으로 과정에 참여할 수 있도록 해야 한다.

① PBL 과정이 독립적인 과정으로 진행되어 시간이 정해진 경우
② PBL 과정이 전체 교육 과정 중에 배치된 경우

(2) PBL 자료 검토 및 준비

PBL 학습을 효과적으로 진행하기 위해 교수자는 주요 요소를 고려하고, 학습 자료 및 공간 준비를 검토해야 한다. 학습자료 검토, 교육인프라 구축, 학습 교재 및 장비 준비는 PBL 과정의 원활한 운영과 학습 성과 달성을 위해 필요한 것들이다.

첫째, PBL 학습자료 검토

PBL과정을 운영하는 교수자는 최신 교육 방법론과 학습 자료에 대한 충분한 이해를 기반으로 학습자에게 효과적인 과정을 설계해야한다. 이를 통해 학습자의 참여와 성과를 극대화할 수 있다. 특히 미용분야와 같이 이론과 기술이 혼재된 분야의 PBL을 진행할 경우 이론과 기술부분에 대한 학습자료를 완벽하게 검토할 필요가 있다.

둘째, 교육인프라 구축

PBL의 역동성은 다양한 사람들을 참여시킬 수 있다는 점이다. 전문 분야 교수자, 고숙련자, 전문 컨설턴트 등 학습분야의 전문가를 초빙할 수 있다. 교수-학습법과 관련된 경우 동영상 촬영 및 편집 인력도 필요하므로 PBL 학습에 필요한 모든 인적 자원을 사전에 준비하는 것이 중요하다.

셋째, 학습 교재 준비

교수자가 학습자를 위한 교재를 제작할 경우 저작권과 초상권에 주의할 필요가 있다. 미용 분야와 같이 시각적 학습자료가 많이 사용되는 과정에서는 저작권과 초상권 침해가 발생할 수 있으므로 교수자는 초상권과 저작권을 침해하지 않는 자료를 확보하여 사용하는 것이 중요하다.

넷째, 물리적 환경 점검

교수자는 협동 학습을 위한 테이블, 컴퓨터 등 PBL에 적합한 물리적 환경이 적절하게 준비되어 있는지 점검한다. 특히 실습을 필요로 하는 과정의 경우 샴푸대, 온수기, 환풍기, 전력 등과 같은

설비 점검이 필요하다. 또한 염모제, 펌제 등 화학약품과 함께 여러 가지 도구를 사용하는 경우에는 사전에 리스트를 작성해 준비 사항을 세심하게 확인해야 한다.

〈표3-4〉 퍼실리테이터의 역할

퍼실리테이터 역할	항목	내용
PBL 주요 요소 선택	학습 목표	• PBL 학습목표와 전체 과정과 일치성 검토 • 학습목표와 NCS와의 연계성 설명
	학습자의 선행학습	• 선행학습 내용을 명시적으로 제시 • 선행학습이 부족한 학습자에게 추가 지원 방안을 마련
	문제의 맥락	• 문제의 범위를 넓게 설정하여 학습자의 흥미를 유지
	시간 제약	• PBL 과정 시간 배분과 제약 사전 검토 • 구체적인 시간 계획 수립
PBL학습자료 및 환경준비	PBL 학급자료검토	• 최신 교육 방법론과 학습 자료에 대한 이해 • 이론과 기술에 대한 자료를 완벽하게 검토
	교육인트라 구축	• PBL과정에 필요한 다양한 전문가 초빙
	학습교재 준비	• 저작권과 초상권에 주의하여 자료 확보
	물리적 환경 점검	• 협동 학습을 위한 물리적 환경을 점검 • 필요 장비와 재료 리스트 작성_준비 사항 확인.

나. 퍼실리테이터 업무_PBL 진행 단계

PBL 과정에서 교수자의 역할은 이미 자료, 인력, 수업 공간 및 장비 등이 준비된 상태에서 주로 학습 과정 중의 의사 결정에 집중된다고 할 수 있다. 즉, 교수자는 학습 진행 중에 필요한 판단과 결정을 내리는 역할을 수행한다.

(1) PBL 과정의 소개

PBL 시작 시 교수자는 학습자에게 학습 목표와 PBL 과정의 개요를 설명한다. 개요에는 PBL 문제의 중요성, 교수자가 원하는 학습 목표의 수준, 학습 결과물의 모습, 전체적인 시간 제약 등이 포함되어야 한다. 또한 PBL 과정은 학습자의 실수를 허용하여 스스로 학습을 촉진하도록 하는 특징이 있으므로 이를 과정 초기에 학습자에게 설명하는 것이 중요하다.

(2) 시간 활용 방안 제시

PBL 과정에서 시간은 학습자에게 중요한 제한 요소다. 교수자는 학습자들에게 남은 시간, 제출 기한, 대체 방법 등을 안내함으로써 다른 학습자의 시간도 소중히 여기는 중요성을 강조해야 한다. 또한, 교수자는 각 팀과 소통하며 시간의 흐름을 관리하고, 필요시 추가 시간을 제공하는 등의 조치를 통해 문제를 해결하도록 한다. 특히 외부 강사나 전문가 초청 시 시간 배분과 운영이 PBL 과정의 일정 유지에 중요하므로, 교수자는 지속적으로 시간을 모니터링해야 한다.

(3) 학습자의 학습 촉진

교수자는 PBL의 성공적인 진행을 위해 학습자 중심으로 학습을 유도한다. 이를 위해 학습자들에게 관련 자료를 충분히 검토하도록 하는 것은 물론 문제 해결 과정에서 자료 활용의 중요성을 강조한다.

학습자들이 팀 내에서 주어진 학습자료는 분배하여 검토하는 방식은 적절하지 않으므로 문제에 대해 집중적으로 여러 번 안내하여 팀구성원 모두가 문제를 깊이 이해할 수 있도록 도와야 한다. 이렇듯 학습자들의 학습을 촉진하기 위해 다음과 같은 방법을 제시한다.

첫째, 개인 맞춤형 학습

퍼실리테이터의 중요한 역할은 학습자 개인의 학습 목표를 파악하여 PBL 과정을 개인화하는 것으로, 교수자는 학습자에게 자신의 목표를 스스로 설정하도록 요구해야 하지만, 많은 학습자들이 목표 없이 참여하는 경우가 많다. 따라서 교수자는 학습자별로 목표를 재구성하도록 유도해야 한다.

둘째, 풍부한 학습자료

PBL 퍼실리테이터는 학습자의 학습 촉진을 위해 학습자료를 충분하게 준비하는 것이다. PBL 과정에서는 학습자들이 자기 주도적으로 정보를 탐색하도록 하여 교수자가 제공하는 자료에만 의존하도록 하지 않는다. 이로 인해 학습자들은 문제를 해결하기 위한 정보를 적극적으로 찾고 팀원들과 공유하게 된다. 팀활동 결과 좋은 성과를 보이는 팀은 팀원 각자의 지식과 기술을 잘 활용하고 팀원들과 공유하는 특징이 있다.

셋째, 자가 모니터링

퍼실리테이터는 학습자가 자신과 다른 학습자의 학습 과정을 모니터링할 수 있는 능력을 키우도록 지원하고 학습자는 다른 학습자의 피드백을 활용하여 자신의 학습 진행 상황, 협동 학습에서의 역할, 그리고 남은 과정에서 필요한 역량을 파악할 수 있게 된다. 이를 통해 협동 학습 환경에서 성공적으로 다른 학습자와 협력하는 능력을 키워 모니터링 능력이 습관화되면, 학습자는 학습의 목표가 전통적인 시험 성적이 아니라 자신의 성장이라는 인식을 하게 된다.

넷째, 학습자들과의 상호작용

전통적인 학습에 익숙한 교수자가 PBL의 퍼실리테이터로 전환하는 것은 어려운 과제다. PBL은 학습자 중심의 과정으로 교수자는 자원과 자료 선택에서 독단적으로 행동할 수 없고, 제한된 개입만 허용된다.

또한, 피드백 등 기존 교수법과 다른 방법을 사용해야 하므로 교수자는 감정을 조절하고 학습 촉진을 위한 새로운 교수 기술을 개발해야 한다. 그럼에도 불구하고 교수자는 학습자와 상호작용을 유지하며 다양한 역할을 수행해야 한다.

다. 퍼실리테이터 업무 마무리_PBL 종료 단계

PBL 마무리 단계에서 퍼실리테이터의 역할은 두 가지 중요한 요소가 있다. 첫째, 학습자의 학습 결과물에 대해 문서화된 피드백을 제공하는 것이고, 둘째, 학습자에게 제공된 피드백을 재검토하도록 돕는 것이다. PBL 과정에서 학습 결과물은 중요한 요소로, 특히 미용 분야의 경우 실습 결과물이 학습자의 지식과 기술 수준을 나타내는 경우가 대부분이다. 실습 결과물을 통해 학습자의 메타인지적 처리를 자극하고 PBL 과정에 다시 집중할 수 있도록 한다. 대부분의 미용학습자들은 자신들의 학습결과물을 소중하게 다루며 자신의 작업 과정을 되돌아보고 개인적인 성장을 확인할 수 있기 때문이다.

(1) 학습자 대상 피드백

퍼실리테이터는 학습자들이 PBL 과정에서 보여주는 진지한 노력에 맞추어, 과정 중이나 완료 시점에서 확장된 형태의 피드백을 제공한다. 일반적으로 학습자의 학습 결과물에 대한 피드백을 제공하며, 이 과정에서 여러 질문을 통해 학습자가 미래에 필요한 학습이나 작업 방향에 대한 의견을 제시한다. 이러한 피드백을 통해 학습자는 향후 PBL 과정에서 학습 목표를 재구성할 기회를 갖는다. 만약 학습 결과물이 팀 차원의 것이라면, 퍼실리테이터는 해당 결과물에 대해서도 피드백을 제공한다. 다음〈표3-5〉를 참고하여 피드백의 종류와 내용에 대해 알아본다.

〈표3-5〉 퍼실리테이터의 역할

구 분	종 류	내 용
퍼실리테이터의 피드백 제공	노력에 맞춘 피드백	학습자들이 PBL 과정에서 보여주는 노력에 부응하는 피드백을 제공
	상황에 따른 피드백	과정 중 또는 완료 시점에서 확장된 형태의 피드백 제공
	학습결과물 피드백	학습자의 결과물에 대한 구체적인 피드백을 제공
	질문을 통한 방향제시	다양한 질문을 통해 학습자가 미래에 필요한 학습이나 실습 방향에 대한 의견을 제시
학습자의 기회	학습 목표 재구성	퍼실리테이터의 피드백을 통해 학습자는 향후 PBL 과정에서 자신의 학습 목표를 재구성할 수 있는 기회를 갖게 됨.
팀 차원의 결과물에 대한 피드백	팀 차원 피드백 제공	학습 결과물이 팀 차원인 경우 해당 결과물에 대해서도 피드백 제공
	(예시) 미용 분야의 팀 결과물 예시	문제 해결에 관한 서면 추론: 팀이 서면으로 작성한 문제 해결 과정의 설명 예: 특정 미용 기술을 적용할 때의 문제와 그 해결 방법에 대한 분석 문제_샴푸 기술 교육 계획 - 신입직원에게 샴푸 교육에 대한 구체적인 계획에 대한 피드백 예: 교육 목표, 필요한 자료, 교육 방법 및 평가 기준 등에 대해 피드백 문제_탈모 고객 샴푸 계획 - 남성 탈모고객을 위한 맞춤형 샴푸 방법과 제품 사용에 대한 계획에 대한 피드백 예: 홈케어 샴푸 제품, 사용 방법, 고객 상담 시 유의 사항 등에 대해 피드백

(2) 학습자들의 피드백

퍼실리테이터는 학습자들에게 명시적으로 피드백을 요청해야 하며, 이 피드백은 PBL 과정의 지속적인 개선에 활용된다. 피드백 요청 시 포함해야 할 주요 내용은 학습자가 자신의 학습 목표를 얼마나 달성했는지와 PBL 과정 개선 방법으로 퍼실리테이터는 각 학습자의 피드백을 종합하여 전체 학습자에게 공유하고, 그들의 반응을 확인할 수 있다.

이는 퍼실리테이터가 학습자의 의견을 소중히 여긴다는 메시지를 전달하기 위한 것이다. 통합된 학습자들의 피드백은 PBL 과정 완료 후 즉시 학습 과정에 반영되어야 하며, 그렇지 않으면 학습자들의 생생한 반응을 잊을 수 있기 때문이다. 학습자들의 피드백에 관한 내용을 정리하면 〈표 3-6〉과 같다.

〈표3-6〉 학습자들의 피드백

구 분	내 용
퍼실리테이터의 피드백 요청	- 학습자들에게 명시적으로 피드백 요청 필요. - 피드백의 목적: PBL 과정의 지속적인 개선.
피드백 요청 시 포함해야 할 내용	- 학습자가 자신의 학습 목표를 얼마나 달성했는지. - PBL 과정 개선 방법.
피드백 공유	- 각 학습자의 피드백을 종합하여 전체 학습자에게 제공. - 학습자 반응 확인 가능. - 퍼실리테이터가 학습자의 의견을 소중히 여긴다는 메시지 전달.
피드백 반영	- 통합된 피드백은 PBL 과정 완료 후 즉시 학습 과정에 반영 필요. - 지체 시 학습자들의 생생한 반응을 잊을 수 있음.

3-2-4. 퍼실리테이터의 헬핑 스킬(2014. Clara E. Hill)

퍼실리테이터가 PBL 과정에서 학습자의 학습을 촉진하기위해 필요한 스킬을 헬핑스킬이라고 한다. 퍼실리테이터의 헬핑스킬은 크게 두 가지 범주로 나눌 수 있다. 이 두 가지 범주 중 첫째로는 학습자에게 관심을 보이기위해 학습자의 언어를 경청하기 위한 기술과 두 번째로는 학습자의 생각과 실제 이야기를 분석하기 위한 기술이다.

가. 학습자의 언어경청 스킬

PBL 과정 초기 단계에서 퍼실리테이터는 학습자와의 관계를 형성하고 이해하기 위해 다음과 같은 기술을 사용해야 한다:

(1) 시선 처리

눈 마주침과 같은 시선처리는 대표적인 비언어적 행동으로, 의사소통의 시작, 중지 또는 회피에 사용된다. 응시를 통해 친밀감, 관심, 공손함, 지배감을 전달할 수 있으며, 상대방의 말을 모니터링하고 피드백을 제공하는 역할을 한다. 반대로 눈을 피하거나 쳐다보는 것을 멈추는 것은 불안이나 불편함, 대화 회피의 표현일 수 있다.

퍼실리테이터는 공감성을 전달하기 위해 학습자와 대화 중 눈을 마주쳐야 하며, 너무 오랫동안 마주치면 지배당하는 느낌을 줄 수 있고, 너무 짧게 마주치면 관심이 없다고 오해받을 수 있다.

또한 〈표 3-7〉과 같이 시선처리에 대해 학습자에게 사소한 오해를 사는 일이 없도록 주의한다.

〈표3-7〉 다양한 시선의 의미

정면응시:정중하나 당당

친근한 시선의 영역

상황을 제어할 수 있다고 믿으며 보는 시선

관능적 시선의 영역

이 소리 어디서 들은 듯

뭔가 생각 중

과거의 감정이 떠오름

어떤 이미지가 떠오름

(2) 얼굴 표정

사람들은 얼굴 표정을 통해 감정과 정보를 전달하며, 얼굴은 비언어적 의사소통에서 중요한 역할을 한다. 기본적인 얼굴 표정은 문화에 관계없이 공통적이며, 예를 들어 괴로울 때 울고, 행복할 때 미소를 짓는다. 아이의 웃음은 부모와의 유대감을 강화하고, 웃음은 대인 의사소통에서 자주 나타난다.

그러나 심각한 문제에 대해 이야기할 때 과도한 미소는 학습자가 혼란을 초래하여 판단이 흐려질 수 있다. 퍼실리테이터는 학습자에게 차분하고 자연스러운 표정을 유지해야 하며, 적절한 미소는 지원을 나타내지만, 지나치게 웃거나 너무 적은 미소는 부자연스럽고 거리감을 줄 수 있으므로 각별히 주의해야 한다.

사람마다 생김새가 다르지만 표정으로 표현되는 감정은 대부분 유사하므로 학습자의 표정도 잘 관찰하여 상호관계를 유지하는데 참고하는 것이 좋다.

〈표3-8〉 다양한 얼굴표정

행복, 기쁨, 안심의 표정: 입꼬리가 올라감   슬픔, 억울함, 충격적 소식: 입꼬리 내려오고 눈이 커짐

두려움, 놀람, 역겨움: 코가 벌름거리고 얼굴이 굳어짐   집중, 당황, 경멸: 미간을 좁힘, 무표정

(3) 신체 움직임

신체 움직임은 언어나 얼굴 표정에서 얻을 수 없는 정보를 제공한다. 학습자들의 신체적 표현은 학습자들의 감정을 알아차릴 수 있으며, 또한 교수자들은 자발적인 신체적 움직임을 통해서 자신의 메시지를 더 명확하게 전달할 수 있다.

신체 움직임은 4가지 유형과 2가지 태도로 구분할 수 있으며 지시 및 지적, 요구 혹은 양보, 거부, 결의 결심, 제공이나 부탁, 합류·단결, 정숙·진압 등의 의미가 언어와 함께 전달할 경우 더욱 강조되어 전달되기도 한다.

<표3-9> 다양한 신체언어의 의미

손에 턱의 무게를 완전히
싣고 있는 경우: 지루하다!

손끝을 얼굴에 가볍게
대고 있는 경우: 흥미로운걸!

아랫입술을 만지고 있는 경우:
난 지금 자신이 좀 없어!

손끝으로 눈주변을 문지르는 경우:
흠..난 다른 생각 중이란다!

대화 중 뒷목을 만지는 경우:
좀 지루하네! 본심이 아닐 때

대화 중 코을 만지는 경우:
아마도 거짓말 중!

대화 중 양손 꽉지를 낀 경우:
웃고있지만 지금 난 불안해!

의자에 걸터 앉아 있는 경우:
이제 그만 대화를 마무리하자!

양팔의 넓이는
상대에대한 호의 크기

표정과 관계없이 팔짱 & 손사래
당신을 믿을 수 없어!

다리는 꼬고, 팔짱을 낀 경우:
무슨 말을 해도 답은 정해져 있어!

다리를 꼬고 비스듬한 얼굴:
어디 한번 말해봐

대화 중 발끝이 나를 향한 경우:
나는 당신에게 호의적이랍니다!

대화 중 발끝이 다른 방향인 경우:
나를 배제하고 있다는 증거!

엄지손가락을 보이면 난 너에게
자신감이 있다는 의미

양손을 뒤로 하여 마주 잡은
경우: 침착하고 자신감 넘침

또한 케이 뷰티로 인하여 미용의 본고장이 한국이 된 지금 외국인 학습자들을 드물지 않게 맞이하는 경우가 있으므로 국가별 신체움직임의 의미도 알아둘 필요가 있다. 다음 내용을 참고하여 신체 움직임이 갖고 있는 의미에 대해 알아둘 필요가 있다.

〈표3-10〉 국가별 바디 랭귀지

구 분	내 용
	손바닥이 바깥쪽 손등은 안쪽으로 향하는 'V' 미국: 승리 를 상징. 불가리아: 숫자 2를 상징. 그리스: 외설이나 경멸의 의미
	손바닥이 안쪽 즉 손등이 상대를 향하는 'V' 영국: 손등이 상대를 향하면 심한 욕설이 됩니다. 영국과 프랑스: '저리가'라는 부정의 뜻. 그리스: '승리'의 표현으로 사용.
	한국, 일본: 돈을 의미. 대부분의 나라: '승인'이나 '긍정'의 의미. 프랑스 남부: '아무 것도 없음', '가치가 없음'을 의미. 터키, 중동, 아프리카, 러시아, 브라질: '동성애' 등 외설적인 표현을 의미.
	엄지 척 대부분의 나라: '최고'를 의미.　　중동: '음란한 행위'를 의미. 독일: 숫자 '1'을 의미.　　　　일본: 숫자 '5'를 의미. 오스트레일리아: '거절, 무례함'　러시아: '나는 동성애자입니다'
	윙크 영국: '이야기를 재미있게 듣고 있다'는 의미. 대만: 무례한 행동으로 간주.　　한국: 윙크를 관심의 표현. 에스키모인: 'NO'의 의미.　　　호주:여성을 향한 외설적인 표현.
	고개를 끄덕 끄덕 대부분의 나라: 긍정의 의미인 'YES'. 터키, 불가리아,그리스, 스리랑카: 부정의 의미 'NO'.
	귀를 만지면 인도: 후회, 실수에 대한 사과.　　브라질: '이해한다', '잘 먹었다.' 스코틀랜드: '너의말을 믿을 수 없어'라는 불신의 의미. 이탈리아: 귓불을 만지면 게이, 혹은 여자로 취급하는 의미. 티베트: 자신의 귀를 잡아당기며 혓바닥을 길게 내미는 것은 친근함의 표현.

이외에도 다음과 같이 일상 생활에서 무의식 적으로 사용하는 신체 움직임들이 예민한 학습자들에게는 교수자를 오해하게되는 계기가 될 수 있으므로 〈표3-11〉의 사례를 참고하는 것이 좋다.

〈표3-11〉 신체움직임의 종류와 의미

구 분	내 용
손을 머리 뒤로 하며 의자에 기대기	자신감 또는 우월감 나타냄
옷깃을 다시 세우기	궁지에 몰린 상태를 의미
주먹을 쥐기	적대적 또는 방어적인 제스처일 수 있음
코를 만지기	불안감이나 긴장 상태를 나타낼 수 있음
팔과 다리를 꼬기	방어적이거나 비판에 직면했을 때 발생
손가락을 세워 좌우로 흔들기	무언가를 가르치거나 비난하는 의도를 나타냄
손가락을 입술에 대기	말하지 말았어야 할 말을 하는 상황

(4) 짧은 격려의 언어

퍼실리테이터는 "와", "흠", "어휴", "진짜" 같은 감탄사나 짧은 언어를 통해 학습자의 동기부여는 물론 계속 자신감을 가지고 말이나 작업을 계속하도록 할 수 있다.

퍼실리테이터는 "와", "흠", "어휴", "진짜"와 같은 감탄사나 짧은 언어를 통해 학습자에게 동기부여는 물론 계속 자신감을 가지고 말이나 작업을 계속하도록 할 수 있다. 이러한 격려는 학습자의 말을 인정하고 주의를 기울이고 있음을 나타내며, 학습자가 말이나 작업을 지속할 수 있도록 돕는다. 짧은 격려는 고개를 끄덕이는 행동과 함께 사용될 수 있다.

그러나 짧은 격려를 너무 적게 사용하면 학습자는 거리감을 느낄 수 있고, 너무 자주 사용하면 산만함을 초래할 수 있다. 따라서 적절한 타이밍에, 학습자의 문장이 끝났거나 대화의 순서가 끝날 때 사용해야 한다. 퍼실리테이터가 이런 격려를 사용하는 것은 학습자가 계속 말하기를 원한다는 의도를 나타내지만, 사용 시 타이밍이 중요하며 주의를 분산시키지 않도록 주의해야 한다.

〈표3-12〉 퍼실리테이터의 짧은 격려의 언어

구 분	내 용
사용목적	- 학습자에게 동기부여와 함께 학습자의 말과 행동을 계속 할 수 있도록 유도하기 위함
사용방법	- 고개를 끄덕이는 행동과 함께 사용할 경우 긍적인 피드백으로 대화의 흐름 유지에 도움
사용빈도	- 너무 적게 사용하면 학습자가 거리감을 느끼고 너무 자주 사용하면 산만함을 느낌
적절한 타이밍	- 학습자와 대화 시에는 학습자의 말이 끝나갈 무렵 학습자가 계속할 수 있도록 권장
사용의도	- 대화 시 짧은 격려는 퍼실리테이터가 학습자가 계속 말이나 행동을 하기 원한다는 것을 의미
주의사항	- 주의를 분산시켜 말을 방해할 수 있으므로, 사용 시 적절한 타이밍이 매우 중요

(5) 공감적 반응의 언어

퍼실리테이터가 사용하는 공감적 반응의 언어는 '맞장구', '리액션(Reaction)'의 언어라고 할 수 있다. 이러한 언어를 사용하는 것은 학습자에게 감정적 지원이나 정서적 지지를 보내며 학습자를 공감하고 이해하고, 학습자가 느끼는 것이 정상적이고 자기 확신을 주는 기술이다. 맞장구 쳐주기 기술의 핵심은 퍼실리테이터의 학습자에 대한 분석을 촉진하면서 학습자가 자신의 학습 과정에 대해 더욱 깊이 있게 말하도록 유도하는 것이다.

공감적 반응이 언어를 사용할 경우 학습자는 학습 문제가 학습자 혼자만의 문제가 아니라는 것을 인정하고 확인해 주며, 이를 통해 학습자는 자신의 고민을 깊이 탐구하는 데 도움을 받는다.

예를 들어, "그 문제 진짜 해결하기 어려워요" 또는 "그때 황당했겠어요", "아하! 왜 그렇게 했는지 알겠어요"와 같은 표현은 학습자의 감정을 공감하고 지지하는 데 유용하다. 이러한 언어는 학습자가 자신의 노력을 계속 이어가도록 격려하고, 교수자와 공감대를 형성하여 자신감을 북돋아 주고 있는 사실을 알려준다.

맞장구 쳐주기는 학습자에게 학습자의 학습 문제가 아주 정상적이고 혼자만의 문제가 아니라는 것을 인정해주고 확인해주는 것이기 때문에 이를 통해 학습자는 자신의 학습 고민을 더 깊게 탐구하는 데 도움을 받는다. 다음은 상황에 따라 도움이 되는 맞장구 쳐주기의 몇 가지 예이다.

문제 해결에 어려움을 겪고 있는 학습자에게 "이건 정말 힘들겠어요" 또는 "저도 전에 이런 문제로 아주 힘들었어요"와 같은 공감의 언어을 사용하며 격려할 경우, 학습자가 힘든 문제를 해결하기 위해 계속 노력하도록 격려하는 데 도움이 된다. 이러한 공감적 반응의 언어 사용은 학습자가 학습 과정의 어려움을 잘 극복할 수 있도록 지원하게 된다.

그러나 공감적 반응의 언어를 감정 없이 사용하거나 아니면 부정적 느낌으로 "그런 문제도 못풀다니...그럼 그 문제는 나한테 맡겨요.", " 뭐 사람이라면 다 그렇게 느낄테니 상관 말아요." 등과 같이 사용할 경우 맞장구의 의미도 리액션의 의미도 없어져 교수자의 학습자에 대한 분석에도 도움이 되지 않는다.

그렇다고 학습자들에게 무조건 다 잘 될 거라고 안심시키기 위해 과도하게 긍정적인 반응의 언어를 지나치게 사용하는 것도 바람직하지 않은 사용법이다.

공감적 반응의 언어를 지나치게 초기 단계에서 사용하거나, 감정 없이 기계적으로 사용할 경우 학습자에게 신뢰감을 주기 어렵다. 퍼실리테이터가 자신의 편견을 조장하는 방식이 언어를 사용하면, 학습자는 탐구를 중단하거나 퍼실리테이터의 편견에 맞추어 학습 방향을 이끌어 갈 위험이 있다. 다음 〈표3-12〉를 참고하여 긍정적 반응의 언어를 사용하여 학습자를 격려하도록 한다.

공감적 반응의 언어사용 사례

1. "그런 상황이라면 정말 힘들겠어요."
   ㄴ 학습자가 어려운 상황이나 문제를 설명할 때 사용 언어
2. "너무 스트레스 받을 것 같아요."
   ㄴ 학습자가 스트레스를 느끼거나 압박을 받을 때 사용 언어
3. "그 기분 이해해요. 저도 비슷한 경험이 있었어요."
   ㄴ 학습자가 자신의 감정을 나누고 있을 때, 비슷한 경험을 공유하며 공감할 때 사용 언어
4. "그 문제는 정말 복잡하네요."
   ㄴ 학습자가 문제의 복잡성을 언급할 때 사용 언어
5. "너무 어려운 상황이군요."
   ㄴ 학습자가 힘든 상황을 묘사할 때 사용 언어
6. "그렇게 느끼는 건 전혀 이상한 일이 아니에요."
   ㄴ 학습자가 자신의 감정을 부정적으로 생각할 때, 그 감정을 정당화해 줄 때 사용 언어
7. "정말 많이 고민하고 계신 것 같아요."
   ㄴ 학습자가 여러 가지 고민을 털어놓을 때. 사용 언어
8. "그렇게 생각하니 이해가 됩니다."
   ㄴ 학습자가 특정한 의견이나 감정을 표현할 때, 그 이유를 설명할 때 사용 언어

(6) 침묵

침묵은 퍼실리테이터와 학습자가 말하는 것을 잠시 멈추는 상태로 퍼실리테이터는 학습자가 학습 과정을 되돌아보며 새로운 내용을 추가할 수 있는지를 확인하기 위해 침묵할 수 있다. 또한, 학습자가 말을 하다가 멈추고 생각할 때 방해받지 않도록 침묵하기도 한다. 만약 학습자의 대답이 충분하지 않다면, 퍼실리테이터는 더 깊이 있는 답변을 위해 시간을 주기 위해 침묵해야 한다. 따라서 침묵도 퍼실리테이터의 중요한 소통 수단이라고 할 수 있다.

이 때 중요한 점은 아무것도 말하지 않는 것이 아무것도 하지 않는 것을 의미하지 않는다는 것이다. 퍼실리테이터는 침묵 속에서도 세심하고 협조적일 수 있으며, 사실 가장 유용한 순간은 말을 하지 않을 때일 수도 있다.

퍼실리테이터의 침묵은 공감, 따뜻한 감정, 존경을 전달하고, 학습자에게 생각할 시간을 준다. 또한, 학습자가 방해받지 않고 반성이나 의견을 말할 수 있는 기회를 제공한다. 학습자에 따라 다소 진도가 느리거나 문제에 골몰하여 침묵이 길어질 수도 있다.

경험이 부족한 교수자는 짧은 공감적 침묵을 연습해 볼 필요가 있다. 이를 통해 학습자를 분석할 수 있으며, 어떤 학습자는 퍼실리테이터가 들어주는 것만으로도 문제를 인지하고 극복한다. 그러나 공감적 침묵에 익숙하지 않은 퍼실리테이터는 침묵에 불안감을 느낄 수 있으며, 이러한 불안감은 연습과 경험을 통해 극복해야 한다.

나. 학습자 분석 스킬(2014. Clara E. Hill.)

학습 과정중에 학습자의 학습을 촉진시키기 위해서 퍼실리테이터는 학습자의 생각과 학습자가 알고 있는 지식을 분석하고 이해해야 한다. 이때 퍼실리테이터가 사용하는 기술은 다음과 같다.

(1) 재 언급 시 언어 사용 스킬

재언급은 퍼실리테이터가 학습자가 말한 내용을 반복하거나 의역하여 다시 말하는 것으로 이는 학습자가 방금 한 말을 더 구체적이고 명확하게 표현하는 과정이다. 퍼실리테이터는 학습자가 사용한 단어 수와 비슷하거나 적은 수의 단어를 사용하며, 필요에 따라 잠정적인 표현(예: "고객의 모발 상태에 따라 샴푸 제품을 선택하는 것을 모른다고 말하는 건가요?") 또는 더 직접적인 표현 (예: "샴푸 제품의 차이를 모르는군요.")을 사용할 수 있다.

학습자는 퍼실리테이터의 재언급을 통해 자신의 말과 생각을 듣는 기회를 제공받는다. 학습 과정에서 혼란이나 갈등, 압도감을 느끼는 학습자에게 재언급으로 학습 과정에 대한 피드백을 제공한다. 이를 통해 학습자는 자신의 생각을 평가하고, 추가적인 지식이나 생각을 더 하면서 학습 목표에 적합한지 고민하게 된다.

재언급은 학습자가 자신의 학습 과정의 문제를 명확히 하고, 다양한 측면을 분석하는 데 도움을 주며, 학습자가 불확실하거나 정리가 되지 않은 상태에서 말하면 퍼실리테이터의 재언급을 통해 학습자는 내용을 정리하고 더 잘 구성할 수 있게 된다.

따라서 재언급은 학습 과정에서 퍼실리테이터가 학습자의 발언을 바탕으로 그 내용을 반복하거나 의역하여 다시 말하는 기법으로 학습자에게 깊이 있는 사고를 촉진하고, 학습 과정에서의 불확실성을 줄이는 데 중요한 역할을 한다. 퍼실리테이터는 이를 통해 학습자와의 효과적인 소통을 이끌어낼 수 있게 된다.

첫째, 명확성 제공: 학습자의 발언을 정리하여 이해를 돕는다.
사례: 학습자: "이 문제는 너무 복잡해서 어려워요."
　　　퍼실리테이터: "아~~이 문제는 복잡해서 해결하기 힘들다는 것이군요."

둘째, 반성 유도: 학습자에게 자신의 발언을 다시 생각해보는 기회를 제공한다.
사례: 학습자: "과제가 너무 많아요."
　　　퍼실리테이터: "아~ 과제가 많아서 힘들고 부담을 느끼는군요."

셋째, 자신감 증진: 자신이 의견이 존중받고 있다는 느낌을 준다.
사례: 학습자: "제가 말씀드린 것이 맞는지 모르겠어요."
      퍼실리테이터: "무슨소리세요?? 제가 이해한 바로는, 지금 말씀하신 그 점이 정말 중요한 점이예요."

넷째, 문제 인식: 학습자가 문제를 인식하고 깊이 생각할 수 있게 한다.
사례: 학습자: "우리 팀은 팀워크가 부족한 것 같아요."
      퍼실리테이터: "오~ 저런 팀워크 부족이 문제라는 점을 인식하고 계셨네요."

다섯째, 대화의 흐름 유지: 대화의 흐름을 원활하게 하고, 더 깊은 이야기를 유도한다.
사례: 학습자: "고객 상담이 어려워요."
      퍼실리테이터: "그럼 이번에는 고객상담이 어려운 이유에 대해 이야기할까요?"

여섯째, 비판적 사고 촉진: 학습자가 자신의 생각을 점검하고 다양한 관점에서 바라볼 수 있게 한다.
사례: 학습자: "이 방법이 맞는 것인지 잘 모르겠어요."
      퍼실리테이터: "이 방법이 맞는지 고민하고 계신 것 같은데, 다른 대안은 있나요?"

재언급 언어 사용 사례

ⓐ **"내가 듣기로 당신이 말한 게…"**
학습자: "과제가 많아 힘들어요."
퍼실리테이터: "내가 듣기로 당신이 말한 게, 고제가 많아 힘들다는 것이군요."

ⓑ **"당신의 말은 …처럼 들립니다."**
학습자: "과제가 너무 많아 일주일로는 부족해요"
퍼실리테이터: "학생 말은 과제가 많이 일주일은 너무 짧다는 것처럼 들려요."

ⓒ **"당신은 …이렇다고 말하고 있네요."**
학습자: "팀워크 부족으로 프로젝트가 지연되고 있어요."
퍼실리테이터: "당신은 프로젝트 지연이 팀워크 부족해서 라고 말하네요."

ⓓ **"그래서 …이렇다는 거지요."**
학습자: "교수님의 피드백을 반영하는 데 시간이 많이 걸려요."
퍼실리테이터: "흠…내 피드백을 반영하는 데 시간이 많이 걸린다는 거지요?"

ⓔ **"제가 당신의 말을 정확히 들었다면…"**
학습자: "과제를 기일안에 제출하는 건 어려워요."
퍼실리테이터: "내가 당신의 말을 정확히 들었다면, 기일내에 과제 제출이 어렵다는거죠?."

ⓕ **"제가 당신이 하는 말을 잘 이해했는지 확인해 보면…"**
학습자: "최근에 교육에 흥미를 잃어서 힘들어요."
퍼실리테이터: "제가 학생말을 잘 이해했는지 확인해 보면, 최근에 교육에 흥미를 잃어서 힘들다는거지?."

(2) 개방형 질문 스킬

개방형 질문은 학습 공간에서 자연스럽게 사용되는 도구로, 퍼실리테이터가 학습자의 생각을 분석하는 데 도움을 준다. 특히, 학습자가 학습 내용을 잘 이해하지 못하거나 깊이 참여하지 못할 때 유용하게 사용되며, 학습자의 혼란스러운 이해를 명확히 하고 새로운 내용에 대해 생각하게 한다. 또한, 자신의 학습 내용을 언어로 표현하는 데 어려움을 겪는 학습자에게 도움을 주어, 그들이 생각을 더 잘 표현할 수 있도록 한다. 이러한 방식으로 개방형 질문은 학습자의 사고를 자극하고 확장하며 학습 과정에 대한 참여를 높이는 중요한 역할을 수행한다.

개방형 질문은 옳고 그름을 판단하지 않으며, 학습자가 학습 과정 중 중요한 부분에 집중하도록 유도하는 등 다음과 같은 다양한 효과를 가지고 있다.

첫째, 학습 집중 유도
학습자가 학습 과정 중 중요한 부분에 집중할 수 있도록 한다.
예시: "왜 그 샴푸를 사용했나요?"

둘째, 이해 부족 시 도움
학습자가 학습 내용을 잘 이해하지 못하거나 깊이 참여하지 못할 때 유용하다.
예시: "선택한 샴푸의 주요 성분과 효과에 대해 설명해 보세요."

셋째, 명확한 사고 유도
학습자의 생각을 명확히 하고 새로운 학습 내용에 대해 생각하게 한다.
예시: "좋은 샴푸란 어떤 샴푸인가요?"

넷째, 자신의 학습 문제 인식
학습자가 당면한 문제의 어떤 측면이 어려운지를 쉽게 말하도록 한다.
예시: "지난번 실습에서 실수한 이유가 무엇인지 설명해 보세요."

다섯째, 학습 목표 방향 제공
PBL 과정 초기에 학습 목표의 중요한 방향을 제시하는 데 도움이 된다.
예시: "샴푸 시 고객이 불편함을 느끼지 않도록 하려면 어떻게 하면 좋을까요?"

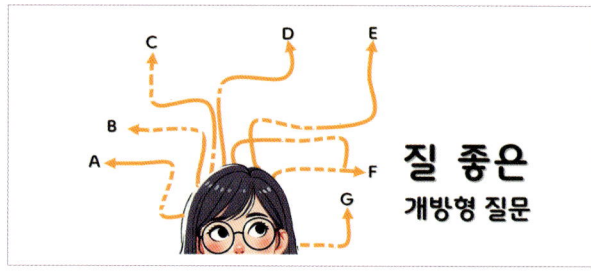

[사진3-4] 사고력을 확장하는 질 좋은 개방형 질문

많은 학습자들은 자신이 이해한 내용을 말로 설명하기 어려워 학습 문제의 특정 측면을 표현하는 데 어려움을 겪는다. 이때 퍼실리테이터는 개방형 질문을 통해 학습자가 집중해야 할 내용을 자연스럽게 안내할 수 있다. 또한, 문제 기반 학습(PBL) 과정 초기에 개방형 질문을 사용하여 학습 목표의 방향을 제시하여 학습자가 퍼실리테이터의 관심을 확인할 수 있도록 한다.

이렇듯 학습자가 무엇을 말해야 할지 모를 경우, 퍼실리테이터는 개방형 질문으로 유용한 방향을 제시할 수 있다.

개방형 질문 사용 시 퍼실리테이터가 중저음의 낮고 부드러우며 적절한 속도로 질문하면 학습자는 퍼실리테이터의 관심과 친밀감을 느끼게 된다. 그러나 퍼실리테이터가 긴장된 톤이나 빠른 속도는 학습자에게 단답형으로 취조받는 느낌을 줄 수 있다. 퍼실리테이터는 학습자의 대답을 비판하지 않고 지지해야 하며, PBL 과정에서는 맞는 답과 틀린 답이 없음을 인식해야 한다.

또한, 개방형 질문은 짧고 간단해야 하며, 여러 개의 질문을 한 번에 던지면 학습자가 혼란스러워 할 수도 있으므로 하나의 질문을 제시하고, 학습자가 충분히 생각하고 답변할 시간을 준 후, 관련된 추가 질문을 하는 것이 바람직하다.

개방형 질문 스킬

- ⓐ **목소리 톤과 태도:** 부드럽고 낮은 톤으로 질문하고, 적절한 속도로 질문한다..
- ⓑ **비판 지양:** 학습자의 대답에는 비판을 지양하고 지지한다. 개방형 질문에는 오답과 정답이 존재하지 않으므로.
- ⓒ **질문 구조:** 개방형 질문은 짧고 간단해야 하며, 복잡한 질문은 지양한다. 질문은 한 번에 하나씩 하고 하나의 질문 후 충분한 시간 후에 추가 질문을 한다.

(3) 폐쇄형 질문 스킬

폐쇄형 질문은 일반적으로 한 두 단어로 대답할 수 있는 질문으로, 특정 사실에 대해 묻는 형식이다. 예를 들어, "고객 샴푸는 규정된 시간에 마쳤나요?"나 "고객에게 샴푸 시 불편사항을 물어봤나요?"와 같은 질문이 이에 해당한다.

퍼실리테이터는 이러한 질문을 통해 특정 정보를 수집하며, 이 정보를 바탕으로 학습자의 학습 과정을 평가하고 향후 학습 계획을 세우는 데 활용한다. 폐쇄형 질문은 특정 정보를 요청하는 데 사용되며, 이는 퍼실리테이터가 클라이언트의 평가와 행동 계획 수립을 위해 필요한 정보를 확보하기 위함이다. 때때로, 퍼실리테이터는 학습자의 학습 상황을 보다 잘 이해하기 위해 추가적인 정보를 요구할 수 있으며, 이러한 경우 폐쇄형 질문이 가장 직접적이고 효과적인 방법이다.

학습자가 고객 샴푸 시 고객의 모발과 두피 상태에 따라 샴푸 제품을 선택해야 하는 상황에서, 만약 학습자가 모발 상태나 여러 샴푸 제품의 특징을 잘 이해하지 못하고 있다면, 퍼실리테이터는 폐쇄형 질문을 통해 필요한 정보를 확인할 수 있다.

예를 들어, "고객의 모발과 두피가 민감성인가요?"
"A 제품은 어떤 두피 유형에 사용하나요?"
"A와 B 제품 중 어떤 제품이 더 적합할까요?"
"이 두피는 어떤 유형인가요?"
"어제 실습은 어떤 능력단위를 훈련했나요?"
"지금 제가 한 말이 맞나요!"

위와 같은 질문을 통해 학습자가 어떤 내용을 어려워하는지 파악하고, 이를 추후 학습 계획에 반영할 수 있다. 또한 폐쇄형 질문은 위기 상황에서 특히 중요하게 사용된다. 예를 들어, 학습 그룹 내에서 학습자 간의 갈등이 발생하거나 학습 분위기를 해치는 말이나 행동을 누군가 했을 경우 과정 관리를 위해 사실관계를 파악할 필요가 있을 경우 폐쇄형 질문을 사용한다. 이를 통해 퍼실리테이터는 학습자를 효과적으로 관리할 수 있게 된다.

그러나 폐쇄형 질문의 사용빈도수가 높아지면 학습의 주도권이나 통제권이 학습자가 아닌 퍼실리테이터가 되므로 자기 주도 학습을 강조하는 PBL 과정에서는 비협조적인 학습자 파악이나 학습자 간의 갈등, 비학습적 행동을 파악하기 위한 수단으로만 사용하는 것이 바람직하다.

폐쇄형 질문 스킬

☐ **폐쇄형 질문의 효과**
ⓐ **정보 확인**: 폐쇄형 질문을 통해 학습자가 이해하지 못하는 내용을 파악.
ⓑ **이해 확인**: 학습자의 말을 듣지 못했거나 이해 여부를 확인.
ⓒ **위기 관리**: 학습 그룹 내 갈등이나 문제 상황에서 직접 질문하여 관리.

☐ **폐쇄형 질문 사용 시기**
ⓐ **위기 상황 관리**: 학습자 간 갈등이나 비학습적 행동을 직접 물어보아야 함.
ⓑ **주도권 문제**: 폐쇄형 질문의 빈번한 사용으로 학습의 통제권이 퍼실리테이터에게 넘어갈 수 있음.
ⓒ **PBL 과정의 활용**: 갈등이나 비학습적 행동을 파악하기 위한 중요한 도구로 사용됨.

3-2-5 퍼실리테이터로 전환

교수자가 효과적인 문제 중심 학습의 퍼실리테이터가 되기 위해서는 교수자들의 교육적 관행을 변화시켜야 한다. 이러한 변화는 교수자들의 전문 지식 배경, 교육 가치관, 학습 및 교육에 대한 신념과 태도에 따라 다르게 나타날 수 있다. 더욱이 교수자 개인의 전문 지식 축적에 대한 노력과 헌신을 고려할 때 이러한 변화는 쉽지 않다. 교수자가 수업에서 퍼실리테이터가 되겠다는 결정을 내리는 것이 간단한 것이 않은 이유는 퍼실리테이터로 전환된 역할을 잘 수행할 것이라는 기대도 가져서는 안되기 때문이다.

미용과 교수자는 학습자에게 미용 지식과 기술을 전수하겠다는 전제하에 이루어지나 PBL과정에서는 교수자의 역할이 지식과 기술의 전수에 있는 것이 아니라 학습자들의 그룹 활동을 통해 자기주도 학습을 할 수 있도록 촉진하는 것이다.

나만의 퍼실리테이션 스타일을 개발하기 위해서는 개인 및 집단적인 지원과 준비가 필요하다. 대부분의 교수자들은 PBL 과정을 시작 시 명확한 지침이나 교수학습법에 대한 자료 부족으로 어려움을 느끼는 경우가 많다. 또한 조직 차원에서도 충분한 지원 없이 기대만 하는 경우가 많아 도중에 교수자 강의 중심의 전통적인 교수학습 방식으로 돌아갈 위험이 있다.

퍼실리테이터를 양성하고 관리하기 위해서는 최소한 '해야 할 일'과 '하지 말아야 할 일'에 대한 가이드가 필요하다. 그러나 PBL과정은 교수자와 학습자의 주관적 특성이 강하게 영향을 미치기 때문에 가이드 제작이 쉽지 않다. 따라서 교수자들에게 문제 중심 학습의 운영 경험을 제공하고, 멘토링, 코칭, 프로세스 관리 등의 전문 개발 기회를 제공해야 한다. 이렇게 함으로써 교수자들은 학습자들의 창의력 개발에 기여할 수 있게 된다.

PBL 과정을 운영하는 교수자는 학습자를 가르치는 역할에서 학습 촉진자로 역할을 전환하여 학습자들의 학습에 대한 사고 방식을 변화시켜야 하며, 이는 교수자에게 큰 도전 과제가 된다. 교수자는 학습자들이 학습목표에 도달하기 위해 자기주도 학습을 지원하는 역할이라는 것을 확고하게 신뢰할 필요가 있다.
따라서 PBL 과정에 참여한 학생들에게 강의와 교재가 아닌 문제해결을 위한 정보와 자료가 제공되어 문제해결을 하는 과정에 학습이 이루어 진다는 사실을 학습자가 신뢰할 수 있도록 퍼실리테이터 헬프스킬을 통해 경험해 나갈 필요가 있다.

그러나 이러한 전환은 어느 한 순간 이루어 지는 것이 아니므로 교수자가 PBL 과정을 운영하는 전문 퍼실리테이터가 되기 위해선 PBL과정에 참여하는 학습자들의 변화를 꾸준하게 파악하는 것도 중요하다.
전통적 교수법에서 PBL 교수법을 대하는 교수자의 반응은 다음 3가지 스타일로 구분되며 각각의 특징은 다음과 같으므로 스스로 교수자로서 어떤 반응이었는지를 확인해 본다.(2003.Maggi Savin-Baden)

가. PBL 교수학습법에 회의적

PBL 교수학습법에 대해 '과연 학습이 될까?'라는 회의적인 생각을 가지고 있는 교수자는 처음부터 문제 중심 학습에 관여하지 않기로 선택하거나 PBL에 대해 다음과 같이 자신의 논리를 주장 한다.
- 학습 촉진자가 되는 것은 교수자의 권위를 상실하는 것이라고 주장
- PBL 과정보다 강의 중심 교수학습법이 더 강한 효과가 있다고 주장
- 교수자 중심의 교육적 접근이 미용 전문가 양성에 더 효과적이라고 주장
- PBL을 통해 기능적으로 뛰어난 고숙련자가 되기 어렵다고 주장
- 학습자가 강의에 참석하는 것이 필요한 지식을 습득하는 방법이라고 주장
- 학습의 본질은 교수자가 강의를 통해 학습자에게 지식과 기술을 전수하는 것이라 주장

나. PBL 교수학습법에 반신반의

PBL 교수학습법에 대해 '일부는 학습이 되겠지만 숙련 분야는 과연 어떨까?'라는 제한된 내용에서만 가능성을 인정하는 반신반의의 생각을 가지고 있는 교수자는 학습자의 자율성을 중요하게 여기지만 어느 과정에서 어느 정도의 자율성을 허용하는 것이 바람직한지 확신이 없는 경우이다. 또한 PBL은 학습자들의 학습 과정과 팀워크를 평가하므로, 전통적인 평가 방식과는 다른 접근이 필요하다. 교수자는 이를 어떻게 공정하게 평가할 수 있을지를 고민하게 되면 이러한 갈등과 고민은 효과적인 PBL 운영을 위해 반드시 해결해야 하는 부분이다.
다음은 PBL에 경험이 적은 교수자가 초기에 겪는 갈등의 영역과 내적 고민의 내용이다.

(1) 전통적 교육방식과의 충돌
대부분의 교수자는 기존의 강의 중심 교육 방식에 익숙해져 있어, PBL의 효과성에 대해 의구심을 가질 수 있다. 이로 인해 교수자들은 새로운 교수법 도입에 주저하게 된다.

(2) 교수자 역할 변화에 대한 두려움
PBL에서는 교수자가 지식 전달자가 아닌 촉진자 역할을 해야 하므로, 교수자들은 자신의 역할 변화에 대한 고민을 하게 된다. 이 과정에서 자신이 학생들에게 충분한 지원을 제공할 수 있을지에 대한 불안감과 자신이 어떻게 변화해야 하는지에 대한 혼란과 두려움이 생길 수 있다.

(3) 학습자 참여도 및 성과에 대한 의구심
PBL 수업은 학생들의 적극적인 참여가 필수이므로 수동적 자세로 수업에 참여했던 학생들이 과연 얼마나 적극적일 수 있을지 그리고 그 결과가 어떻게 나타날지에 대한 불안감을 갖게 된다.

(4) 업무외 업무에 대한 부담감
PBL 교수자는 기존의 자신의 업무 외 달라진 방식의 피드백, 평가 등 추가적인 업무를 감당해야 한다는 부담감을 갖게 된다.

(5) 자율성의 범위에 대해 확신 부족
PBL 수업 시 교수자가 학습자에게 허용해야할 자율성의 범위에 대해 확신이 부족할 경우 자율성이 학습 성과에 미치는 영향에 대해서 갈등하게 된다.

(6) 학습시간 분배에 대한 어려움
자기주도적으로 학습하는 시간과 전문 지식 및 기술 습득 시간을 어떻게 배분할지 결정하는 데 어려움이 있다. 학습자의 자기주도 학습력과 창의성을 높이기 위해 자율성을 부여하면서도 필요한 기술과 지식을 효과적으로 전달해야 하는 균형을 찾는 것이 쉽지 않다는 의미이다..

(7) 평가의 어려움
PBL 수업은 자기평가 및 동료평가, 제3자 평가, 루브릭 기반평가, 과정중심 평가 등 기존의 평가방법과 다르게 접근해야 하므로 이것에 대한 부담감이 크게 작용한다.

다. PBL 교수학습법에 긍정적

PBL에 긍정적인 교수자는 "와~ 이렇게 하면 학습자들의 다양한 역량이 강화되겠네!" 하며 PBL 과정이 최근의 교수학습 트렌드에 맞게 자신도 변화할 수 있는 기회를 제공한다고 생각한다.
나아가 최근 저출산, 학령인구의 감소, MZ 세대의 출현 등으로 많은 교수자들은 전통적 교수자 역할에 불편함을 느끼며, 학습자 중심의 교육, 학습자 참여를 우선하는 직업훈련의 입장을 재정립할 수 있는 기회라고 생각하며, 자신의 역할 조정 뿐만 아니라, 학습자들에게 자기주도학습, 능력, 비판적 사고력, 창의력, 협업력을 강화하기 위한 학습자들의 역할도 조정하기를 요구한다.

PBL에 긍정적인 교수자들은 다음과 같은 생각으로 PBL 교수법을 적극적으로 도입하기 위해 애쓰고 있다.

(1) 월등한 효과성
PBL을 지지하는 교수들은 학생중심의 수업을 통해 학생들이 능동적으로 문제를 해결하고, 협력하는 과정을 경험하게 되므로 더 많은 것을 배우게 된다고 믿는다.

(2) 창의성과 비판적 사고력 향상
PBL 과정은 학생들의 토론과 발표를 통해 문제해결에 접근해 나가는 방식을 사용하므로 이 과정을 통해 학생들의 창의성과 비판적 사고력 등이 향상된다고 믿는다.
한편 PBL에 긍정적인 교수자들도 평가에 대해서는 고민이 많다. 다음은 PBL 과정 평가법의 대표적인 3가지 방식으로 과정에 참여하는 학습자들이 자기 성찰을 통해 성장을 실감하도록 하는데 도움을 줄 수 있다. 이러한 평가 방법은 학습자들이 자신의 학습 과정을 반성하고, 피드백을 통해 지속적으로 발전할 수 있는 기회를 제공한다. 결국, 이러한 접근은 학습자들이 보다 주도적으로 학습에 임하도록 유도하며, PBL의 효과성을 더욱 높이는 데 기여할 것이다. ..

(3) 자기평가 및 동료평가
PBL 문제해결에 있어 학습자 자신의 기여도와 팀원들의 기여도를 평가하는 방식으로, 책임감과 협력 능력을 강조할 수 있다. 학습자의 학습과정에 대한 성찰과 반성을 촉진하여 성장에 이르게 한다.

(4) 루브릭 기반평가
명확한 평가 기준을 설정하여 학생들의 성과를 구체적으로 평가할 수 있다. 팀워크, 문제 해결 능력, 발표 능력 등을 포함한 다양한 요소를 평가할 수 있다

(5) 과정 중심 평가
PBL은 결과뿐만 아니라 학습 과정과 팀워크에 대한 평가도 중요하므로 학습자들이 문제 해결 과정에서 어떤 방식으로 접근했는지 평가표 등을 통해 평가한다

PBL 단계별 사용 언어

□ PBL 수업의 핵심 요소를 반영하며, 교수자와 학생 간의 효과적인 소통을 돕는 언어

① **문제 해결 단계:** "문제 정의", "해결책 제시" "정보 수집" "대안 탐색" 등의 표현이 자주 사용
학습자들이 문제를 이해하고 접근하는 데 필요한 언어.
문제 정의: "고객의 불만 사항을 구체적으로 정의해 봅시다."
해결책 제시: "어떤 해결책을 제시할 수 있을까요?"
정보 수집: "고객의 피드백을 바탕으로 필요한 정보를 수집합시다."
대안 탐색: "우리가 고려할 수 있는 대안은 무엇인지 나열해 봅시다."

ⓑ **협력과 팀웍 강조단계:** "팀워크" "협력" "역할 분담" 같은 용어가 많이 등장
PBL은 학습자로 구성된 팀활동을 기반으로 이루어 지므로 이러한 언어가 필수
팀워크: "팀워크를 통해 서로의 의견을 존중하며 진행합시다."
협력: "각자의 전문성을 살려 협력하여 문제를 해결해 봅시다."
역할 분담: "각 팀원이 맡을 역할을 분담하여 효율적으로 진행합시다."

ⓒ **자기주도 학습단계:** "자기 주도" "자기 평가" "목표 설정" 등의 표현이 사용
학생 스스로 학습을 이끌어 나가도록 격려하는 언어
자기 주도: "각자 자기 주도로 자료를 찾고 분석해 봅시다."
자기 평가: "이번 프로젝트를 통해 무엇을 배웠는지 자기 평가를 해봅시다."
목표 설정: "이번 과제를 통해 달성하고자 하는 목표를 설정해 봅시다."

ⓓ **비판적 사고와 반성단계:** "비판적으로 생각하다", "반성하다", "피드백 주기"와 같은 언어가 사용
학습자가 자신의 학습 과정을 돌아보고 개선할 수 있도록 돕는 언어
비판적으로 생각하다: "각자의 의견을 비판적으로 생각해 보고, 장단점을 분석해 봅시다."
반성하다: "이번 과정에서 우리가 놓친 점이나 개선할 점을 반성해 봅시다."
피드백 주기: "서로에게 피드백을 주어 개선할 부분을 찾아봅시다."

3-3 피드백(Feed-Back)

3-3-1. 피드백의 정의(2021. Jette Egelund Holgaard)

피드백은 학습자가 자신의 성과나 지식 이해의 어려움에 대해 교수자, 동료, 책, 부모 등으로부터 받는 정보로 학습자의 행동을 교정하고, 자기 성찰을 촉진하여 성장을 돕는 역할을 한다.
피드백의 주요 목적은 이해되는 것과 이해하려는 것과의 갭을 줄여 과제와 관련된 정보를 제공하는 것이다.

피드백의 목적, 효과 및 다양한 유형의 이해를 위해 지시와 피드백 사이의 간극을 이해하는 것이 중요하다. 학습의 한쪽 끝이 『지시』라고 한다면 다른 쪽 끝에는 『피드백』이 있다. 따라서 지시와 피드백 사이에는 명확한 구별이 존재한다. 그러나 피드백이 학습자의 행동이나 사고에 대한 비평적 교정의 언어로 표현될 경우 피드백과 지시가 결합되어 학습자에게 지식과 행동의 정확성만을 요구하는 새로운 형태의 지시로 전달된다.

피드백은 진공 상태에서는 아무런 영향을 미치지 않는다. 피드백이 강력한 영향력을 동반하기 위해서는 학습 맥락이 필요하다. 피드백은 가르치는 과정의 일부로, 학습자가 교수자의 첫 번째 지시에 반응한 후 교수자가 학습자의 과제 수행의 일부에 대해 정보를 전달할 때 발생한다.

피드백은 학습자가 과제를 잘못 이해한 경우가 아니라 잘못 해석한 경우에 더욱 효과적이다. 또한, 피드백은 교수자로부터만 제공되는 것이 아니라 학습자 상호간에도 이루어질 수 있다.
이러한 방식으로 피드백은 학습 과정에서 중요한 역할을 하며, 학습자의 성장과 발전을 지원하는 데 필수적인 도구이다.

3-3-2. 피드백의 기능

학습자들이 여러 피드백에 반응하며 현재 이해하는 것과 이해하고 싶은 것 사이의 불일치를 해소하기 위해 사용하는 방법은 다양하다. 그러나 그 모든 방법이 무조건 학습 촉진에 효과적이지 않다. 각 방법이 효과적이기 위해서는 다음과 같은 요소를 고려해야 한다.

가. 학습자 관점

학습자 차원에서는 학습자들이 단순히 더 많은 정보를 얻으려는 노력을 하는 것이 아니라, 어려운 과제를 해결하거나 더 깊은 수준의 학습 경험을 할 때, 명확한 학습 목표와 높은 책임감이 주어질 때, 그리고 학습 목표의 성공에 대한 자신감이 강할 때 더 많은 노력을 기울이는 경향이 있다.

이러한 상황에서 피드백은 중요한 역할을 할 수 있다. 또한, 학습자가 자신의 잘못된 점을 감지하는 오류 감지 기술은 과제 해결에 필요한 전략을 마련하는 데 도움을 주며, 이때 피드백은 강력한 자기 역할을 합니다. 그러나 학습자가 학습 목표를 포기하거나 목표를 모호하게 설정하면 피드백은 효과를 발휘하지 못하게 된다.

[사진3-5] 피드백의 작동_학습자 관점

나. 교수자 차원

교수자가 학습자의 이해되는 것과 이해하려는 것 사이의 차이를 줄이는 데 도움을 줄 수 있는 여러 방법이 있다. 그 중 하나는 적절하게 도전적이고 구체적인 목표를 제공하는 것이다.

구체적인 목표는 일반적이거나 모호한 목표보다 더 효과적이다. 이는 학습자들의 관심을 집중시키고, 더 많은 피드백을 제공할 수 있는 기반이 된다. 또한, 구체적인 목표에 관련된 피드백은 목표 달성의 성공 기준에 대한 정보를 포함하게 되어, 학습자들이 무엇을 어떻게 해야 하는지를 명확히 이해할 수 있도록 한다.

교수자는 이러한 구체적인 목표와 성공 기준을 명확히 하는 피드백을 활용함으로써, 학습자들의 노력을 증가시키고, 결과적으로 학습에 긍정적인 영향을 미칠 수 있다. 이를 통해 학습자의 이해도를 높이고, 학습 목표 달성을 지원할 수 있다.

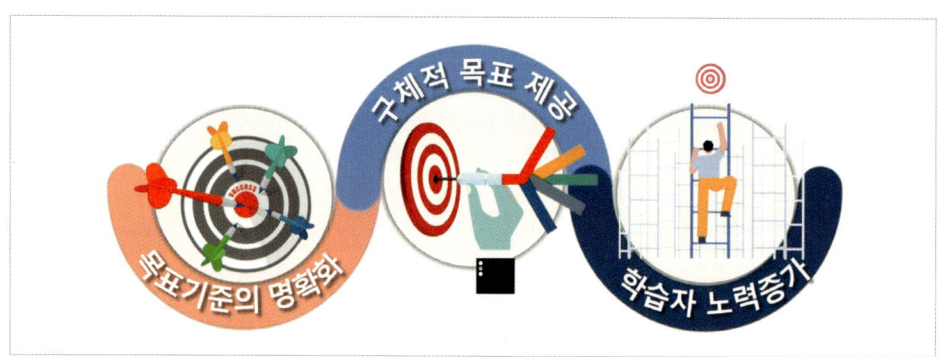

[사진3-6] 피드백의 작동_교수자 관점

3-3-3. 세 종류의 피드백 질문(2007. John Hattie and Helen Timperley)

효과적인 교수법은 학습자들에게 정보를 제공하거나 학습자들을 이해시키는 것뿐만 아니라 학습자들이 학습해야하는 정보에 대해 이해하고 있는 것과 이해하려는 것이 일치하도록 학습자의 이해정도를 평가하는 것을 포함한다. 이 두 번째 부분이 피드백부분이며 이 피드백을 세 가지 주요한 질문과 관련이 있다. 학습자의 학습이 어디로 가고 있는지 (Where am I going?), 어디로 가고 있는 지에 대한 방법인 잘 가고 있는지 (How am I going?), 마지막으로 이 단계가 마무리되면 다음 단계는 어디로 가야하는 지 (Where to next?) 가 그것이며, 각각을 피드업(Feed Up), 피드백 (Feed Back) 피드포워드 (Feed Forward)라고 한다.

[사진3-7] 피드백의 작동_학습자 관점

가. 피드업(Feed-Up): Where Am I Going?

피드업(Feed-Up)은 학습 과정에서 학습자와 교수자가 학습 목표와 기대하는 성과를 명확히 이해하도록 돕는 중요한 개념으로 피드업은 일반적으로 다음과 같은 요소를 포함한다

(1) **명확한 학습 목표 설정**: 학습자가 무엇을 배우고자 하는지, 어떤 결과를 달성해야 하는지를 명확히 정의하는 것으로 학습자가 목표를 이해하고, 그에 맞춰 노력을 기울이도록 한다.

(2) **성과 기준 제공**: 학습 목표에 대한 성공 기준을 명확히 하여 학습자가 자신의 진행 상황을 평가할 수 있도록 돕는다. 예를 들어, '합격' 또는 '과제 완료'와 같은 절대적인 기준뿐만 아니라, '지난번보다 더 잘'과 같은 비교 기준도 포함될 수 있다.

(3) **학습자 참여 유도**: 피드업은 학습자의 적극적인 참여를 촉진한다. 명확한 목표와 기준이 제공될 때, 학습자는 자신의 노력을 어떻게 조정할지를 알 수 있으며, 이는 높은 수준의 학습 성취로 이어질 수 있다.

(4) **지속적인 피드백 제공**: 학습 목표 달성 과정에서 지속적으로 피드백을 제공하여, 학습자가 자신의 진행 상황을 확인하고 필요에 따라 전략을 조정할 수 있도록 한다.

(5) 학습 목표의 재설정: 학습자가 목표를 달성함에 따라 새로운 도전적 목표를 설정할 수 있도록 지속적인 학습 조건을 마련한다. 이는 학습자가 계속해서 성장할 수 있도록 지원하기 위함이다.

피드업은 학습자가 자신의 학습 과정과 목표에 대해 명확히 이해하고, 그에 맞춰 행동할 수 있도록 돕는 중요한 역할을 하며 이를 통해 학습자는 자신의 학습을 효과적으로 관리하고, 성취감을 느낄 수 있게 된다.

피드업(FEED-UP) 예시

☐ **상황: 미용분야 PBL 수업 중 헤어스타일링 시간**

ⓐ **피드업 질문예시**
- "이번 수업에서 우리가 배운 헤어 스타일링 기술 중 가장 어려웠던 부분은 무엇인가요?"
- "이 기술을 적용할 때 어떤 목표를 가지고 시도했나요?"
- "이전 스타일링과 비교했을 때, 어떤 점에서 개선이 필요하다고 생각하나요?"
- "이 스타일링을 위해 어떤 도구나 제품이 필요한지 설명해볼까요?"

ⓑ **피드업 설명**
- "오늘 우리는 기본 헤어 스타일링 기법을 배우고, 각 기법의 적용 방법을 이해할 것입니다."
- "이 과제를 통해 3가지 다른 스타일링 기법을 시도하고, 각 기법의 효과를 설명해야 합니다."

ⓒ **피드업 질문 의도**
- **자기 반성:** 학습자가 스스로 자신의 경험과 이해도를 돌아볼 수 있도록 유도.
- **목표 명확화:** 학습자가 어떤 목표를 가지고 스타일링을 시도했는지 명확히 하여, 향후 목표 설정.
- **비교 분석:** 이전의 스타일링 경험과 현재의 경험을 비교하게 함으로써, 발전 가능성 인식.
- **문제 해결 능력 향상:** 필요한 도구나 제품에 대한 설명을 통해 실무에서의 응용 능력 배양.

피드업 질문과 설명을 통해 학습목표를 정확하게 이해하고 학습자가 자신의 학습 과정을 능동적으로 관리하고, 목표 달성을 위한 전략을 스스로 설정할 수 있는 능력을 함양할 수 있게 된다.

나. 피드백(Feed-Back): How Am I Going?

대부분의 피드백은 특정 과제나 성과 목표와 관련된 것으로, 교수자나 학습자가 제공하는 경우가 많다. 이러한 피드백은 학습 진행 상황이나 방법에 대한 정보가 추가될 때 더 효과적이다.

많은 학습자들은 결론적인 결과보다는 "현재 어떻게 진행되고 있는지" 또는 "어떻게 진행해야 하는지"에 대한 정보를 필요로 한다. 교수자의 이러한 질문은 학습자에게 중요한 피드백을 제공하며, 학습 과정의 진행을 돕는 데 매우 중요하다.

(1) 목적
첫째, 성장 지원: 학습자가 자신의 강점과 약점을 인식하고, 향후 성장을 위한 방향성을 제시한다.
둘째, 학습 동기 부여: 긍정적인 피드백은 학습자의 자신감을 높이고, 더 많은 노력을 기울이도록 유도한다.
셋째, 목표 달성 촉진: 학습자가 설정한 목표에 대한 진행 상황을 평가하고, 필요한 경우 조정이 가능하다.

(2) 피드백의 유형
첫째, 긍정적인 피드백: 학습자의 노력을 격려하는 것으로, 언어적, 서면, 비언어적으로 제공한다.
둘째, 건설적인 피드백: 학습자가 개선할 영역을 명확히 인식하도록 돕는 구체적이고 실행 가능한 비판으로, 강점과 약점에 초점을 맞춘다.
셋째, 동료 피드백: 동료로부터 받는 피드백으로, 작업이나 프로젝트에 대한 다양한 관점을 얻는 데 유용하다.
넷째, 자체 피드백: 스스로에게 제공하는 피드백으로, 개선이 필요한 영역을 식별하고 동기를 유지.
다섯째, 형성 피드백: 학습 과정 중에 제공되며 학습자가 진행 중인 작업에 대해 즉각적인 정보를 주며, 예를 들어 수업 중 퀴즈, 발표와 같은 즉각적인 의견을 포함.
여섯째, 총괄 피드백: 특정 과제가 완료된 후 제공되며, 최종 성과에 대한 평가를 포함함.

(3) 피드백의 원칙
첫째, 구체성: 피드백은 구체적이어야 하며, 무엇이 잘 되었고 무엇이 개선되어야 하는지를 명확히 한다.
둘째, 즉시성: 피드백은 즉시 제공해야 하며, 학습자가 자신의 수행을 기억하고 있을 때 가장 효과적이다.
셋째, 균형: 긍정적인 피드백과 개선이 필요한 부분을 균형 있게 제공하여 학습자가 동기를 잃지 않도록 한다.
넷째, 행동 지향적: 피드백은 학습자가 앞으로 어떻게 행동해야 할지를 제시해야 한다.

(4) 피드백의 제공 방법
첫째, 구두 피드백: 수업 중에 즉각적으로 제공되는 피드백으로, 대화 형식으로 이루어질 수 있다.
둘째, 서면 피드백: 과제나 시험 결과에 대한 서면으로 제공되는 피드백으로, 구체적인 평가와 조언을 포함한다.
셋째, 동료 피드백: 동료 학습자 간에 제공되는 피드백으로, 서로의 작업을 평가하고 개선점을 제시한다.

(5) 피드백의 중요성
피드백은 학습자가 자신의 학습 과정을 이해하고, 목표에 도달하기 위한 전략을 세우는 데 필수적이다. 적절한 피드백은 학습자의 자기 주도적 학습을 촉진하고, 지속적인 개선을 위한 기초를 마련한다.
이와 같이 피드백은 교육 과정에서 학습자에게 매우 중요한 역할을 하며, 학습의 질을 높이는 데 기여한다.

다. 피드포워드(Feed-Forward): Where to Next?

피드포워드(Feed-Forward)는 학습과정에서 제공되는 정보로, 학습자가 앞으로 나아가야 할 방향과 필요한 전략을 제시하는 데 중점을 둔다. 이는 피드백과는 다르게, 과거의 성과에 대한 평가가 아닌 미래의 학습과 성장에 초점을 맞추고 있으며 학습자의 발전을 도모하고, 더 깊은 이해와 자기 주도적 학습을 촉진하는 데 중요한 역할을 한다.

(1) 피드포워드의 주요 특징

첫째, 미래 지향적
피드포워드는 학습자가 앞으로 어떤 방향으로 나아가야 하는지를 제시한다. 이는 학습자가 이전의 경험에서 배운 점을 바탕으로 다음 단계를 계획하도록 돕는다.

둘째, 구체적이고 실행 가능함
피드포워드는 구체적이고 실질적인 조언을 포함해야 한다. 예를 들어, 특정 과제를 수행하기 위한 전략이나 학습 방법을 제안할 수 있다.

셋째, 자기 규제 촉진
학습자가 자신의 학습 과정을 주도적으로 관리할 수 있도록 돕는다. 이는 목표 설정, 진행 상황 모니터링, 필요 시 조정 등을 포함한다.

넷째, 도전적 과제 제시
학습자가 스스로 도전할 수 있는 과제를 제시함으로써, 더 높은 수준의 사고와 문제 해결 능력을 개발하도록 유도한다.

다섯째, 지속적인 개선 지원
피드포워드는 학습자가 지속적으로 개선할 수 있는 기회를 제공하며, 이는 장기적인 학습 효과를 높이는 데 기여한다.

(2) 피드포워드의 예시

- ▶ 질문 사용: "이번 과제를 통해 어떤 새로운 학습 전략을 적용할 수 있을까?"
- ▶ 전략 제안: "다음 발표를 준비할 때, 더 많은 시각 자료를 활용해 보세요."
- ▶ 목표 설정: "다음 시험에서는 특정 주제에 대해 깊이 있게 준비하는 것을 목표로 삼아보세요."

(3) 피드포워드의 중요성

피드포워드는 학습자가 자신의 학습 과정을 더욱 효과적으로 관리하고, 스스로의 성장을 도모할 수 있도록 하는 데 필수적이다. 이는 학습자의 독립성과 자기 주도성을 강화하며, 궁극적으로 더 깊은 이해와 지속적인 발전을 이끌어낸다.

다음 예시로 피드업-피드백-피드 포워드의 차이를 확실하게 이해하도록 하며 〈표3-13〉도 참고한다.
- ▶ **피드업(Feed-Up)**: "오늘 목표는 균형 잡힌 레이어드 커트를 완벽하게 하는 것입니다."
- ▶ **피드백(Feedback)**: "현재 좌우의 볼륨의 발란스가 안맞으니 각도를 조절하여 다시 커트하세요"
- ▶ **피드퍼워드(Feed-Forward)**: "다음 활동에서는 가위 방향을 일정하게 빗질에 더 신경을 쓰세요."

〈표3-13〉 피드업-피드백-피드포워드 비교

구분	항목	내용
피드업	개념	현재 학습 상태가 전체 목표와 어떻게 연결되는지 제공하는 과정
	목적	학습목표와 방향 설정
	주요기능	목표 설정, 기대 수준 제공
	주요특징	- 목표 타겟화 → 학습자의 수행목표를 명확하게 제시 - 기대 수준 제공 → 목표 달성을 위한 평가 기준 제시 - 할당된 목표 → 학습 방향 설정 후 합법적인 유도
	핵심 포인트	"어디로 가야 하는가?"에 대한 명확한 가이드 제공 학습 전 목표와 기준을 설정하여 학습 방향 제시
	예시	"이번 학습 목표는 '레이어드 커트'시 정확한 섹션을 나누는 것입니다." "이 기술은 고객이 원하는 헤어 스타일을 구현하기 위한 중요한 요소입니다."
피드백	개념	현재 진행 중인 학습 과정에서 성취 수준을 이해하고, 참여할 수 있도록 제공하는 정보
	목적	현재 진행중인 학업 상황 평가
	주요기능	전망과 개선점 제시, 평가
	주요특징	현재 학습 상태 → 학습 진행 상황과 오류 파악 현재 학습상태에 대한 개선점 제공 → 강화 요소를 활용한 부분 보완 학습 방향 → 비동기 학습 전략을 수정하고 방향으로 유도
	핵심 포인트	"나는 지금 어디쯤에 있나요?"**에 대한 평가 잘 한 점과 개선할 점을 동시에 제시하여 학습자의 성장을 유도
	예시	"지금 커트 라인이 괜찮을 것 같아요. 빗질을 다시 조정해 보세요." "가위 방향과 섹션이 평행을 이루도록 하면 어떨까요?." "전반적으로 복잡한 커트지만, 옆머리와 뒷머리 길이가 조화로운데요?."
피드포워드	개념	긍정적 가능성을 기반으로, 향후 더 나은 수행을 위한 제안과 방향 제공
	목적	미래 개선 방향 제시
	주요기능	미래성장전략 제시, 실행계획
	주요특징	미래 지향적 → 미래 개선할 방향에 초점 문제 해결 전략 제시 → 동일한 오류를 반복하지 않도록 지원 능동적 행동 유도 → 스스로 발전할 수 있도록 안내 제공
	핵심 포인트	"앞으로 어떻게 해야 하는가?"에 대한 학습 방향 제시 목표 달성을 위한 미래지향적 실행안을 제안하는 과정 피드백을 바탕으로 다음 단계에서 적용 가능한 개선 아이디어를 제시
	예시	"다음번에는 양발을 어깨 넓이로 벌리고 커트를 하면 어떨까요." "손목을 너무 많이 쓰면 가위가 흔들릴 수 있어요!" "지금부터 자연스런 커트를 위해 다음 단계에서는 '포인트 커트'를 연습하는 것이 중요해요."

3-3-4 세 종류의 학습지원 도구

피드업, 피드백, 피드포워드와 같은 학습지원 도구의 공통점은 학습자의 성장을 지원하고, 목표 달성을 돕는 역할을 한다는 것이며 이들은 각각 독립적으로 작동하는 것이 아니라 서로 연계되어 작동한다. 피드업(Feed-Up:Where Am I Going?)은 명확한 학습목표 인지, 과제 방향 등에 관련하여 지원하며, 피드백(Feed-Back:How Am I Going?)은 학습 과정에 학습을 이해하고 수행하는 것을 지원한다.

피드포워드(Feed-Forward: Where to Next?)는 피드업 시 설정한 학습목표의 성취를 성공하기 위해 지원하는 도구로 세 종류의 학습지원에 필요한 질문의 힘은 학습자로 하여금 자신들의 현재의 학습상태와 목표로 하는 학습 상태와의 차이를 좁히기 위한 도구이다.

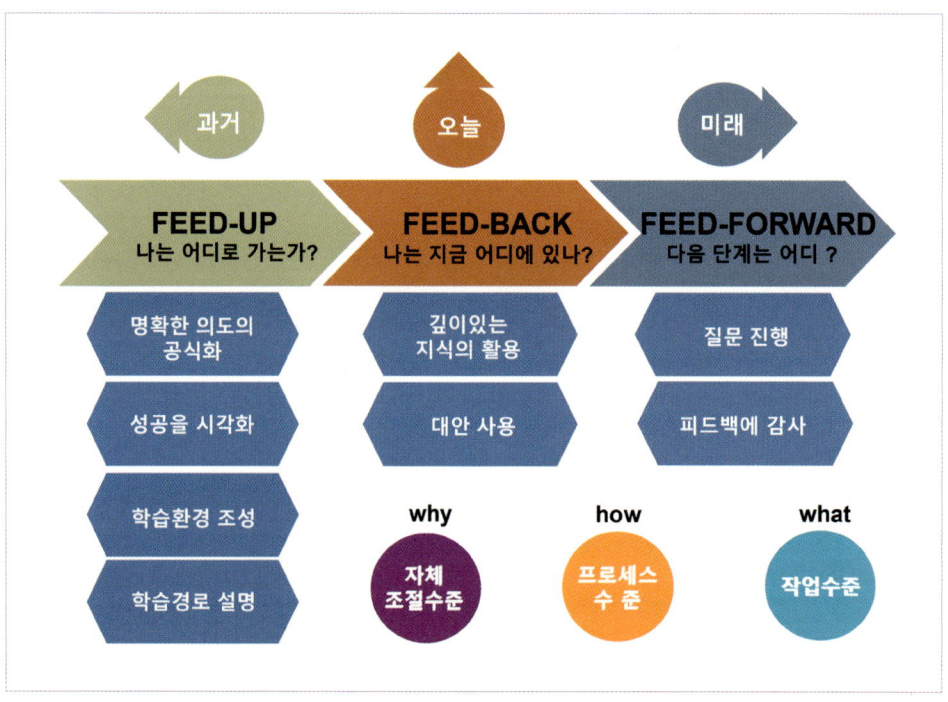

{사진3-8} 3종류의 학습지원 도구들의 연계관계

가. 피드백의 초점: 네 가지 수준(2007. John Hattie and Helen Timp)

피드백의 초점은 네 가지 수준으로 나눌 수 있으며 각각의 수준은 다음과 같은 원하는 효과에 영향을 미친다. 이는 어디에 초점을 두고 수준을 맞출 것인지 또는 어떤 점에 수준에 맞출 것인가에 대한 드백이 원하는 효과에 영향을 미친다. 이에 따라 피드백이 초점은 네 가지 수준으로 나뉜다.

피드백의 초점은 네 가지 수준으로 나눌 수 있으며, 각 수준은 원하는 효과에 영향을 미친다. 피드백이 어디에 초점을 두고, 어떤 점에 맞출 것인지에 따라 학습자에게 주는 효과가 달라지며, 이 네 가지 수준은 과제 자체, 과제 처리 과정, 자기 규제, 그리고 학습자로서의 자아에 관한 피드백으로 구분된다. 각 수준은 학습자의 수행과 성장에 중요한 역할을 하며, 효과적인 피드백 제공을 위해서는 적절한 초점을 설정하는 것이 필요하다.

첫째, 작업에 대한 피드백(FT:Feedback about the Task)
학습자가 수행하는 작업 자체에 대한 피드백으로, 작업이 올바른지 확인하는 데 초점을 맞춘다.
예: "모발의 좌우대칭이 안 맞는데 확인하시오."
　　"피부유형에 맞는 제품을 사용했는지 확인하시오."

둘째, 과제 처리 과정에 대한 피드백(FP:Feedback About the Processing of the Task)
학습 과제를 완료하는 데 사용되는 프로세스에 대한 피드백으로, 구체적인 방법이나 절차를 제시한다.
예: "윗 부분은 어떻게 커트해야 하는지를 생각하시오."
　　"목부분은 어떤 뱀부를 선택해야 하는지 확인하시오."

셋째, 자기 규제에 대한 피드백(FR:Feedback About Self-Regulation)
학습자의 자율 규제를 향상시키는 피드백으로, 자신감과 평가 능력 향상에 중점을 둔다.
예: "지금의 커트 결과를 더 세밀하게 표현해봐."
　　"목부분은 어떤 매뉴얼 테크닉으로 테라피를 진행하였는지 확인하시오."

넷째, 학습자로서의 피드백(FS:Feedback About the Self as a Person)
개인적이고 주관적인 피드백으로, 학습자의 자아에 관한 내용이다.
예: "정말 잘했어."
　　"목부분에 진행한 매뉴얼 테크닉은 정확했어요"
　　"디자인 시안보다 네일아트 컬러가 아름답게 완성했네요"

(1) 작업에 대한 피드백(FT:Feedback about the Task)
작업에 대한 피드백은 과제의 정답과 오답을 구별하고, 작업 수행의 질을 평가하는 중요한 정보다. 이는 교수자가 제공하는 피드백의 90% 이상을 차지하며, 일반적으로 교정 피드백 또는 성과에 대한 의견이다. 이 피드백은 정보 부족이 아닌 잘못된 해석에 더 효과적이며, 특정 작업에 국한되어 일반화하기 어렵다.

작업에 대한 피드백은 개인으로서의 자아에 대한 피드백과 혼합할 경우 효과가 감소할 수 있다. 예를 들어, 작업에 대한 긍정적 피드백과 개인적 칭찬을 함께 하면 두 피드백의 효과가 반감되며 과도한 피드백은 학습자가 즉각적인 목표에만 집중하도록 유도해 성과를 저하시킬 수 있다.

작업에 대한 피드백 사용 시 주의점

□ 상황: 미용분야 PBL 수업 중 헤어스타일링 시간

작업에 대한 피드백 사용 시 개인으로서의 학습자 자아 (feedback about the self as a person:FS)의 피드백과 같이 사용하면 피드백의 효과가 희석된다. (2021. 벅스교육협회)

"이번 원랭스 커트는 좌우발란스와 질감처리가 아주 잘되었어요"의 작업에 대한 피드백.
"당신은 훌륭한 학습자예요" 라는 개인으로서의 학습자 자아에 대한 피드백.

위의 두가지를 혼합하여
"이번 원랭스 커트는 좌우발란스와 질감처리가 아주 잘되었어요. 그래서 당신은 훌륭한 학습자예요".

라고 피드백 할 경우 작업에 대한 피드백도 개인으로서의 학습자 자아에 대한 피드백도 그 효과가 반감된다. 작업에 대한 피드백은 작업 자체에 대한 피드백에 충실할 필요가 있다.

또한 너무 많은 피드백은 심지어 성과를 저하시킬 수 있다. 왜냐하면 너무 많은 작업에 대한 피드백을 학습자들이 학습 목표를 달성하기 위한 전략이 아니라 즉각적인 목표에 집중하도록 학습자들을 부추길 수도 있고 때론 교수자의 지시로 받아들일 수도 있기 때문이다.

피드백은 개인 및 그룹 모두에게 제공될 수 있지만, 그룹 피드백은 학습자가 자신에게 해당하는지 혼동할 수 있어 효과가 감소할 수 있다. 연구에 따르면, 점수보다 서류 형태의 짧은 코멘트 피드백이 학습자 성적 향상에 더 효과적이라는 결과도 있다.

〈표3-14〉 작업에 대한 피드백

항목		내용
정의		– 작업의 정답과 오답을 구별하고, 수행의 질을 평가하는 피드백
비율		– 교수자가 제공하는 피드백의 90% 이상 차지
유형		– 교정 피드백, 성과에 대한 의견
효과		정보 부족이 아닌 잘못된 해석에 대한 피드백이 더 강한 효과가 있음
일반화		특정 작업에 국한되어 일반화하기 어려움
혼합 피드백	영향	개인 자아에 대한 피드백과 혼합 시 효과 감소. 예: "잘했어"와 함께 제공 시 효과 반감
	문제	너무 많은 피드백은 즉각적인 목표에 집중하게 하여 성과 저하 유발 가능
	혼란	그룹 피드백 시 학습자가 자신에게 해당하는지 혼동할 수 있음
효과		점수보다 서류 형태의 짧은 코멘트 피드백이 더 효과적이라는 연구 결과 있음

(2) 과제 처리 과정에 대한 피드백(FP:Feedback About the Processing of the Task)

일반적으로 학습이라 하면 지식을 획득하고 저장하고 사용하고 재생산하는 것으로 이해하는 경우가 대부분이다. 이 경우의 피드백은 대부분 작업에 대한 피드백 (feedback about the task :FT) 과 관련이 많다.

그러나 학습을 보다 깊이 이해하면 어떻게 의미를 구성하고, 어떠한 과정을 통해서 인지하며, 더 어렵거나 혹은 시도 되지 않은 다른 작업으로의 전환이 어떻게 이루어지는지에 더 관련이 있다.

그런 면에서 과제 수행과정에 관한 피드백 (feedback about the processing of the task: FP)이 의미가 있다. 과제 처리 수행과정에 관한 피드백은 직접적으로 작업과 관련해 혹은 더 확장된 의미의 작업과 관련해 수해과정에 대한 피드백이다. 이러한 피드백은 환경의 관계, 사람이 인식하는 관계, 환경과 사람의 인식 사이의 관계에 대한 정보에 관한 것이다.

과제 수행과정에 관한 피드백 주요 유형은 학습자들의 오류 감지를 위한 학습자들의 전략과 관련이 있다. 학습자들이 스스로 오류를 감지했을 때 오류를 수정하고 전략을 다시 세우는 지 여부 또는 그럼에도 불구하고 학습 목표를 계속 추구하면서 현재의 지식내용과 목표의 격차를 줄이려고 노력하는 지에 따른 피드백과 관련 있다.

일반적으로 학습자들은 목표를 추구하는 동안 장애를 만나면 전체 상황에 대한 재평가를 한다. 이와 관련된 피드백이 과제 수행과정에 관한 피드백 (feedback about the processing of the task: FP)이다.

〈표3-15〉 과제처리에 대한 피드백(FP)

항목	내용
학습의 일반적 이해	지식을 획득하고 저장하며 사용하는 과정으로 이해
심화된 이해	의미 구성, 인지 과정, 새로운 작업으로의 전환이 중요함
피드백 목적	특정 작업 수행 과정에서의 오류 감지 및 수정
피드백 초점	과제 수행 중 문제 해결 및 작업 처리 개선
피드백 내용	현재 지식과 목표 간의 격차를 줄이기 위한 정보 제공
FP의 주요 유형	과제 수행 중 오류 발견 및 수정 전략 제공
장애 발생 시 재평가	목표를 추구하는 과정에서 발생하는 장애를 인식하고 전체 상황을 재평가하는 과정
목표 간격 줄이기	현재 지식과 목표 간의 격차를 줄이기 위한 노력을 의미

(3) 자기 규제에 대한 피드백(FR:Feedback About Self-Regulation)

학습은 일반적으로 지식을 획득하고 저장하며 사용하는 과정으로 이해되지만, 이를 깊이 이해하면 의미 구성과 인지 과정, 그리고 새로운 작업으로의 전환이 중요하다는 것을 알 수 있다. 이러한 관점에서 과제 수행 과정에 대한 피드백(feedback about the processing of the task: FP)은 중요한 역할을 한다. FP는 작업과 관련된 직접적인 피드백뿐만 아니라, 환경과 사람 간의 인식 관계에 대한 정보도 포함된다.

FP의 주요 유형은 학습자가 오류를 감지하고 이를 수정하는 전략과 관련이 있다. 학습자가 목표를 추구하면서 장애를 만나면 전체 상황을 재평가하게 되며, 이러한 피드백은 학습자가 현재의 지식과 목표 간의 격차를 줄이기 위한 노력을 지원한다.

〈표3-16〉 자기 규제에 대한 피드백(FR)

항목	내용
학습의 일반적 이해	주로 정보의 수집과 활용에 초점
심화된 이해	학습자가 지식을 어떻게 적용하고 변형하는지를 이해하는 데 중점
피드백 목적	학습자가 자신의 학습 과정을 조절하고 관리하는 데 도움
피드백 초점	자기 목표 설정, 시간 관리, 자기 평가 등 자기 규제 전략
피드백 내용	학습자가 얼마나 효과적으로 자신의 학습을 조절하고 있는지 평가
FR의 주요 유형	목표 달성을 위한 필요한 조치 취하기에 대한 피드백
장애 발생 시 재평가	학습자가 장애를 통해 자신의 학습 전략을 수정하고 개선할 수 있는 기회를 제공
목표 간격 줄이기	학습자가 목표를 달성하기 위해 필요한 조치를 취하는 데 초점

(4) 학습자로서의 피드백 (FS:Feedback About the Self as a Person)

"좋았어", "잘했어", "훌륭해" 와 같은 학습자로서의 자신에 대한 피드백은 일반적으로 긍정적인 (때로는 부정적인) 평가를 표현하며 학습자에게 영향을 준다.

사람으로서의 자신에 대한 피드백(FS)은 일반적으로 긍정적이거나 부정적인 평가를 통해 학습자에게 영향을 미친다. 교수자들은 이 피드백이 효과적이기 때문에 사용하기보다는, 다른 세 가지 수준의 피드백 대신 최종적인 피드백으로 자주 사용하는 경향이 있다.

이 피드백은 작업과 관련된 정보는 거의 포함되지 않으며, 학습자의 참여나 작업 이해, 학습 목표에 대한 노력을 향상시키는 데 기여하지 않는다. 대표적인 긍정적 피드백은 칭찬으로, 이는 학습자가 문제를 해결하는 데 필요한 정보를 제공하지 않으며, 그 가치가 낮아 학습 효과를 기대하기 어렵다. 연구에 따르면 칭찬이 학습 성취도에 영향을 미치지 않는다는 결과도 있다.

그러나 학습자들은 칭찬받는 것을 좋아하는 경향이 있으며, 조사에 따르면 26%의 청소년 학습자가 공개적으로 칭찬받는 것을 선호하고, 64%는 개인적으로 칭찬받는 것을 선호하는 것으로 나타났다. 나머지 10%는 칭찬받지 않는 것을 선호하며 특히, 학습자가 이룬 성취에 대한 칭찬이나 열심히 노력한 것에 대한 칭찬을 더 선호하는 반면, 공개적인 칭찬이 동의하지 않은 또래 집단 앞에서 이루어질 경우 일부 학습자는 이를 처벌로 느낄 수 있는 부작용이 있다는 것을 벅스교육협회의 2021년 연구결과로 알 수 있다.

〈표3-17〉 학습자로서의 피드백(FP)

항목	내용
학습의 일반적 이해	긍정적 또는 부정적 평가가 학습자에게 영향을 미침
심화된 이해	개인의 능력에 대한 자아 인식을 형성함
피드백 목적	학습자에게 긍정적 또는 부정적 평가를 제공하기 위함
피드백 초점	학습자의 노력과 성취에 대한 평가
피드백 내용	작업 관련 정보는 거의 포함되지 않음
FP의 주요 유형	칭찬이나 긍정적 피드백으로 표현됨
장애 발생 시 재평가	칭찬이 역효과를 낳을 수 있음
목표 간격 줄이기	칭찬이 학습 목표 달성에 직접적인 기여를 하지 않음

3-3-5. 피드백 제공 시 문제점

피드백에 대해 일반적으로 제기되는 문제로는 피드백 타이밍, 피드백 효과 그리고 피드백 제공시 평가가 어떤 역할을 하는지에 대한 것이다.

가. 피드백 제공 타이밍

피드백을 언제 제공하느냐에 따라 학습자의 이해와 개선에 큰 영향을 미칠 수 있다.

〈표3-18〉은 즉각적인 피드백과 지연된 피드백이 학습에 어떤 영향을 미치는지 알 수 있도록 정리한 것이며 이를 통해 즉각적인 피드백은 오류를 신속하게 수정할 수 있도록 도와주며, 올바른 정보 획득의 속도를 높이는 데 기여하지만 자율성 및 자기 규제 관련 피드백(FR)에서는 즉각적인 피드백이 학습 전략을 저하할 수 있음을 알 수 있다.

〈표3-18〉 피드백 타이밍이 학습에 미치는 영향 비교

항목	즉각적 피드백	지연된 피드백
피드백의 효과	올바른 정보 획득 속도 증가 → 오류 수정에 효과적	문제를 깊이 고민할 기회 제공 → 고차원적 사고 촉진
작업에 대한 피드백(FT)	더 강력한 효과 가능성 → 작업 중 오류 수정에 도움	효과가 제한적일 수 있음 → 타이밍이 늦어 실시간 보완 어려움
과제 수행에 대한 피드백(FP)	효과는 있으나 지속적 반영 어려움	더 강력한 효과 가능성 → 자기평가·성찰에 기여
자율성 및 자기규제(FR)	자율성과 학습 전략 저하 가능성 → 외부 의존 심화	자율성과 자기조절 학습 촉진 → 학습자의 책임 강화
높은 난이도의 과제	학습 부담 증가, 오히려 혼란 야기 가능성	효과적 → 사고의 정교화 및 전략 형성에 기여
낮은 난이도의 과제	효과적 → 빠른 정답 확인 가능	불필요하고 비효율적일 수 있음 → 학습 동기 저하 가능성

나. 피드백 효과

피드백은 상황에 따라 긍정적인 내용 이나 부정적인 내용으로 제공하여 두 가지 모두 학습에 유익한 영향을 미칠 수 있다. 그러나 피드백의 내용이 긍정적인지 부정적인지에 대한 것보다 피드백을 목표로 처리하는 4가지 수준에 더 의존한다.

(1) 피드백의 유익한 영향
긍정적 피드백과 부정적 피드백 모두 학습에 긍정적인 영향을 미칠 수 있음.
피드백의 효과는 피드백의 긍정적 또는 부정적 성격보다 피드백의 처리 수준에 더 의존함.

(2) 부정적 피드백의 강력함
부정적 피드백은 사람으로서의 자신에 대한 피드백(FS) 수준에서 더 강력한 영향을 미침.
두 유형의 피드백 모두 작업에 대한 피드백(FT)에서도 효과적일 수 있음.

(3) 학습자의 반응
학습자는 자신의 관점에 적합한 피드백 정보에 적극 반응하고, 자신의 관점을 확인하기 위해 학습 환경을 조정하는 경향이 있음.
자신의 행동과 상반되는 부정적인 설명은 거부하거나 무시하려는 경향이 있음.

(4) 자존감과 피드백
자존감이 낮은 학습자는 초기 성공에 대한 긍정적 피드백이 학습 과정에서 결함을 개선하고 추가 작업으로 이어지도록 할 수 있음.
반대로, 부정적 피드백은 자존감이 낮은 학습자의 동기부여와 성과에 부정적인 영향을 미침.

〈표3-19〉 피드백의 효과

항목	내용
피드백의 유익한 영향	긍정적 및 부정적 피드백 모두 학습에 긍정적인 영향을 미칠 수 있음
중요한 요소	피드백의 긍정적/부정적 성격보다 처리 수준(FT, FP, FR, FS)이 더 중요함
부정적 피드백의 강력함	FS 수준에서 더 강력하게 작용하며, FT에서도 효과적일 수 있음.
학습자의 반응	자신의 관점에 적합한 피드백 정보에 적극 반응하고, 부정적인 설명은 거부하거나 무시하려 함.
자존감과 피드백	자존감이 낮은 학습자는 긍정적 피드백이 추가 작업으로 이어질 수 있으며, 부정적 피드백은 부정적 영향.

다. 피드백과 평가

(1) 평가의 역활
피드백을 제공 시 평가의 역할은 매우 중요하다. 평가 기준은 학습자가 무엇을 달성해야 하는지를 명확히 하여, 피드백이 구체적이고 목표 지향적으로 만든다. 이는 학습자가 자신의 성과를 측정하고, 현재 위치에서 목표까지 얼마나 가까운지를 파악하는 데 도움을 준다.

(2) 평가의 기준
명확한 평가 기준은 피드백의 질을 향상시킨다. 구체적인 기준을 통해 제공되는 피드백은 더 실질적이게 되며, 일관된 기준은 피드백의 신뢰성을 높여 학습자가 피드백을 받아들이기 쉽게 만든다.

(3) 피드백
평가 기준에 기반한 피드백은 학습자의 동기를 강화하며 긍정적인 평가 결과는 자기 효능감을 높이고, 지속적인 노력을 유도하여 목표 달성에 기여하게 된다.

평가 기준을 바탕으로 한 피드백은 학습자가 어떤 부분을 어떻게 개선해야 하는지를 명확히 알려주며 이를 통해 학습자는 자신의 학습 전략을 조정하고, 필요한 경우 새로운 접근 방식을 시도할 수 있다.

또한 평가 기준에 따른 피드백은 학습자가 자신의 학습 과정을 반성하고, 자기 평가 능력을 기르는 데 도움을 준다. 이는 지속적인 성장을 위한 기회를 제공하고 이러한 이유로 피드백 제공 시 평가의 역할은 학습 효과를 극대화하는 데 필수적인 요소이다.

〈표3-20〉 피드백이 평가에 미치는 영향

항목	내용
명확한 기준 제시	목표 설정 및 성과 측정을 통해 학습자가 달성해야 할 내용을 명확히 함
피드백의 질 향상	구체적이고 일관된 평가 기준으로 피드백의 신뢰성과 실질성을 높임
동기 부여	긍정적인 평가 결과가 자기 효능감을 강화하고 지속적인 노력을 유도함
개선 방향 제시	구체적인 개선 사항을 제시하여 학습자가 어떤 부분을 어떻게 개선해야 하는지를 명확히 알려줌
자기 평가 및 반성 촉진	학습자가 자신의 학습 과정을 반성하고, 자기 평가 능력을 기를 수 있도록 도움을 줌.

미용분야 PBL로 여는
숙련에서
비판적
사고의 길

미용분야 PBL교수학습설계 지침서

PART 04

PBL PROCESS!

파트4에서는 문제 기반 학습(PBL) 교수학습법의 운영 프로세스를 체계적으로 설명합니다.
PBL의 성공적인 실행을 위해 필요한 단계별 절차를 명확히 하여, 교육자와 학습자 모두가 효과적으로 참여할 수 있도록 돕습니다.

첫 번째 장에서는 PBL 교수학습법의 준비 단계에 대해 다룹니다. 이 단계에서는 PBL에 참여하는 구성원 간의 상호 소개, 학습 환경 구축, 학습 규칙 설정, 그리고 학습 목표 확인이 포함됩니다. 이러한 준비 과정은 학습의 기초를 다지고, 참여자들이 공동의 목표를 이해하는 데 중요한 역할을 합니다.

두 번째 장에서는 PBL 교수학습법의 운영 단계에 대해 상세히 설명합니다.
이 단계는 과제 설정 및 인식, 정보 수집과 자기 주도 학습, 문제 해결 계획 수립 및 확정, 과제 해결 실행, 그리고 평가와 성찰, 피드백으로 구성됩니다.

각 단계는 학습자들이 문제를 해결하기 위한 체계적인 접근 방식을 제공하며, 자기 주도적 학습을 촉진합니다. 4부는 PBL 교수학습법의 실행 과정을 명확하게 정리하여, 교육자들이 실제 수업에서 PBL을 효과적으로 적용할 수 있는 실질적인 지침을 제공합니다. PBL의 단계별 프로세스를 이해함으로써, 학습자들은 더욱 깊이 있는 학습 경험을 쌓을 수 있습니다.

Chapt 4. PBL 교수학습법 운영프로세스

4-1. PBL 교수학습법 준비단계
- 4-1-1. PBL 참여 구성원 상호소개
- 4-1-2. PBL 학습환경구축
- 4-1-3. PBL 학습규칙 설정
- 4-1-4. PBL 학습 목표 확인

4-2. PBL 교수학습법 운영단계
- 4-2-1. 과제 설정·인식/과제분류
- 4-2-2. 정보 수집/자기주도학습
- 4-2-3. 문제 해결 계획 수립
- 4-2-4. 문제 해결 계획 확정
- 4-2-5. 과제 해결 실행(확정된 계획 실행)
- 4-2-6. 평가/성찰/피드백

CHAPT 4

PBL 교수학습법 운영프로세스

문제 중심 학습 프로세스를 특정 산업, 특히 미용 분야에 적용하는 것은 매우 중요하다. 이를 위해 미용 교육의 특징과 국가 직무능력 표준(NCS)의 역할을 이해하는 것이 필수적이다. NCS는 산업현장에서 직무를 수행하기 위해 필요한 지식·기술·태도를 국가 차원에서 표준화한 것이다.

지금까지 미용 교육은 일반적으로 교수자의 설명-시연-실습-피드백-평가 등 5단계로 구성되어 있다. 형식적으로는 PBL의 문제중심학습의 절차와 유사하지만 두 강의 법의 본질적인 차이는 학습 결과물의 평가기준에 있다.

전통적인 교수법에서는 교수자가 완성해가는 결과물을 관찰하고 결과물을 모방(1977. Albert Bandura)한 수준에 대해 평가를 하지만, 문제중심 학습에서는 학습자의 내면에서 이루어진 학습에대해 평가를 한다고 할 수 있다.
또한, 미용 분야의 문제 중심 학습에서는 고객의 미적 요구를 해결하기 위한 시술 과정과 관련된 문제를 다루는 경우가 대부분으로 이러한 문제 해결 과정은 실제 고객이나 가상의 고객을 대상으로 진행된다.

이러한 교육과정은 짧게는 6시간 길게는 6개월 과정으로 구성되어 있으며 어떤 과정도 미용 산업의 특성을 반영하여 진행하게 된다. 미용분야 문제중심 학습으로으로 훈련 프로그램을 개발할 경우 NCS가 제안한 능력단위, 능력단위요소, 수행준거 그리고 각각의 능력단위에서 제시한 지식·기술·태도를 면밀히 고려해야 한다.
[그림4-1]을 참고하여 미용분야 PBL과정의 흐름 및 PBL 과정을 통해 강화되는 역량에 대해서 이해하도록 한다.

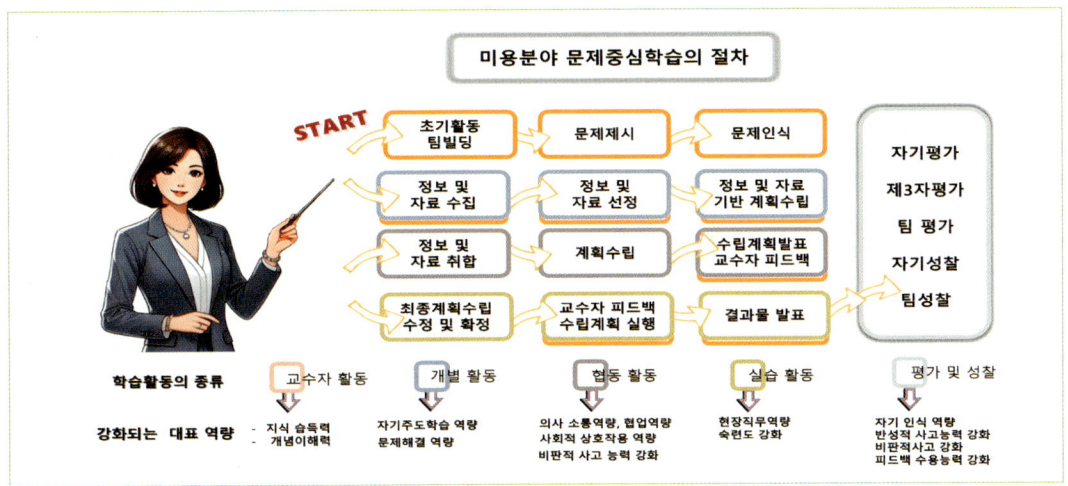

[그림4-1] 미용분야PBL

4-1. PBL 교수학습법 준비단계(1997. Robert Delisle)

PBL(문제 중심 학습) 교수학습법의 준비 단계에서는 학습자들이 서로를 알고 협력할 수 있는 환경을 조성하는 것이 중요하다. 이때 그룹활동을 위한 팀빌딩이 필요한 경우가 있지만 과정에 따라 개별 활동 후 팀빌딩을 하기도 한다. 가장 중요한 것은 PBL 준비단계에서 중요한 것은 다음의 다 가지이며 이러한 준비단계는 PBL의 성공적인 진행을 위해 매우 중요한 과정이다.

가. 그룹 구성원 상호 이해

활동: 아이스브레이킹 활동을 통해 학습자들이 서로를 알아가는 시간으로 서로간에 신뢰를 구축하고, 각자의 배경과 경험을 공유하도록 유도한다.

나. 학습 목표 및 규칙 합의

활동: 그룹 내에서 학습 목표를 설정하고, 학습 진행 방식 및 규칙에 대해 합의안을 마련하고 이러한 합의는 팀의 모든 구성원들이 학습에 적극적으로 참여할 수 있는 기반을 마련한다.

다. 학습 분위기 조성

활동: 긍정적이고 지원적인 학습 분위기 조성하기 위해 서로의 의견을 존중하고 피드백을 받으며 의견을 취합하는 과정을 진행하기 위해 팀별로 앉는 것이 중요하다.
이때 교수자는 1개 그룹이 2명이상 5명 이하가 되도록 구성원 수를 조절한다.
[사진4-1]의 우측과 같이 교수자를 바라보며 앉을 경우 협동학습이 어려워진다.

[사진4-1] PBL 과정에 필요한 학습자 배치

라. 교수자 역할 명확화

원칙: 교수자는 학습자들이 주도적으로 문제를 해결하도록 유도하며, 자신의 생각을 명확히 할 수 있도록 지원한다. 교수자는 퍼실리테이터나 자료 및 정보 제공자로서의 역할을 강조하며, 학습자들이 스스로 답을 찾아가는 과정의 중요성을 설명한다.

마. 참여 강조

원칙: 모든 학습자가 전 과정에 적극적으로 참여해야 한다는 점을 강조한다. 교수자는 각자의 기여가 존중받는 환경을 조성하고, 이를 통해 학습자가 자신의 역할을 인식하도록 한다.

4-1-1. PBL 참여 구성원 상호소개

학습자들이 학습 그룹으로 처음 만났을 때 각 학습자와 교수자는 자신에 대해 소개하는 시간을 갖는 것이 좋다. 이때 중요한 것은 즐겁고 유쾌한 기억으로 남는 시간을 만드는 것이다. 위트있고 개성있게 자기 소개를 한 학습자에게 모두 함께 즐거워 할 수 있는 상을 준비한다는 등의 시간을 갖는 것이 중요하다.

이를 위해서 소개시간, 및 소개하는 내용을 정하는 것이 좋다. 교수자는 [그림 4-2]과 같이 사전에 자신을 소개하는 양식을 준비할 경우 학습자가 무엇을 말할지 고민하는 시간을 절약할 수 있다.

[그림4-2] 자기소개 양식 예시_부록2

이 소개 과정은 두 가지 중요한 목표를 달성한다. 첫째, 학습자는 자신의 정체성을 인정받아 학습 그룹에서의 중요성을 느끼게 하고, 둘째, 교수자와 학습자들은 그룹 내 다양한 전문 지식과 경험을 인식하게 되어, 특정 문제 해결에 필요한 광범위한 지식을 발견할 수 있다.

4-1-2. PBL 학습환경구축

PBL에서 그룹 학습이 효과적으로 이루어지기 위해서는 개방적이고 건설적인 학습 환경이 필수적이다. 교수자는 과정에 참여하는 모든 학습자가 발표하는 아이디어나 의견이 미흡하더라도 비난받지 않고 하나의 의견으로 받아들여 질 것이라는 학습분위기를 사전에 조성할 필요가 있다.
지금까지의 교육경험으로 대부분의 학습자들은 정확한 답이 아닐 경우 누군가에게 제안하거나 발표하지 않는 것이 좋다는 생각을 가지고 있다. 그러나 PBL 과정에 참여하는 경우 학습자들이 가지고 있는 혼란스러운 생각이나 고민거리가 새로운 학습으로 이어지므로 어떤 내용이든 함께 공유하는 것이 중요하다.

이러한 개방적인 학습 환경은 그룹 토론과 문제 해결을 쉽게 만들 뿐만 아니라 학습자들이 어떠한 부분의 정보가 부족하고 어떠한 부분의 이해가 약하고를 알게 되어 추가적인 공부가 필요한 부분을 학습자 스스로가 확인할 수 있도록 한다. 이러한 개방적인 학습 환경을 만들려고 하면 교수자는 학습자가 발표하는 어떠한 아이디어나 의견이 정보가 부족하거나 문제 해결에 부적절할시 다른 학습자들로부터 받게 되는 비판이나 비난을 차단하는 것이 중요하다.

이러한 개방적인 환경은 그룹 토론과 문제 해결을 용이하게 하며, 학습자들이 자신의 이해 부족을 인식하고 추가 학습이 필요한 부분을 스스로 확인할 수 있게 한다. 교수자는 학습자가 미흡한 내용을 발표하는 경우 다른 학습자들로 하여금 비판적 사고를 기반으로 또 다른 의견을 제시하도록 하여 건설적인 토론을 유도해야 한다. 따라서 학습자들의 어떤 의견도 수용하고 그로부터 학습목표에 도달할 수 있도록 피드백을 통해 제시한다.

이 과정은 시간이 걸리지만, 초기에는 교수자가 책임을 지고, 나중에는 학습자들 간에 이러한 학습 문화가 이루어 지도록 교수자는 노력해야한다. 학습자 상호 간의 건전한 토론이 없다면 문제 중심 학습은 이루어질 수 없기 때문이다.

4-1-3. PBL 학습규칙 설정

교수자와 학습자 간의 학습 과정에서 주어지는 책임은 학습 초기 단계에서 명확한 규칙으로 확립한다. 각 학습자는 다른 학습자가 문제 해결을 위해 발표하거나 행동할 때, 그 내용이 의심스럽거나 확실하지 않을 경우 본인의 논리를 가지고 비판적 의견을 발언해야 할 책임이 있다.
또한, 다른 학습자의 아이디어나 의견이 자신의 것과 다르다고 생각될 때, 기꺼이 자신의 의견을 표현해야 할 책임이 있다. 다른 학습자가 발표하는 내용 중 이해하지 못하는 부분이 있을 경우, 질문을 통해 명확히 이해하는 것은 물로 발표 내용 중 오류가 있을 것을 그것에 대해서도 질문을 통해 발표하는 학습자 스스로가 오류를 인식하도록 할 책임있다.

학습자에게 주어지는 또 다른 중요한 책임은 개개인이 문제 중심 학습 프로세스를 스스로 유지하겠다는 의지를 갖는 것이다. 문제 중심 학습 그룹에서 비생산적인 상황이나 대인관계 갈등이 발생할 수 있지만, 이때 학습자들은 서로의 문제를 확인하고 그룹 토론을 촉진하며 문제 해결을 위해 노력하는 것이 모든 구성원의 책임임을 인식해야 한다. 그룹 내에서는 어느 누구도 지배적이어서는 안 되며, 또한 어느 누구도 배제되어서는 안 된다.

각 그룹 구성원은 진행 중인 업무에 대해 적절한 시기에 자신을 공개적이고 정직하게 평가하고, 그룹 내 다른 사람들의 성과에 대해서도 같은 방식으로 평가해야 할 책임이 있다. 이러한 학습 경험과 분위기 조성, 그리고 학습 과정에 대한 책임을 다하는 기술은 학습자들이 미래 직업 경력에서 큰 가치를 지닐 것이다. 이를 위해서 학습활동 초기 단계에 [그림 4-3]과 같이 학습규칙을 만들어 팀원 모두가 PBL과정에 참여하는 동안 지키도록 한다.

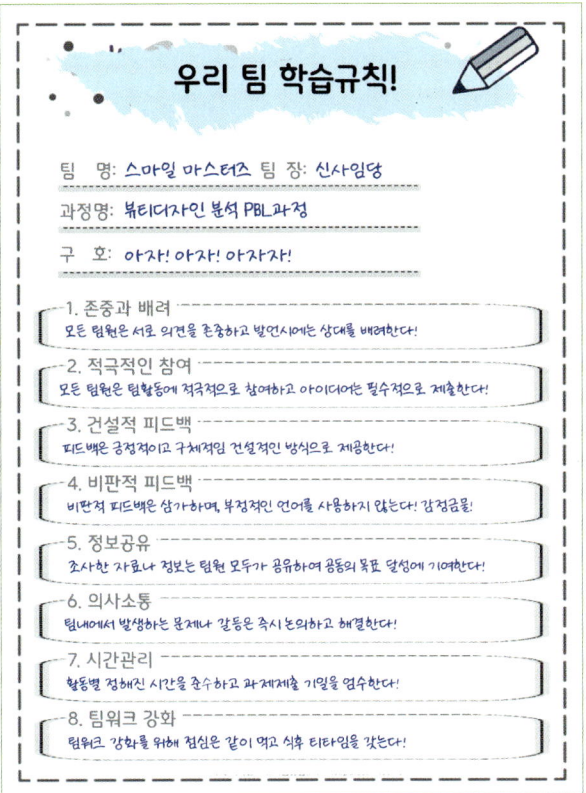

[그림4-3] PBL 팀별 학습규칙 예시

4-1-4. PBL 학습 목표 확인

모든 그룹은 자신들의 과제를 결정해야 하며, 이를 위해 다음과 같은 질문들이 필요하다:

- 왜 이 문제를 해결해야 하는가?
- 이 문제 해결을 위해 어떤 것들이 필요한가?

이러한 질문들은 문제 해결 과정을 시작할 때 학습자들이 학습 목표를 다시 상기하는 데 도움이 된다. 경우에 따라 학습 오리엔테이션에서 학습 목표의 사본을 학습 자료에 첨부하기도 한다.
PBL 과정을 시작하기 전 학습자들은 예상되는 학습 내용을 명확하게 이해해야 한다. 이는 반드시 필요한 과정으로 명확하고 신중한 목표 검토와 확인이 성공적인 학습목표에 결실을 가져올 것이다.

헤어미용 학습자의 초기 학습 과정은 빈도수는 높으나 중요도와 난이도가 낮은 '위생관리', '고객응대', '헤어샴푸' 등과 같은 NCS 2레벨의 능력단위부터 진행한다. 그러나 일부의 초기 학습자들은 이러한 기초적인 내용의 학습목표 보다 '헤어커트', '헤어컬러' 등과 같은 중요도 및 난이도 높은 능력단위를 희망하기도 한다.

이러한 학습자들과 학습목표의 미스매치를 피하기 위해 학습 초기단계에서 학습 목표에 대한 학인과 동시에 합의된 학습 목표는 학습 계약의 역할을 하며, 문제 중심 학습 프로세스의 방향을 결정짓는다. 이러한 합의된 목표는 학습자들이 학습에 집중하도록 도와준다.

따라서 학습에 집중하기 위해 다음과 같이 PBL 초기 단계에 학습 목표를 상기하고 학습내용에 대한 이해를 할 필요가 있다.

가. 학습 목표 상기

왜 학습목표를 이것으로 정했는지에 대해 학습 오리엔테이션을 통해 확인.

나. 예상 학습 내용 이해

PBL 시작 전 학습자들은 예상되는 학습 내용을 명확히 이해해야 함.
목표에 대한 신중한 검토는 효율적인 그룹 프로세스를 위한 장기적인 결실을 맺음.

다. 초기 학습자의 관심

초기 학습자는 빈도수는 높지만 중요도와 난이도가 낮은 능력단위로 시작하나 관심은 중요도와 난이도가 높은 능력단위에 관심을 가질 수 있음.

라. 학습 목표에 대한 합의

합의된 목표는 학습 계약의 역할을 하며, 문제 중심 학습의 방향을 결정.

마. 학습 집중

합의된 학습 목표는 학습자들이 학습에 집중하는데 도움이 됨.
문제 해결 과정에 목표 수정은 가능하지만, 초기 목표 설정은 학습의 관심과 열정이 다른 방향으로 분산되는 것을 예방함.

4-2. PBL교수학습법 운영단계(1985. Howard S. Barrows)

문제 중심 학습(PBL)은 학습자들이 직업 현실에서 발생할 수 있는 모의 문제를 통해 그룹으로 학습하는 교수-학습 프로세스다. 이 과정은 여러 구성 요소를 포함하고 있으며, 이러한 요소들은 문제 중심 학습의 성공적인 진행을 위해 필수적이다.

PBL의 경우 학습초기에 전반적인 학습 목표를 명확히 설정하는 것이 중요하다. 이를 통해 각 프로세스의 적절성과 역할을 판단할 수 있으며, 전체 프로세스에서의 위치를 이해하여 학습 목표를 보다 쉽게 달성할 수 있게 된다. 결국, PBL은 실질적인 문제 해결 능력을 개발하고, 학습자들이 직업 환경에 효과적으로 대비할 수 있도록 돕는 중요한 접근 방식으로 다음은 PBL의 교육목표 예시이다.

가. 전문분야의 지식확보

- 현장에 적용 가능한 지식확보
- 현장에 필요한 지식확보
- 자기 주도 학습으로 지식 확장

나. 지식기반의 추론력 강화

- 확보된 지식을 사용하여 문제 해결을 위한 과학적, 분석적 추론 기술 개발.
- 개발된 기술은 현장에서 활용할 수 있는 전문적 기술 지식을 이끌어냄.

다. 자기 주도 학습 기술 개발

- 다양한 학습 정보 소스를 사용, 자신의 학습 과정 모니터링.
- 학습 결과에 대한 자기 평가 기술 포함.

라. 독립적이고 비판적인 사고 촉진

- 학습자들이 독립적으로 사고하고 비판적으로 접근할 수 있도록 독려.

마. 고객 요구에 대한 민감성 강화

- 현장 고객의 기술적 및 심리적 요구에 민감성 강화.

바. 정보 통합 및 문제 이해

- 현장에서 필요한 정보를 통합하고, 활용 시 문제 기본 메커니즘 이해 촉진.

사. 문제 중심 학습의 동기 부여

- PBL은 학습 동기와 흥미를 제공하며, 전문 분야와의 관련성 인식.
- 개별적인 학습 기회를 제공.

문제 중심 학습(PBL)은 학습자의 자유로운 사고를 촉진하고 다양한 학습 경험을 제공하는 것을 목표로 하지만, 그 성공을 위해서는 신중하고 세심하게 계획된 프로세스를 따라야 한다. 이러한 과정이 없다면 학습자는 자신이 학습의 어느 단계에 있는지 혼란스러워하고, 각 단계에서 충분한 진행 없이 다음 단계로 넘어가거나 아예 단계를 생략할 위험이 있다.

미용 분야의 문제 중심 학습 프로세스는 다음과 같다:

(1) 문제 인식 및 학습 과제 설정: 학습자는 문제를 발견하고 이를 인식하는 단계.
(2) 정보 수집: 학습자가 문제 해결을 위해 필요한 정보를 스스로 수집하는 단계.
(3) 계획 수립: 수집한 정보를 바탕으로 문제 해결을 위한 계획을 세우는 단계.
　　　　　　　미용분야 중 현장 직무 관련 문제는 시계열적으로 계획.
(4) 아이디어 공유 및 토론: 학습 그룹을 형성하고, 개별 활동을 통해 수집한 자료 및 정보를 팀원들과 아이디어와 함께 공유하며 논의하는 단계.
(5) 실행 단계: 확정된 해결 방안을 계획에 따라 실행하는 단계.
　　　　　　실행은 개별 또는 그룹 차원에서 이루어질 수 있음
(6) 평가 및 성찰: 수행된 과제에 대한 평가와 학습 과정에 대한 성찰

이렇게 계획된 프로세스를 거친 학습자들은 교수자의 강의에 수동적으로 반응하는 것에서 벗어나, 다른 학습자에게 질문하고 답하는 능동적인 모습으로 변화한다. 이는 학습자와 교수자, 학습자 간의 관계에 큰 변화를 가져오며, 교수자는 학습자가 자신의 생각이나 아이디어를 편안하게 표현할 수 있는 학습 분위기를 조성해야 한다.

따라서 이러한 학습분위기를 초기부터 조성하기 위해서 문제에 대한 학습자의 반응이 매우 중요하다. [그림4-4]와 같은 질문지를 사전에 준비하여 문제에 대한 학습자의 의견을 수렴하고 과정을 시작하여야 한다.

■ PBL 문제를 확인 후 의견을 부탁합니다.

No.	기준항목	매우 그렇다	그렇다	보통이다	그렇지않다	전혀그렇지않다
1	문제를 통해 학습을 시작할 수 있다.					
2	문제에는 학습자의 역할이 명확하게 제시되어 있다.					
3	문제에 지식이 사용되는 맥락이나 상황이 제시되어 있다.					
4	문제에는 다양한 솔루션이 존재한다.					
5	문제해결을 위한 접근방법이 다양하게 있다.					
6	실제 미용 현장에서 동일한 상황이 발생할 수도 있는 사례이다.					
7	문제 해결에 활용되는 정보나 자료가 다양하다.					
8	학습자가 노력하면 해결할 수 있는 적절한 수준의 문제이다.					
9	학습자가 경험할 수 있고 경험했던 문제이다.					
10	문제해결을 위해 두 단계 이상의 접근방법이 필요하다.					
	합계	/	/	/	/	/

['그렇지 않다' 혹은 '매우 그렇지 않다'에 표기하신 경우 이유를 작성해주세요]

[그림4-4] PBL문제에 대한 학습자 의견

만약 학습자가 문제에 대해 부정적인 반응을 보일 경우 그들은 문제 중심 학습 과정에 참여하는 것을 거부할 것이며 교수자가 예상한 학습 목표의 달성도 이루어지지 않을 것이다.

4-2-1. 과제 설정·인식/과제분류(1995.Gallagher,S.A.)

과제를 설정하고 인식하는 단계에서 교수자는 학습자가 수행해야 할 문제를 제시한다. 이어 학습자는 스스로 수행해야할 문제에 대한 정확한 인식을 위해 문제해결에 필요한 정보나 자료를 수집하기 위한 방법을 모색한다. 이 과정에서 학습자는 다음과 같은 사항을 파악하게 된다:

- **적절한 자원 식별:** 어떤 자원이 문제 해결에 적합하고 접근 가능한지 탐색
- **전문가 찾기:** 문제 해결에 도움을 줄 수 있는 전문가 확인 및 인터뷰 가능 여부 확인
- **질문 개발:** 문제 해결에 필요한 정보 및 자료를 수집을 위한 검색어 및 질문 개발

이러한 과정을 통해 학습자는 문제 중심 학습의 과제를 명확히 인식하고, 효과적으로 문제 해결을 위한 준비를 할 수 있다.

〈표4-1〉 PBL 과제인식을 위한 정보 수집방식

단계	절차	내용	구체적인 내용	주요활동	활동의 주체
1	과제설정 및 인식 (과제분류)	문제제시	수행할 문제제시	설명	교수자
		문제만남	수행해야알 문제와의 만남	듣기, 읽기	개별학습자
		문제파악	수행해야할 문제에 대한 인식	듣기, 읽기, 질문하기	개별학습자

이렇듯 대부분의 PBL 프로세스는 학습자가 관련된 정보가 포함된 문제에 직면하는 것으로 시작된다. 그러나 이시기의 학습자들은 왜 학습목표에 대해 명확하게 알지 못하는 경우가 대부분이다. 제시된 문제들의 맥락이 추상적이거나 초점이 지나치게 넓거나 좁을 경우 학습자들은 당황하게 된다.

기존의 수업방식에 익숙한 학습자는 교수자로부터 문제 해결에 필요한 정보 및 자료를 제공을 제공받아 사전 학습 후 문제를 해결해야 한다는 착각을 초래한다. 이러한 착각은 전문적인 분야일수록 더 심각해 학습자는 문제 해결을 위해 정보를 수집하는 이유를 이해하지 못할 수 있다.

PBL에서 학습자는 문제 해결을 위해 필요한 자료를 파악 것이 중요하다. 이는 기존의 방식과 같이 학습 목표에 관련된 정보나 자료에 대한 학습이 중요한 것이 아니라 학습자가 문제 해결을 위해 자신이 보유하고 있는 자료 및 지식을 적용하는 데 중점을 두기 때문이다. 따라서 PBL의 문제는 학습자의 유연한 사고를 촉진하고 확장하기 위해 복잡하고 구조화되지 않은 문제가 적합하다.

PBL의 문제는 학습자의 경험과 연결되어, 학습자의 지식, 추론, 학습 전략의 유효성을 평가할 수 있는 피드백 역할을 한다. 또한, 학습자는 문제와 만나면서 이해하지 못했던 개념에 대한 인

식과 더 많은 학습이 필요하다는 것을 깨닫게 된다. 이와 같은 것을 "학습 이슈" (2004 .Hmelo-Silver)라 하며, 교수자는 다양한 관점에서의 질문을 통해 학습자가 어떤 부분에 대한 정보나 자료가 필요한지 인식하도록 도와야 한다.

학습 경험이 많은 학습자일수록 "학습 이슈"를 식별할 수 있으며 이러한 "학습 이슈"는 학습 목표를 정의하고, 그룹 구성원들이 목표 달성에 도움을 주는 중요한 요소로 작용하게 된다(2000. Hmelo,C.E.,& Evensen,D.H.)

이 단계에서 주요하게 다루어지는 개념과 행동은 다음과 같다.

가. 메타인지 기술(Metacognitive Skills)(2017. Knud Illeris.)

- **정의:** 학습자가 자신의 학습 과정을 모니터링하고 조절하는 능력
- **과정:** • 학습자는 문제를 대면하고 인식하는 과정에 필요한 능력을 스스로 평가함.
  - 자신의 현재 능력과 문제 해결을 위해 획득해야 하는 능력을 객관적 분석함.
  - 학습 요구를 분석하고, 학습 내용을 기존 지식에 적용하며, 과거 수행을 비판적으로 검토함.
- **중요성:** 메타인지 기술은 문제 중심 학습의 시작점이며, 문제 분석, 추론 기술, 자기주도 학습의 적절성을 지속적으로 모니터링하는 데 도움을 줌.
- **교수자의 역할:** 학습 초기에는 자기 모니터링이 어렵기 때문에 교수자는 학습자의 메타인지 메타인지 기술 향상을 자극해야 함. 시간이 지나면 학습자는 스스로 메타인지 기술을 자연스럽게 사용할 수 있게 됨.

나. 즉시 사용 가능한 학습 자료 확보

- **중요성:** PBL이 원활하게 진행되기 위해서 학습자가 즉시 사용가능한 학습자료 확보가 필수
- **예시:** • 국가 직무 표준(NCS)의 미용 관련 자료.
  - 인터넷 검색으로 수집한 학습에 필요한 정보 및 자료
- **효과:** 즉시 사용 가능한 자료를 통해 학습자들은 학습 과정을 쉽게 진행할 수 있는 실마리에 접근할 수 있음

다. 학습 자원 구별하기(Resource Identification)

학습 그룹의 학습자들은 문제 해결에 필요한 정보나 자료를 수집하고 수집된 정보나 자료를 분석하여 최종 선택을 한다. 선택된 자료는 다음과 같이 다양한 형태로 이루어질 수 있다:

- **서적:** 관련 지식 및 이론, 개념에 대한 이해를 돕는데 필요
- **논문:** 최신 연구 결과와 자료를 심층 분석하기 위함
- **인터넷 정보:** 최신 트렌드와 실시간 데이터를 수집할 수 있는 중요한 도구
- **전문가 인터뷰:** 현장의 경험과 통찰을 공유받을 수 있는 기회(현장의 고숙련자 등)

특히, 인터넷의 정보검색 능력은 자기주도학습력 향상에 매우 중요한 요소로 교수자는 관련 인터넷 주소의 리스트를 제공하여 학습자가 보다 빠르게 문제 해결에 필요한 정보에 접근할 수 있도록 도와야 한다. 이러한 과정은 학습자가 정보 검색 기술을 습득하고, 향후 스스로 학습할 수 있는 동기를 부여하는 데 기여한다.

또한 학습자들은 정보 및 자료를 검색하거나 수집할 때 최신의 내용, 공공성이나 객관성을 가지고 있는 것인지를 확인하고 검토할 필요가 있다. 따라서 정보의 발생연도, 출처 등을 확인하여 변화하는 시대에 효과적으로 대응해야 한다.

특히 미용분야의 최신 정보는 빠르게 변화하는 고객의 취향과 유행을 선도하는 고객층의 민감한 변화로 인해 최신 인터넷 자료가 매우 유용하게 사용되며, 이러한 검색 능력이나 적용 능력을 습득하여 학습자가 변화하는 환경에 효과적으로 대응할 수 있도록 한다. .

4-2-2. 정보수집/자기주도학습

정보 수집단계는 학습자들이 주어진 문제를 이해하고 문제해결에 필요한 정보, 사실, 아이디어에 관한 자료를 수집하고 정리하는 단계이며 미용분야 문제 중심 학습 프로세스 특징에 따라 활동의 주체는 개별학습자이다.(1985. Howard S. Barrows)

〈표4-2〉 PBL 과제해결에 필요한 정보수집

단계	절차	내용	구체적인 내용	주요활동	활동의 주체
2	정보수집	문제해결의 첫단계	주어진 문제 이해, 문제해결을 위한 필요한 정보, 팩트, 이슈탐색, 아이디어 등 자료 수집 및 정리	정보수집 정보정리 작성, 기록	개별학습자

이 단계에서 주요하게 취급되는 주요 개념과 행동들은 아래와 같다.

가. 자기 학습(Self-Study)

셀프 스터디(Self-Study)는 학습자가 스스로 결정한 학습 자원에 대해 독립적으로 연구하는 과정으로, 이 과정에서 교수자는 몇 가지 중요한 사항을 강조해야 한다. 우선, 학습자는 자신이 이용한 학습 자료에 대한 참고 자료 리스트를 작성하고, 각 자료에 대한 의견을 기록하도록 해야 하며 이러한 기록은 학습자가 자료를 평가하고, 나중에 참고할 수 있는 중요한 기반이 된다.
또한, 학습자가 수집한 개요, 차트, 모델, 표본 등과 같은 자료는 다른 학습자와 공유할 수 있도록 사본화 한다. 이를 통해 학습 공동체 내에서 지식을 공유하고 상호간 학습을 지원하는 팀분위기를 조성할 수 있다.

[그림4-5]과 같이 학습자는 먼저 문제해결을 위해 필요한 정보 및 자료, 필요기술 등에 관련된 리스트를 작성한다. 이를 기반으로 타 학습자와 공유할 경우를 위해 학습 자료화 하여 준비해 놓는 것이 중요하며 학습자는 자신만의 학습 자료 파일을 만드는 것이 필수적이다. 이 파일은 학습자가 검색하거나 학습한 중요한 기사, 참고 자료, 메모 등을 포함하여, 필요할 때 쉽게 접근이나 검색이 용이하도록 구성해 놓는다.

■ PBL 문제 해결을 위한 정보수집(개별활동)

No.	문제해결에 필요한 정보 및 필요기술
1	고객이원하는 스타일, 예산, 고객이 원하는 제품.
2	헤어스타일 트렌드: 현재 유행하는 헤어스타일과 그에 맞는 스타일링 기법. 등
3	고객의 얼굴형: 얼굴형에 따른 적합한 헤어스타일 및 스타일링 방법(예: 둥근 얼굴형, 각진 얼굴형 등).
4	모발 상태: 고객의 모발 건강 상태(손상, 건조, 기름짐 등) 및 이에 적합한 제품과 기술.
5	스타일링 도구 및 제품: 필요한 도구(드라이어, 고데기, 브러시 등)와 제품(스타일링 젤, 스프레이, 오일 등)의 종류와 사용법.
6	기술 시연: 각 스타일링 기술(예: 웨이브, 스트레이트, 업스타일)의 시연 영상이나 자료.
7	모발 상태: 고객의 모발 건강 상태(손상, 건조, 기름짐 등) 및 이에 적합한 제품과 기술.
8	커팅 기술: 다양한 커팅 기법을 사용하여 기본적인 헤어스타일을 만드는 기술.
9	스타일링 기술: 드라이, 고데기, 컬링 등 다양한 스타일링 기법을 숙련하는 기술.
10	상담 기술: 고객과의 효과적인 상담을 통해 요구사항을 파악하고 제안하는 능력.

기타:
문제 해결 기술: 예상치 못한 문제(예: 스타일링 실패, 고객 불만)에 대한 즉각적인 대응 능력
팀워크 기술: 동료와 협력하여 작업을 진행하고 피드백을 주고받는 능력.
시간 관리 기술: 주어진 시간 내에 스타일링을 완료하는 능력.

[그림4-5] PBL 문제해결을 위한 정보수집 리스트 작성 예시

문제별로 해결에 필요한 자료를 정리해 놓을 경우 자료 검색에 낭비되는 시간을 절약하는데 도움이 된다. 결론적으로, 셀프 스터디는 학습자가 자율적으로 학습하고 자신의 정보 관리 능력을 향상시키는 데 큰 도움이 되는 과정으로 이는 학습자의 독립적인 사고를 촉진하고, 효과적인 학습 전략을 개발하는 데 기여한다.

자기학습(Self-Study)와 자기주도학습(Self-directed learning의) 차이

ⓐ **Self-Study (자기 학습):** 학습자 개인이 독립적으로 학습하는 것을 의미
특정 주제나 자료를 스스로 선택하고 학습하는 과정으로, 주로 정해진 커리큘럼이나 지침 없이 진행.
예를 들어, 책을 읽거나 온라인 강의를 수강하는 것이 이에 해당 함.

ⓑ **Self-Directed Learning (자기 주도 학습):** 학습자가 자신의 학습 목표, 방법 및 평가를 스스로 결정하는 과정을 의미
학습자가 주체적으로 학습 계획을 세우고, 필요한 자원을 찾아 활용하며, 학습 결과를 스스로 평가하는 것까지 포함.

자기 주도 학습은 목표 설정, 자원 관리, 자기 평가 등 더 포괄적이고 체계적인 접근을 강조한다.
즉, Self-Study는 주로 독립적인 학습 행위를 의미하며, Self-Directed Learning은 학습자가 스스로 학습의 전 과정(목표 설정, 방법 선택, 평가 등)을 관리하는 더 넓은 개념임

나. 초기 정보 생성

초기 정보는 교수자가 문제를 제시한 뒤, 문제의 배경에 있는 정량화되고 명시적인 데이터, 언어적 및 비언어적 데이터를 의미한다. 교수자는 문제를 제시한 후, 학습자들에게 "문제가 의미하는 것이 무엇인가요?", "이 문제에서 가장 중요한 것이 무엇이라고 생각하나요?", "문제 중에 중요한 단서를 찾으셨나요?"와 같은 질문을 던져 학습자들이 초기 정보를 획득하도록 자극한다.

이런 정보들은

■ 문제해결을 위해 수집해야 할 정보 및 필요기술_개별활동

2. 정보수집

2-1) 문제해결을 위한 정보수집(방법 및 내용)
문헌 조사: 최신 헤어스타일 관련 책자 및 잡지, 온라인 자료를 통해 트렌드 및 기술 정보를 수집.
전문가 인터뷰: ABC헤어샵 점장님께 전화인터뷰, OOO교수님 인터뷰, 팀원들과의 의견 교환 및 서로의 경험을 통해 다양한 정보 공유.
실습 관찰: D 헤어샵 견학, OOO유튜버 영상 참고

2-2) 문제해결 시 나의 부족한 점
상담 기술 부족: 고객의 요구사항을 정확히 파악하는 데 어려움이 있어, 원하는 스타일을 이해하는 데 시간이 걸릴 수 있다.
스타일링 기술 미숙: 특히 S-S컬에 대한 숙련도가 낮아, 원하는 결과를 얻기 어려울 수 있다.
시간 관리 미흡: 주어진 시간 내에 스타일링을 완료하는 데 어려움이 있어,
문제 해결 능력 부족: 예상치 못한 상황에 대한 즉각적인 대처에 자신이 없다
정보 수집 능력 미비: 최신 트렌드나 기술에 대한 정보 수집 어렵다

2-3) 문제해결을 위해 수집한 정보
고객의 요구사항 분석, 활용.헤어스타일 트렌드, 모발 상태 파악, 스타일링 도구 및 제품 정보, 전문가의 조언 확보

[그림4-6] PBL 문제해결을 위한 정보수집 리스트 작성 예시

이러한 질문들은 학습자들이 문제를 깊이 이해하고, 관련된 정보를 수집하는 데 도움을 준다. 또한 학습 프로세스가 진행됨에 따라 교수자는 "우리가 주목해야 할 다른 사항이 있나요?"라는 질문을 통해 학습자 간의 토론을 유도해야 한다.

이 과정은 학습자들이 서로의 관점을 공유하고, 문제에 대한 다양한 시각을 탐구하는 데 기여하여, 보다 풍부한 학습 경험을 제공하게 된다.

다. 사전 지식 활성화 및 탐구전략

이 단계에서는 학습자들의 사전 지식을 활성화하는 것이 매우 중요하다. 교수자는 학습자들이 문제를 접하면서 얻은 지식과 경험을 스스로 탐구하도록 유도해야 한다. 학습자는 탐구한 정보들을 〈그림4-7〉과 같은 "팩트 및 지식(Knowing)챠트"에 기록해야 하며, 이 과정은 문제 해결에 필요한 사전 지식을 정리하는 데 도움을 준다.

탐구 과정에서 학습자는 문제에 대해 파악하고 있는 과정에 정보를 수집하고 수집한 정보를 기반으로 [그림4-7]과 같이 챠트에 기록한다. 이 부분은 학습자가 알고 있는 정보와 앞으로 더 알아야 할 정보를 구별하는 데 중요한 역할을 한다. 챠트를 작성하는 과정에 학습자들은 자기 주도적으로 자료 수집의 필요성을 인식하고, 초기 자료 수집에 대한 노력을 하게 된다.

문제해결을 위해 "What to Know" 알아야 할 필요가 있는 즉 학습자가 문제를 더 잘 이해하기 위해 필요하다고 느끼는 정보이다. 그리고 "What I Learned"은 문제해결에 필요한 나의 지식 및 기술이다. 이것은 내가 이미 보유하고 있는 지식, 자료 등이 모두 여기에 해당하며 또 하나의 요소인 "New Ideas" 문제를 성공적으로 해결학 위해 정보 탐색 방법이나 문제의 원인, 새로운 해결책에 대한 초기 예감 등을 모두 포함한다.

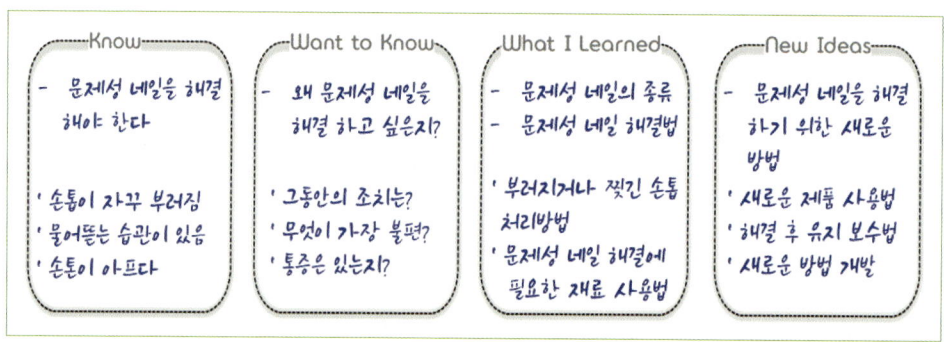

[그림4-7] 팩트 및 지식 챠트 예시

이런 과정은 문제 해결을 위해 지속적으로 자료를 수집하고 새로운 질문과 아이디어가 나올 때마다 반복적으로 이루어져야 하며 이러한 탐구 활동은 학습자들이 문제에 대한 깊은 이해를 도모하고, 자기주도적 학습을 할 수 있는 환경을 조성하는 데 기여한다. (2002, Linda Torp)

이 과정에서 교수자는 "우리의 아이디어가 가능성이 있을까요?" 혹은 "이 아이디어가 정확한지 판단하려면 어떤 정보가 더 필요할까요?"와 같은 질문으로 학습자들의 학습 욕구를 자극하고 자신의 생각을 깊이 있게 탐구하도록 유도한다.

또한 교수자는 "왜 그렇게 생각하나요?", "당신이 그렇게 말할 수 있는 증거가 있나요?"와 같은 질문을 통해 학습자의 아이디어와 주장을 검증하는 기회를 제공하기도 한다. 이를 통해 학습자들은 다른 학습자들과 상호작용을 통해 자신의 생각을 반성하고 발전시킬 수 있다.

특히 교수자는 학습자들이 교수자에게 의존하지 않도록 주의해야 한다. 이는 학습자들이 자유롭게 의견을 낼 수 있게 하기 위함으로 교수자의 의견이나 자료는 대부분 맞다는 생각을 가지고 있기 때문이다.

따라서 교수자의 '비 방향성'은 매우 중요하다. 비 방향성은 교수자가 학습 과정을 특정 방향으로 유도하지 않음을 의미하며 이럴 경우 학습자는 자신의 학습 방향과 학습의 질을 교수자에게 의존하지 않고 독립적으로 결정할 수 있는 능력을 향상할 수 있게 된다. 또한 교수자는 학습자의 자율성과 비판적 사고를 촉진하여, 보다 깊이 있는 학습 경험을 제공하게 된다.

라. 추론기반 학습

이 학습법은 의사의 환자 치료 과정에 대한 연구에서 학습 실효성이 확인된 방식으로 과학자나 다른 전문가들이 개방형 문제를 해결하는 데 사용하는 논리적 접근과 유사하다.

문제를 통한 추론 과정은 미용사들이 고객 문제를 해결하는 노력에서도 나타난다. 문제 중심 학습에서 학습자들이 이러한 과정을 통해 문제를 해결하도록 유도하는 것은 교수자의 초기 책임으로 문제를 통한 추론은 학습 과정에서 자연스럽게 발생하므로 어렵지 않다.

교수자는 모든 학습자가 자신의 생각, 연구 결과, 의견을 구두로 표현하고, 그룹 내 다른 학습자들의 의견에 대해 자신의 의견을 제시하도록 유도해야 한다. 교수자는 학습자들이 의견을 제시할 기회가 있는지 확인하고, 학습자들이 자신의 의견(알고 있거나 믿는 것)을 말하고 다른 의견을 비판할 수 있는 기회를 촉진해야 한다.

문제 학습자의 의견에 대해서는 직접적이지 않고 선언적이지 않은 방법으로 비판함으로써, 소극적인 학습자들이 추론 과정에 적극적으로 참여하도록 유도한다. 교수자는 "지금부터 추론 과정이다"라고 알리기보다는 자연스럽게 토론을 유도하여 적극적인 토론과 비판에 참여하도록 한다.

4-2-3. 문제 해결 계획 수립

〈표4-3〉 PBL 문제해결을 위한 개별적 계획수립

단계	절차	내용	구체적인 내용	주요활동	활동의 주체
3	계획 수립	정리된 정보기반 계획 수립	수집 정리된 자료에 기반하여 문제 해결을 위해 실행에 옮길 계획을 시계열별로 수립.	사고의 구조화 기록, 작성	개별학습자

학습자들은 개별적으로 자신이 수집하고 정리된 자료를 기반으로 문제 해결을 위해 실행에 옮길 계획을 시계열별로 수립하는 단계이다. 이 단계에서 중요한 개념이나 쓰이는 학습 방법은 〈표 4-3〉과 같다.

〈표4-4〉 PBL 학습 단계 및 주요 내용

단 계	세부 내용	주요 질문 및 주의사항
데이터 분석하기	고객의 문제 메커니즘을 정의하고, 관련 데이터를 분석하여 리스트를 작성	학습자 전체가 이해하고 공감할 수 있는 리스트로 작성
		교수자의 주관적 판단을 전달하는 것은 지양
		"그 데이터가 어떤 도움이 되나요?" 등의 질문으로 학습자 자극.
초기 개념 형성하기	초기 정보에서 중요한 단서를 종합하여 문제 해결 방안을 제공	어떻게 문제 해결을 위한 사실을 조합할까요?" 등의 질문이 도움을 됨
		교수자는 가설을 공식화하지 않도록 주의.
문제 표상	학습자가 문제를 파악하고 해결 계획을 마련한 후, 자신의 언어로 발표	문제 표상 과정과 문제 해결 과정의 차이
		문제 표상이 명확할수록 해결책 도출이 용이함
작업 가설 만들기	초기 개념에 대해 실현 가능하거나 논리적으로 보이는 아이디어, 추측 등을 생성	문제 다음은 어떤 일이 생길까요?" 등의 질문으로 학습자 자극
		브레인스토밍을 통한 아이디어 수집 후 정리

이렇게 〈표4-4〉이 주요내용을 이해하면 [그림4-8]과 같이 수집된 정보를 기반으로 문제해결을 위한 계획을 수립하며 문제해결 방안에 대한 가설, 문제해결에 사용할 수 있는 자신이 갖고 있는 지식이나 기술 그리고 자신이 습득하지않았지만 필요한 지식과 기술을 작성한다.

■ 문제해결을 위해 수집한 정보를 기반으로 계획수립

3. 계획수립

3-1) 문제해결을 위한 계획(수행절차)

1. 문제 정의: 고객의 불만 사항과 요구사항을 명확히 정리한다.
2. 정보 수집: 고객의 요구, 헤어스타일 트렌드, 모발 상태, 스타일링 도구 및 제품에 대한 정보를 수집한다.
3. 팀워크 구성: 팀원들과 역할을 분담하고, 각자의 전문성을 활용하여 협력한다.
4. 스타일링 기법 연습: 필요한 스타일링 기술을 연습하고, 서로의 기술을 평가하여 피드백을 주고받는다.
5. 고객 상담 시뮬레이션: 가상의 고객을 설정하고, 상담 및 스타일링 과정을 시뮬레이션하여 문제 해결 능력을 기른다.
6. 실습 진행: 실제 고객을 대상으로 스타일링을 진행하고, 고객의 반응을 기록한다.
7. 피드백 수집: 고객으로부터 피드백을 받아 스타일링 쪽의 개선 사항을 도출한다.
8. 반성 및 평가: 실습 후 팀원들과 함께 평가하고, 향후 개선점을 논의한다.

```
■ 문제해결을 위해 수집한 정보를 기반으로 계획수립

3. 계획수립
 3-2) 문제해결 방안(가설)_IDEA
   가설 1: 고객의 요구사항을 정확히 이해하고 반영하면 고객 만족도가 높아질 것이다.
   가설 2: 최신 헤어스타일 트렌드와 적합한 스타일링 기술을 활용하면 스타일링의 성공률이 증가할 것이다.
   가설 3: 고객 상담 시 충분한 대화를 통해 고객의 불만을 사전에 방지할 수 있다.
   가설 4: 팀원 간의 협력을 통해 서로의 기술과 경험을 공유하면 문제 해결 능력이 향상될 것이다.

 3-3) 문제해결을 위해 사용할 수 있는 지식 혹은 기술(경험 포함)_FACTS
   • 헤어스타일링 기술: 다양한 커팅 및 스타일링 기법에 대한 지식과 경험.
   • 고객 상담 기술: 고객과의 원활한 소통을 위한 상담 기술.
   • 제품 지식: 다양한 스타일링 제품의 특징과 사용법에 대한 이해.
   • 트렌드 분석: 최신 헤어스타일 트렌드에 대한 정보와 분석 능력.
   • 피드백 수용 능력: 타인의 피드백을 수용하고 이를 바탕으로 개선하는 경험.
```

```
■ 문제해결을 위해 수집한 정보를 기반으로 계획수립

3. 계획수립
 3-4) 문제해결을 위해 필요한 지식 혹은 기술 등_ISSUES
   상담 기술 향상: 고객의 요구를 깊이 이해하기 위한 상담 기술을 더욱 발전시킬 필요가 있다.
   스타일링 기술 연습: 특정 스타일링 기법에 대한 추가적인 연습이 필요하다.
   시간 관리 기술: 주어진 시간 내에 스타일링을 완료하기 위한 시간 관리 기술을 향상시켜야 한다.
   비판적 사고: 문제 발생 시 즉각적으로 대처할 수 있는 비판적 사고 능력을 개발해야 한다.
   업계 동향 파악: 미용업계의 변화와 트렌드를 지속적으로 파악하고 반영할 수 있는 시스템이 필요하다.
```

[그림4-8] 문제해결을 위한 계획 작성 예시

4-2-4. 문제 해결 계획 확정

학습자들은 자기 주도 학습 후, 문제 해결 계획을 위해 필요한 토론을 위해 소그룹 형태로 배치된다. 교수자는 학습자들이 소그룹별로 수립한 계획에 대해 발표할 기회를 제공하며, 다른 학습자들은 질문과 반박을 통해 문제 해결 계획을 수립한다. 일부 그룹은 가장 효과적인 계획을 선택하고, 다른 그룹은 개인의 신념에 따라 선택할 수 있다. 중요한 것은 문제 해결의 가능성보다 각 학습자가 제시한 증거를 검토하고 서로 다른 생각을 비교하는 과정이다. 이를 통해 학습자들은 의사소통 능력과 말하기 능력을 발전시킨다.

〈표4-5〉 PBL 문제해결을 위한 계획 확정

단계	절차	내용	구체적인 내용	주요활동	활동의 주체
4	계획 확정	토론기반의 계획 확정	탐색정보 공유, 개별 계획을 기반으로 토론에 의해 팀의 수행계획수립 후 발표	소그룹활동에서 합의된 수행계획 도출 후 발표	소그룹
			수립된 계획에 대한 피드백	긍정적 피드백(코칭)	교수자
			피드백 기반의 수행계획 확장	수행계획의 수정 쓰기	소그룹

다음은 미용 학습자가 문제 중심 학습 과정에서 경험하는 주요 요소를 요약한 것으로 각 구분에서는 전문가로서의 변신, 지속적인 추론 프로세스, 상담 및 검토 기술, 그리고 접근 방식 결정의 중요성이다. 학습자는 스스로 학습한 내용을 바탕으로 고객의 미적 문제를 분석하고, 정보 공유를 통해 동기를 부여받으며, 교수자의 지도 아래 효과적인 문제 해결 능력을 키워나가야 한다.

가. 전문가 변신과 정보 공유

스스로 학습(셀프 스터디)을 마친 학습자는 문제에 대한 '전문가'가 되며, 교수자는 이 과정이 약식 강의로 변질되지 않도록 주의해야 한다. 학습자들은 새로운 지식을 바탕으로 문제 접근 방식을 새롭게 해야 하며, 이전의 문제 해결 행동을 비판적으로 검토하여 더 나은 정보를 확보해야 한다. 이를 통해 학습자들은 자신이 발견한 정보를 현재의 학습 과정에 적용하고, 다른 학습자들과 정보를 공유하여 학습 효과를 강화한다. 이러한 과정은 학습자들에게 동기를 부여하고, 고객의 시술 과정에서 학습된 정보를 유용하게 기억하고 활용할 수 있도록 돕는다.

나. 지속적 추론 프로세스

학습자들은 데이터를 분석하고 가설을 세운 후, 이를 검토하며 문제 해결 과정을 진행한다. 교수자는 이 과정에서 학습자들에게 아이디어와 수집한 사실에 대해 검토를 요청하고, 가설을 수정하거나 새로 생성해야 하는지 결정하게 된다.

이 순환적 과정에서 교수자는 학습자들의 사고력과 능력을 평가하고, 학습자들도 자신의 학습 능력과 필요한 부분을 파악하게 된다. 전통적인 교육에서는 이러한 자기 분석이 부족하지만, 문제 중심 학습을 통해 학습자들은 자신의 생각을 객관적으로 모니터링하고 분석하는 방법을 배우게 된다.

다. 상담 및 검토

미용분야의 학습자는 상담 및 검사 기술을 통해 고객의 미적 요구를 파악한다. 미용사는 적절한 질문을 통해 고객의 문제 해결에 유용한 정보를 얻으며, 학습자도 고객에게 질문하고 상태를 검사할 수 있다. 예를 들어, 두피 문제를 겪는 고객에게 증상의 시작 시점 등을 질문하고, 진단기를 사용하여 두피 상태를 검사할 수 있다.

고객 조사와 진단은 미용사의 과학적 조사 도구로, 전문 교수자의 지도 아래 진행될 경우 학습 효과가 극대화된다. 이러한 도제 교육 방식은 현장에서 이루어지며, 학교에서도 고객 상황을 시뮬레이션하는 것이 중요하다.

라. 접근 방식 결정

미용 학습자들은 고객의 미적 문제와 관련된 부적절한 정보에 대해 올바른 결정을 내리고, 모호한 정보에 잘 대처하는 방법을 배워야 한다. 문제 중심 학습 과정에서 학습자는 고객의 미적 문제의 메커니즘을 이해하고, 이를 해결하기 위한 접근 방식을 결정해야 한다. 때로는 추가 학습이나 새로운 정보가 필요할 수도 있으며, 학습 그룹이 문제 해결 방향을 잡지 못할 수도 있지만, 결국 문제 해결을 위한 계획을 수립해야 한다. 학습자가 미용 고객의 문제 메커니즘과 해결 계획에 대한 자신감을 표현하는 것도 중요하다.

〈표4-6〉 학습자의 문제 중심 학습 과정 요약

단계	세부 내용
전문가 변신과 정보 공유	- 학습자는 '전문가'가 되어 문제를 새롭게 접근 - 교수자는 약식 강의로 변질되지 않도록 주의. - 정보를 공유하여 학습 효과 강화.
지속적 추론 프로세스	- 데이터 분석 및 가설 검토를 통해 문제 해결 - 교수자는 아이디어 검토 및 가설 수정 요청.
상담 및 검토	- 상담 및 검사 기술로 고객의 미적 요구 파악 - 과학적 조사 도구 사용 및 교수자의 지도 필요.
접근 방식 결정	- 부적절한 정보에 올바른 결정 내리기. - 문제 메커니즘 이해 및 해결 계획 수립.

4-2-5. 과제 해결 실행(확정된 계획 실행)

미용 분야의 계획 수행 단계에서는 조별 또는 개별 학습자로 진행할 수 있으며, 학습 환경에 맞추어 조정한다. 미용분야의 문제 중심 학습을 진행하는 경우 가상의 고객을 사용하거나 실제 미용 시술 현장에 참여하는 등의 방식이 있다.

〈표4-7〉 PBL 문제해결을 위해 수립된 계획실행

단계	절차	내용	구체적인 내용	주요활동	활동의 주체
5	과제실행	수립된 계획 실행	수립된 계획에 따라 문제 해결 실행	실행	소그룹 개별학습자
			실행 과정별 관찰 및 평가	관찰 및 평가	교수자

가. 미용분야 PBL 과정_가상고객

가상의 고객(통 가발, 인조 손, 데콜테, 종이마스크)을 대상으로 문제 중심 학습을 진행하는 경우 모든 학습 목표와 학습 프로세스는 비슷하지만 기본적인 차이점은 다음과 같다.

(1) 고객 설정의 필요성
- 실습 고객에 대한 구체적인 설정 필요.
- 30대 여성, 보수적인 회사 면접 대비, 이전 시술 정보, 두피 상태, 개인 성격 및 미적 취향 등.
- 교수자는 다양한 상황을 설정하거나 학습자 스스로가 설정하거나 선택
  단, 시뮬레이션 고객의 경우 의사소통 능력 개발에는 한계가 있으므로 정교한 시나리오 준비

(2) 전문가의 참여와 행동 규칙
- 학습을 위한 시술 과정에는 현장 전문가 참여 필수
- 학습자는 실제 고객처럼 행동할 것을 미리 규칙으로 정해야 함
- 고객을 자극할 수 있는 발언이나 불필요한 행동은 피해야 함.
- 실습대상을 의인화하여 바른 자세와 태도를 유지하는 것이 중요

(3) 고객 정보 보호 및 질문 규칙
- 비록 실습 고객이라도 실제 고객과 동일하게 진행하는 것이 중요.
- 고객의 정보가 모두 보이는 곳에 비치하는 것은 부적절.
- 실습도 현장과 동일하게 분위기를 연출하는 것이 중요_
   예: 고객 앞에서 고객 관련된 질문은 부적절, 메모 등을 통해 질문
- 이는 실제 고객 시술 상황을 준비하는 데 도움이 됨.

나. 실제 고객 시술 참여

학습자의 상담 및 미용기술 숙련도가 향상된 상태에서 고객의 미적 문제에 대한 추론능력을 높이기 위해 교수자나 전문가의 지도를 동반하여 실제 고객 시술에 참여 할 수 있다.

시뮬레이션 고객 참여와 마찬가지로 실제 고객 앞에서 고객의 개인 정보를 공개적으로 발설해서는 절대 안 된다. 또한 고객과 관련된 질문도 고객과 분리된 공간을 이용하여 교수자나 전문가에게 미리 준비한 질문을 한다. 이 과정에서 학습자는 고객 시술의 중요한 부분을 담당해서는 안 된다. 이 과정에서 학습자가 알아야 하는 것은 다음과 같다.

(1) 고객 참여 및 사전 허락
시술을 담당하는 현장 전문가는 고객에게 학습자가 시술을 견학하거나 일부 과정에 참여한다는 사실을 알리고 동의를 구해야 한다. 일부 고객 중에는 학습자와의 문답이 싫을 수도 있기 때문에 고객의 사전 허락은 필수적이다.

(2) 면담 및 질문 규칙

가령 여러 학습자가 동일한 고객을 대상으로 실습에 참여하는 경우 교수자가 고객과 면담할 학습자 한명을 선택하여 인터뷰하게 하고 인터뷰가 끝난 후 다른 학습자들에게 더 이상 묻고 싶은 것이 있는지 질문한다. 고객에게 지나치게 다양한 질문이나 토론형식 대화는 지양해야 한다.

(3) 정보 요약 및 평가

고객의 문제 해결을 위해 수립한 계획에 따라 실습을 종료한 후 교수자는 학습자에게 실습과정을 요약하는 과제를 제시한다. 이 때 고객이 동의할 경우 학습자가 제출한 과제에 대한 정확성 평가를 고객에게 요청할 수도 있다. 그러나 이후 평가 및 피드백은 고객과 분리된 공간에서 이루어져야 하며 이 때에는 고객 문제의 매카니즘에 대한 논의는 부적절하다.

(4) 문제 해결 계획 수립

고객과 분리된 상태에서 문제 가설, 검사, 고객의 미적 문제의 매커니즘 및 고객의 미적 문제 해결 방법에 대한 토론을 진행한다. 토론 후, 학습자들은 실습 결과와 수립한 계획을 비교한다. 이 과정을 통해 학습자들이 현장에서 실제로 어떤 방식으로 문제를 해결했는지를 반성하고, 과연 계획이 효과적이었는지를 평가하는 기회를 제공한다. 이러한 비교를 통해 학습자들의 접근 방식이 고객의 문제 해결에 얼마나 기여했는지를 알 수 있다.

4-2-6. 평가/성찰/피드백

계획 수립 과정에서 교수자는 학습자들에게 피드백을 제공하고 형성평가를 실시한다. 이러한 피드백과 평가 결과를 바탕으로 최종 계획을 수립하며, 이후 이 계획에 기반한 실행을 진행한다.
이 과정에서 학습자는 자신의 아이디어를 발표하고, 문제 해결을 위한 가설을 설정하며, 다른 학습자의 반론에 대해 방어하고 그들의 아이디어를 분석하여 비판하는 활동에 참여한다. 이러한 활동을 통해 학습자들은 자기 주도적인 학습 능력을 기르고 메타인지 및 자기 모니터링 기술을 발전시킨다.

또한, 학습자들은 새롭게 습득한 정보를 실제 문제에 적용하고, 그룹 학습 프로세스를 유지하면서 서로를 지원한다. 이 모든 과정은 학습자와 교수자 모두에게 명확하게 드러나며, 그룹은 각 학습자와 전체 그룹의 성과에 대해 정확하게 평가할 수 있다. 궁극적으로, 이 단계는 학습자들이 자신의 경험을 성찰하고 향후 발전 방향을 설정하는 데 중요한 역할을 한다.

〈표4-8〉은 수립한 계획을 기반으로 실행한 결과물에 대한 평가 및 학습 마무리를 위한 성찰과 학습 요약이 이루어지는 단계다. 이 과정에서 각 학습자는 아이디어를 발표하고 문제 해결을 위한 가설을 수립한다. 또한, 자신의 문제 해결 아이디어나 관점을 다른 학습자의 반론에 대해 방어하고, 다른 학습자의 아이디어를 분석하여 비판하는 활동도 이때 이루어 지기도 한다.

<표4-8> PBL 문제해결 결과에 대한 평가 및 성찰

단계	절차	내용	구체적인 내용	주요활동	활동의 주체
6	평가·성찰 피드백	결과제출	실행결과 정리 혹은 산출물 제출 결과 보고서 작성	개별활동	개별학습자
		평가 및 성찰/피드백	자기평가, 팀평가, 동료평가, 과정참여에 대한 소감(성찰)	평가 및 성찰 보고서 제출	학습자
				종합평가 및 피드백	교수자

학습자들은 자기 주도적으로 학습하며 메타인지와 자기 모니터링 기술을 개발한다. 이 과정에서 새롭게 습득한 정보를 제기된 문제에 적용하고, 그룹 학습을 유지하며 서로를 지원하는 능력이 발휘된다. 이러한 활동은 학습자와 교수자 모두에게 명확하게 드러나며, 학습자와 전체 그룹의 성과에 대해 정확한 평가를 수행할 수 있다.

가. 자기 평가(Individual Assessment)

문제 중심 학습에 참여한 학습자들은 다음 네 가지 영역에서 자신의 수행능력을 평가한다.

(1) 문제해결을 위한 추론 또는 문제 해결 능력 수준
(2) 문제와 관련된 일반적이거나 전문 지식 수준
(3) 자기주도 학습 능력과 관련 지식 수준
(4) 그룹 학습 프로세스에 대한 기여도

평가 초기에는 자신을 평가하는 것에 대해 어색하고 인위적으로 느낄 수 있지만, 익숙해 지면 객관적 관점에서 자신을 평가할 수 있게 된다.
평가 시 대부분 일반적인 현상 위주로 평가하게 되므로 교수자의 역할이 매우 중요하다. 학습자가 자기 평가를 마친 후, 교수자는 다른 학습자들이 이 평가에 동의하는지 또는 반대하는지를 확인하고, 해당 학습자의 수행에 대하여 추가 의견의 여부에 대해 확인한다.

또한, 교수자는 각 학습자에 대한 긍정 혹은 부정적인 의견에 상관없이 즉시 피드백을 제공해야 한다. 이러한 방식으로 교수자가 의견을 제시하면, 다른 학습자들도 자기 평가에 대한 의견을 제시할 수 있게 된다.

이러한 과정은 모든 학습자에게 도움이 되고, 그룹 학습에 건설적 비판적 정신으로 이어질 수 있게된다. 자기 평가 과정이 편안하고 자연스럽게 이루어지면, 그룹 평가도 가능하게 된다. 그룹 평가 시 각각의 학습자는 그룹 구성원으로서 학습목표 달성에 대한 기여도를 평가의 기준으로 삼을 수 있게 된다.
PBL을 경험한 학습자는 기존 학습 능력보다 더 많은 것을 배울 가능성이 있는 PBL 학습의 구조와 과정이 학습자에게 더 깊이 있는 이해와 다양한 기술을 습득할 기회를 제공하는 것이 PBL교수학습법의 주요 강점이자 특징으로 볼 수 있다.

나. 학습 자원 평가(Resource Critique)

PBL 학습 자원의 유형은 다음과 같이 인쇄 자료, 디지털 자료, 그리고 인적 자원 등 세 가지로 구분할 수 있다

(1) **인쇄 자료:** 서적, 연구 논문, 기사 등 전통적인 형태의 자료로 주로 깊이 있는 내용을 제공하며, 신뢰할 수 있는 출처에서 얻어진 정보로 구성되어 있다.
그러나 접근성이 떨어지거나 최신 정보가 아닌 경우도 있는 단점이 있다.

(2) **디지털 자료:** 온라인 강의, 웹사이트, 전자책 등 인터넷을 통해 접근할 수 있는 자료다. 이 자료들은 최신 정보를 신속하게 검색할 수 있는 장점이 있는 반면 신뢰성이나 정확성을 담보하기 어려운 단점이 있다.

(3) **인적 자원:** 멘토, 전문가, 교수, 선배 등 주위 사람으로부터 얻는 정보와 피드백으로 검증된 전문가가 아닐 수 있어 주의가 필요하다.

이렇게 다양한 학습 자원을 활용하면서 학습자는 문제 해결에 필요한 정보를 수집하고 평가하는 능력을 키우게 된다. 학습 초기에는 정보에 만족도가 낮을 수 있지만, 경험을 통해 고급 정보를 수집하고 선택할 수 있는 능력이 함양된다.

〈표4-9〉 학습자원의 특성(장단점)

자원유형	장 점	단 점
인쇄자료	- 신뢰성이 높고 깊이 있는 정보 제공 - 참고 문헌으로 활용 가능	- 접근성이 떨어질 수 있음 - 최신 정보가 아닐 수 있음
디지털 자료	- 빠른 정보 검색 가능 - 다양한 자료에 접근 가능	- 낮은 신뢰성 - 불명확한 근거
인적 자원	- 실시간 피드백 및 질문 가능 - 다양한 관점 제	- 전문가 검증의 어려움

다. 학습 요약 및 통합하기

학습을 요약하고 통합하는 과정은 문제 중심 학습(PBL)의 매우 중요한 요소로 문제가 없는 학습자는 PBL을 진행할 필요가 없다.
학습자가 문제를 만나 새롭게 배운 내용이나 이미 알고 있던 지식이 어떻게 적용되는지 요약할 것을 과제화 하면 문제 해결 과정에서 발생한 학습을 의식적으로 기억하고 기존의 지식과 통합하여 더욱 정교한 학습이 가능하게 된다..

PBL 학습과정이 종료되고 조직화된 기억을 기반으로 정교하게 구조화 하는 훈련을 할 경우 학습 기억에 대한 유지력은 물론 기억력을 향상시키는데 기여한다.(1984. David A. Kolb)

이렇게 향상된 학습 기억은 학습자가 고객 문제 해결을 위한 시술 작업에 유용한 방식으로 활용될 수 있다. 이 과정에서 학습자는 학습에 대해 요약 후 목록을 작성하고, 문제 해결과 관련된 메커니즘을 도식화하며 문제 중심 학습의 의미를 논의하게 된다.

또한, 학습 요약과 통합을 통해 학습자는 자신이 배운 내용을 학문이나 교과목 체계 중심으로 정리할 수 있다. 예를 들어, PBL 내용이 다양한 능력단위들과 어떻게 연관되는지를 살펴볼 수 있으며 이를 통해 학습자는 각 학문에 대한 전반적인 이해를 높이고, 향후 문제 해결 시 어떤 분야의 지식과 기술이 부족한지, 어떤 분야의 학문이 미흡한지를 스스로 인식할 수 있게 된다.

이러한 학습 과정은 미용사 자격증이나 미용 관련 민간 자격증 시험과 같은 주제 기반 학습이나 결과 중심 학습에 비해 상대적으로 쉽게 학습 기억을 상기시킬 수 있도록 돕는다. 결국, 학습 요약과 통합은 학습자가 자신의 지식을 체계적으로 정리하고 실제 문제 해결에 적용할 수 있는 능력을 배양하는 데 중요한 역할을 하므로 추론이 필요한 미용분야의 교수학습법으로 가장 적합하다.

〈표4-10〉 PBL 학습 요약 및 통합 내용

단 계	세부 내용
학습 요약과 통합의 중요성	- 문제 중심 학습(PBL)의 핵심 요소 - 문제가 발생하지 않으면 효과가 사라짐
학습자의 요약 요청	- 새롭게 배운 것과 기존 지식의 확장을 요약하도록 함 - 문제 해결 과정에서의 학습을 의식적으로 기억하고 통합
기억의 정교화 및 조직화	- 학습 기억의 유지력과 기억력 향상 - 향상된 기억은 고객 문제 해결 시 유용하게 조직됨
학습 요약 활동	- 요약 목록 작성 - 문제 해결 관련 메커니즘의 도식화 - 문제 중심 학습의 의미 논의 촉진
학문 중심 정리	- 학습능력단위와 타 능력단위와의 연계성 추론 - 각 학문에 대한 이해 증진 - 향후 문제 해결 시 필요한 분야와 부족한 영역 인식
주제 기반 학습의 용이성	- 전문분야 국가자격증 및 민간 자격증과 같은 주제 기반 학습에 유리 - 상대적으로 쉽게 학습 기억을 상기할 수 있도록 도움
결론	- 학습 요약과 통합은 지식을 체계적으로 정리하고 실제 문제 해결에 적용하는 능력을 배양하는 데 중요한 역할

색인

색인

Adaptation 70

Associative Stage 69

Autonomous Stage 69

Cognition 43

Cognitive Stage 69

Complexity of Problems 87

Complex Overt Response 70

Concreteness 100

Content 48

Context 48

Control 45

Copying 19

Criteria 71

Decision-Making Problems 81

Developing a Problem 80

Diagnosis-Solution Problems 81

Dilemma 46

Dual training 14

Dynamicity 89

Self-Directed Learning 39

Empathy 98

Executing 19

Facilitation 96

Feed-Back 123

Feedback About Self-Regulation 133

Feedback About the Processing of the Task 133

Feedback About the Self as a Person 134

Feedback about the Task 131

Feed-Forward 128

Feed-Up 125

Following 19

G20 14

Genuineness 99

Guided Response 70

Heterogeneity of Interpretations 89

IMITATING 19

IMPROVISING 26

Individual Assessment 162

Interdependence 60

Interdisciplinarity 89

Intransparency 88

K-Beauty 16

MASTERING 21

Mechanism 70

Metacognition 41

Meta Level 44

Monitoring 45

NCS 17

Object Leve 44

Observing 19

OECD 14

Origination 70

PATTERNING 19

PBL 35

Peer assessment 66

Perception 70

Performance Assessment 74

Performance Descriptors 71

Policy Problems 81

Positive Correlation of Outcomes 60

Problem 34

Problem Context 102

Problem, Developing a 80

Product 66

Psychomotor 67

Remembering 19

Resource Critique 163

Resource Identification 150

Respect 99

Role 61

Rubrics 62, 72

Rules 61

Scale 71

Self Assessment 65

Self-Study 152

Skill 24

Skill 67

SSDL 55

Structuredness of Problems 88

Think Time 61

Time Allocation 61

Time Constraints 102

Turn Taking 61

가상고객 159

강의식 수업 52

개방형 질문 116

개별학습 57

개인 브랜드 살롱 28

개인적 성찰 52

개인적 차이 57

개인주의 52

개인 책임 59

건설적인 피드백 127

견습생 11

결말, 열린 91

경영인, 미용 22

고객 설정 160

고객응대 18

고객 정보 보호 160

고숙련자 11

공감성 98

공정성 62

과정 중심 평가 122

과제 처리 과정에 대한 피드백 131

관리자 23

교수자 성과 평가 53

교수자 차원 124

교육본부장 22

구두 피드백 127

구성원의 능력 59

구조화 88

구조화된 문제 47

구체성 100, 127

균형 127

그룹 지능 59

근대 12

근대 사회 13

글로우 55

긍정적인 피드백 127

기계적 반응 70

기술 소비 패턴 29

기술 숙련도 22

기억 42

기준 71

내용 36

내용 전문가 17
노동시장 14
논리적 구성 62
다점포 브랜드 살롱 29
도전적 과제 128
도제관계 13
도제생 11
도제식 교육 12
도제식 직업교육제도 11
독립적 학습자 63
독점적 지위 13
동기부여 34
동료 내 평가 66
동료평가 66
동료 피드백 127
동질적인 팀 58
듀얼 훈련 14
디자이너 브랜드 살롱 30
루브릭 62
루브릭 기반평가 122
르네상스 12
마스터 12
마스터링 21
맞춤형 교육 17
맥락 49
맥락 의존성 85
맥락 타당성 49
머리어미 11
메타인지 41
멘토 22
면허제도 12
명시적 지도사항 12

명인 12
명확성 제공 114
명확화 142
모방하기 19
목표 명확화 126
무임승차 59
무작위적 팀 58
문제 46
문제 개발 프로세스 91
문제 난이도 88
문제만남 149
문제 설계 81
문제의 효과 평가 53
문제 표상 156
문제 해결 능력 62
문제해결자 23
미용사 10
미용학습 1단계 17
미용학습 2단계 20
미용학습 3단계 22
미용학습 4단계 25
바로우 35
반성 유도 114
복잡성 86
복합 외현 반응 70
부정적 피드백 136
비 구조화된 문제 47
비정형성 49
비투명성 89
비판적 사고 56
사고력 62
사회적 생산성 15

사회적 책임 14	실무 전문가 64
사회적 활동 22	실행공동체 12, 17
산학일체형 도제학교 15	심동적 기술 69
상급자 18	심슨 70
상호소개 142	아이스브레이킹 141
상호 의존성 60	암묵지 10
상호 이해 141	언어경청 106
상황화 정도 49	얼굴표정 108
생각할 시간 61	역동성 57, 89
생존능력 29	연계성 89
서면 피드백 127	오주연문장전산고 10
선택과 집중 20	운영프로세스 140
선택지 검토 42	유도 반응 70
설명문 72	유모 11
성취 수준 58	융합 21
소양 98	의사결정형 문제 81
수모 10	의존기 17
수석 디자이너 22	이중구조 12
수식 10	이중적 참여 24
수식모 11	이질적인 팀 58
수행평가 76	인구통계학적 다양성 58
수행 품질 기준 71	인지 42
숙련기간 11	인지기능 44
순서대로 60	인지적 다양성 58
스텝 18	인턴 18
시간할당 61	일관성 62
시선처리 107	일학습병행제 14
시술 객단가 27	임상적 맥락 37
시스템 브랜드 살롱 30	입문 12
시장 세분화 28	자각 42
시행착오 19	자격제도 12
신체 움직임 108	자기 규제 128

자기 규제에 대한 피드백 131
자기 반성 126
자기주도학습 36
자기평가 67, 161
자기 평가 기술 147
자기학습 152
자립기 20
자율적 규제 54
자존감 136
자체 피드백 127
작업 가설 156
작업 경험 60
작업에 대한 피드백 131
장인 12, 13
장파 10
재검토 42
재교육비용 16
재 언급 114
적응 70
전 근대성 13
전문화 영역 20
전수 12, 13
전통적인 교수법 140
절차의 복잡성 87
정보 공유 158
정책형 문제 85
정형화 13
제자 11
조선시대 미용사 10
조절 43
존중감 98
준비 71

준비단계 141
중종실록 11
즉시성 127
지각 59
지배관계 13
지속 가능성 17
지속적인 학습 65
지속적 추론 프로세스 158
지식 범위 87
지식습득 48
직무 97
직무역량 15
직업훈련제도 11
진단해결형 문제 81
진정성 99
질문 42
집단지능 59
차별화 전략 28
창의성 62
창조 70
채용 비용 15
초기 개념 156
총괄 피드백 127
추론 과정 38
추론기반 학습 155
취업교육 15
침모 11
침묵 113
크루 18
타이밍 135
탐구심 58
탐구전략 154

팀 빌 182
팀 이탈 59
파트너 18
패턴화 19
퍼실리테이션 96
퍼실리테이터 103
평가기준 75
평가의 일관성 74
평가전략 95
평가 주체 64
평생학습 65
폐쇄형 질문 117
표준화 13
품질, 서비스 27
프랜차이즈 16
피드백 104, 123, 127
피드백 효과 136
피드업 125
피드포워드 125
학문적인 공동체 57
학습 경험 49
학습규칙 183
학습 목표 146
학습 성과 평가 53
학습에 대한 평가 63
학습 요약 163
학습으로서 평가 64
학습을 위한 평가 63
학습 이슈 150
학습자 관점 123
학습자로서의 피드백 131
학습자 분석 114

학습자 선택형 팀 58
학습 자원 공식화 40
학습 자원 구별 150
학습 자원 유효성 92
학습 자원 평 163
학습 잠재력 58
학습 촉진 74
학습 촉진자 96
학습 평가 62
학습하는 방법 54
한류 25
해석의 이질성 82
행동 지향적 127
헬프 스킬 106
현실적 맥락 91
현장 경험 18
협동학습 57
협력 52
협업 28, 50
형성 피드백 127
확장기 25
활용기 22

참고문헌

Anita J. Harrow (1972). Taxonomy Psychomotor Domain. Longman.

Barbara Duch. (2001). The Power of Problem-Based Learning. Stylus. 48-50

Barry J. Zimmerman (2002) Becoming a Self-Regulated Learner: An Overview. Theory Into Practice, Vol. 41, No. 2, pp. 64-70

Berk (1986). Performance Assessment: Methods and Applications. The Johns Hopkins University Press.

Bidwell Sheri E. (2000). Project-Based Learning for Cosmetology Students. Ohio Department of Education.

Boud, D. (1995). Enhancing Learning through Self Assessment. Routledge.

Buck Institute for Education (2021). 처음 시작하는 PBL.(이예솔 역). 지식프레임. (원본출판 2017).

Carkhuff, Robert R. (1976). Beyond Counseling and Therapy . Holt, Rinehart and Winston .

Clara E. Hill. (2014). Helping skills. American Psychological Association.

Dannelle D. Stevens (2005). Introduction to rubrics. Stylus Publishing.

David Boud (1995). Enhancing Learning through Self Assessment. Routledge

David Boud (2013) What is the problem with feedback? (Ed) David Boud. (2013). Feedback in Higher and Professional Education. Routledge. pp5-8

David Jonassen. (1997). Instructional Design Models for Well-Structured and Ill-Structured Problem-Solving Learning Outcomes. Educational Technology Research and Development, Vol. 45, No. 1 pp. 65-94

David Jonassen. (2004). Learning to Solve Problems. Pfeiffer. pp6-17

David Jonassen (2008). All Problems are not Equal. The interdisciplinary Journal of Problem-based Learning· volume 2, no. 2.

David Jonassen (2011). Learning to Solve Problems: A Handbook for Designing Problem-Solving Learning Environments. Routledge.

David W. Johnson. (2014). Cooperative Learning in 21st Century. Anales de Psicologia. Vol. 30, No3. pp841-851

Douglas J. Hacker (1998). Definitions and Empirical Foundations. (Ed) Douglas J. Hacker (1998). Metacognition in Educational Theory and Practice. Lawrence Erlbaum Associates, pp3-6

Edwin M. Bridges (1995). Implementing problem-based learning in leadership development. ERIC. pp65-87

Gallagher,S.A. (1995). Implementing problem-based learning in science classrooms. School Science and Mathematics,95(3),136-146

Gene W. dalton. (1977). The four stages of professional careers- A new look at performance by professionals. Organizational Dynamics, Szmmer pp19-42

George Lakey (2010), Facilitating group learning. Jossey-Bass.

Gwilym Wyn Roberts. (2010). Becoming a problem-based learning facilitator. Ed) Teena J. Clouston. Problem-Based Learning in Health and Social Care. Wiley-Blackwell. pp161-170.

Hmelo-Silver. C.E.,& Evensen, D.H. (2000). Problem-based learning: Gaining insights on learning interactions through multiple methods of inquiry. Dorothy H. Evensen (Ed.), Problem-based leaning: A research perspective on learning interactions. Lawrence erlbaum Associates. pp1-8

Hmelo-Silver. C.E (2000). Becoming Self-Directed Learners: Strategy Development in Problem-Based Learning. Dorothy H. Evensen (Eds) Problem-Based Learning A Research Perspective on Learning Interactions. Lawrence Erlbaum Associates, pp227-250

Hmelo-Silver. C.E (2004). Problem-Based Learning: What and How Do Students Learn?. Educational Psychology Review, Vol. 16, No. 3. pp235-266

Howard S. Barrows, (1985). How to Design a Problem-Based Curriculum for the Preclinical Years. Springer.

Howard S. Barrows, (1986) A taxonomy of problem-based learning methods. Medical Education 1986,20, pp481-486

Howard S. Barrows, (1988) The Tutorial Process. Southern Illinois University.

Heather Leary. (2019). Self-Directed Learning in Problem-Based Learning. (Ed) Mahnaz
Moallem, Woei Hung. The Wiley Handbook of Problem-Based Learning. Wiley-Blackwell. pp-181-186 편집

Herbert A. Simon (1973). The Structure of Ill Structured Problems. Artificial Intelligence 4, pp181-201.

Herco T. H. Fonteijn (2019). Group Work and Group Dynamics in PBL. (Ed) Mahnaz Moallem, Woei Hung. The Wiley Handbook of Problem-Based Learning. Wiley-Blackwell. pp200-202

Henk G. Schmidt, (2012) A Brief History of Problem-based Learning, (Ed) Glen Grady One-Day, One-Problem. Springer pp21-40

Henk Vos. (2001). Metacognition in Higher Education. Twente University Press.

Hubert L. Dreyfus. (1986). Mind over machine. The Press Press. pp16-51.

Jette Egelund Holgaard, Thomas Ryberg, (2021). Introduction to Problem-Based Learning in Higher Education. Samfundslitteratur.

John Dewey. (2019). 민주주의와 교육. (이홍우 역). 교육과학사 (원본출판. 1916). pp247-251.

John H. Flavell (1976) Metacognitive Aspects of Problem Solving. (Ed). Lauren B. Resnick. The Nature of Intelligence. Lawrence Erlbaum Associates, pp231-235.

John H. Flavell (1979). Metacognition and Cognitive Monitoring , A New Area of Cognitive—Developmental Inquiry. American Psychologist Vol. 34, No. 10, pp906-911

John H. Flavell (1987). Speculations About the Nature and Development of Metacognition (Ed) Franz E. Weinert Metacognition, Motivation, and Understanding Lawrence Erlbaum Associates, pp21-29

John Hattie and Helen Timp (2007). The Power of Feedback. Review of Educational Research, Vol. 77, No. 1 pp. 81-112

John Larmer. (2017). 프로젝트 수업 어떻게 할것인가?. (최선경 역). 지식프레임 (원본출판.2015). pp85-101

Joke van Velzen (2016). Metacognitive Learning. Springer. pp17-18

Jos Moust (2021). Introduction to Problem-based Learning. Noordhof.

Judith Arter and Jay McTighe. (2001). Scoring rubrics in the classroom: Using performance criteria for assessing and improving student performance. . Corwin Press, Inc. pp8-14

K. Michael Hibbard (1996). A Teacher's Guide to Performance-Based Learning and Assessment. ASCD. pp199-226

Karen Sunday (2000) A Context for Learning: Collaborative Groups Problem-Based Learning Environment. The Review of Higher Education, Volume 23, Number 3, pp. 347-363

Karen O'Rourke (2010) Students as Essential Partners.(Ed) Terry Barrett. New Approaches to Problem-based Learning, Routledge. pp50-61

Kathleen B. Burke. (2011). From standards to rubrics in six steps. Corwin. pp111-113

Kevin Duss (2018). Formative Assessment and Feedback Tool. Springer.

Knud Illeris. (2017). 우리는 어떻게 학습하는가? (김경희 역). 경남대 출판부. (원본출판2007).

Knud Illeris. (2018). 현대학습이론 (전주성 역). 학지사 (원본출판2013). pp425-428.

Larry S. Hannah, (1977). A Comprehensive Framework for Instructional Objectives: A Guide to Systematic Planning and Evaluation. Addison-Wesley Publishing Company. PP123-140.

Linda Torp, Sara Sage. (2002). Problems as Possibilities: Problem-Based Learning for K-16 Education. ASCD.

Liz Galle (2010). The student experience. (Ed) Teena J. Clouston. Problem-Based Learning in Health and Social Care. Wiley-Blackwell. pp161-170.

Mahnaz Moallem, Woei Hung (2019). The Wiley Handbook of Problem-Based Learning. Wiley-Blackwell.

Maggi Savin-Baden (2003). Facilitating Problem-based Learning. Open University Press. pp37-43 편집

Maggi Savin-Baden (2004). Foundations of Problem-based Learning. Open University Press. pp17-21

Malcolm S. Knowles. (2010). 성인 학습자. (최은수 역). 아카데미 프레스. (원본출판 2005).

Manitoba Education, Citizenship and Youth. (2006) Rethinking Classroom Assessment with Purpose in Mind. pp29-40

Marleen Soppe. (2005). Influence of problem familiarity on learning in a problem-based course. Instructional Science. 33. pp271-281

McMillan, James H. (2007). Classroom assessment : principles and practice for effective standards-based instruction. Person pp229-242

Melissa Williamson Hawkins (2018). Self-directed learning as related to learning strategies, self-regulation, and autonomy in an English language program: A local application with global implications. SSLLT 8 (2). pp445-469

Mevarech, Z. and B. Kramarski (2014), Critical Maths for Innovative Societies: The Role of Metaognitive Pedagogies, OECD Publishing. pp35-37

Michael Coy (1989). Apprenticeship. From Theory to Method and Back Again. SUNY. pp8-11

Nancy Falchikov. (2007). The place of peers in learning and assessment . (Ed). David Boud. Rethinking Assessment in Higher Education. Routledge. pp132-134

Patricia Benner, R.N. (1984). From Novice to Expert. Addison-Wesley

Paul A. Schutz (2007). Emotion in Education. Academic Press

Regional Educational Laboratories, Improving Classroom Assessment: A Toolkit for Professional Developers, February 1998, Northwest Regional Educational Laboratory. pp321

Robert Delisle (1997). How to Use Problem-Based Learning in the Classroom.

Robert M. Gagne. (2007). 수업 설계의 원리. (송상호 역). 아카데미프레스. (원본출판 2007). pp91-95

Robert Slavin. (1985). An Introduction to Cooperative Learning Research.(Ed). Robert Slavin. Learning to Cooperate, Cooperating to Learn. Springer.

Robert Slavin (1995). Learning to Cooperate, Cooperating to Learn. Springer Science+Business Media.

Robert E. Slavin (1995). Cooperative Learning. Allyn and Bacon.

Roger Schwarz (2017). The Skilled Facilitator. Wiley. pp13-18

Scriven, Michael. (1991).Evaluation thesaurus. SAGE Publications, pp256
Sharan B. Merriam. (2009). 성인 학습론. (기영희 역). 아카데미 프레스. (원본출판 2007). pp89-111

Shelagh A. Gallagher (1995), Implementing Problem-Based Learning in Science Classroom. School Science and Mathematics. Vol 95(3), pp136-146

Sherridan Maxwell (2008). Using rubrics to support graded assessment in a competency-based environment. National Centre for Vocational Education Research.

Spencer kagen (1997). Cooperative Learning Structures for Teambuilding. Kagan Cooperative Learning.

Spencer kagen (2009). Cooperative Learning. Kagan Cooperative Learning.

Stephen Brookfield (1986) Understanding and facilitating adult learning. Open University Press.

Sue Pengelly (2010). Assessing problem-based learning curricula. (Ed) Teena J. Clouston Problem-Based Learning in Health and Social Care. WILEY. pp79-96

Teena J. Clouston, Lyn Westcott (2010). Problem-Based Learning in Health and Social Care. Wiley-Blackwell.

Terry Barrett, Sarah Moore (2010) New Approaches to Problem-based Learning, Routledge

Terry Barrett (2017).A New Model of Problem-based learning: Inspiring Concepts, Practice Strategies and Case Studies from Higher Education. AISHE.

Thomas O. Nelson (1990). Metamemory: A Theoretical Framework and new findings.(Ed). Gordon. H. Bower. The Psychologynof learning and motivation VOL 26 . Acddemlc Press. pp125-169

Virginie F. C. Servant-Miklos (2019). A Short Intellectual History of Problem-Based Learning. (Ed) Mahnaz Moallem, Woei Hung. The Wiley Handbook of Problem-Based Learning. Wiley-Blackwell. pp3-19

Voss,J.F.,& Post,T.A.(1988). On the solving of ill-structured problems. In M.T.H. Chi,R.Glaser,& M.J.Farr(Ed.) The nature of expertise. Hillsdale, NJ: Lawrence Erlbaum.

Wendy Jolliffe (2007). Cooperative Learning In The Classroom. Paul Chapman Publishing.

Wiggins, Grant P (1998). Assessing student performance. Jossey-Bass.

Wiggins, Grant P (1998). Educative assessment. Jossey-Bass. pp154-157

Woei Hung (2006). The 3C3R Model: A Conceptual Framework for Designing Problems in PBL. The Interdisciplinary Journal of Problem-based Learning • volume 1, no. 1. pp56-61.

Woei Hung (2019). Problem Design in PBL.(Ed) Mahnaz Moallem. The Wiley Handbook of Problem-Based Learning. pp249-267

강인애 (2003). 문제 중심 학습 또 하나의 구성주의적 교수-학습 모형. (편) 강인애. PBL의 이론과 실제. 문음사. pp31-36.

강인애 (2003). 성인 학습환 경로서 PBL의 가능성. (편) 강인애. PBL의 이론과 실제. 문음사. pp59-68.

강인애 (2005), 왜 구성주의인가? 문음사. pp221-241

경향신문: 2024.6월17일. " 동네 어디서나 '장애인 전용 미용실 간다.

권미애 (2021). 숙달의 정체성. 강현출판사. pp16-20.

김문희 (2016). OECD 및 G20의 도제제도 논의 동향 및 사례. THE HRD REVIEW 3월호. pp86-107. 중 pp88-94 편집

김순남 (2013). 학생 평가 방법 개선 연구. 한국 교육 개발원.

김한미 (2009). 도제식 교사-학습의 방법과 구조에 관한 질적연구. 서울대학교 교육학과 박사논문. pp28-29

김현우.(2012). PBL 수업에서 나타난 학습성과와 학습정서의 유형 및 단계별 특징. 경희대 교육학과 박사논문

매일시보 1914년 1월 25일

미용문야 산학일체형 도제학교 홈페이지. hppt://beautyskill.net/

백순근 (1999). 수행평가의 이론과 실체. 한국 교육과정 평가원.

변연계 (2009). 교육방법 및 교육공학. 학지사.

신명희 (2007). 교육심리학의 이해. 학지사.

신승환 (2003). 포스투모더니즘에 대한 성찰. 살림. pp21-31

송영우 (2008). 미용경영학. 해란

송영우 (2009). 마용경영을 위한 서비스 마케팅. 청람

[오주연문장전산고] 경사편 5, 논사류2, 풍속편 사사육국에 대한 변증설.

윤관식 (2017). 수업 설계. 양서원.

이지혜.(2000). 성인의 학습자 성장과정 연구; 미용인의 직업경력을 중심으로. 서울대학교 교육학과 박사 논문. pp44-154

장민송, 김영일.(2012). 조선시대의 미용사, 수모에 관한 연구. 대한 미용학회지 제8권 제4호 pp321-326

정주연 (2013). 도제훈련제도의 국가별 특성 및 한국직업훈련제도 개편에 대한 시사점. 산업연구원 . pp18-19.

조현영.(2017). 컨텍스트 경험과 학습의 디자인. 박영스토리. pp11-14

한국직업능력개발원 (2018) 2018 산학일체형 도제학교 운영 매뉴얼. 한국직업능력개발원. pp3-5

한국직업능력연구원 (2022). NCS 학습모듈_헤어샴푸와 클리닉. 교육부.

PBL 운영에 필요한 양식

[부록1] **프로세스**_미용분야 PBL 운영프로세스
[부록2] **양식**_미용분야 PBL 자기소개서
[부록3] **양식**_미용분야 PBL '문제확인'
[부록4] **양식**_미용분야 PBL '팀 빌딩 양식'
[부록5] **양식**_미용분야 PBL '우리팀 학습규칙'
[부록6] **양식**_미용분야 PBL '문제해결을 위한 정보수집'
[부록7] **양식**_미용분야 PBL '팩트 및 지식챠트'
[부록8] **양식**_미용분야 PBL '문제해결을 위한 정보수집_개별활동'
[부록9] **양식**_미용분야 PBL '수집한 정보를 기반으로 계획 수립_개별활동'
[부록10] **양식**_미용분야 PBL '수집한 정보를 기반으로 계획 수립_팀활동'
[부록11] **양식**_미용분야 PBL '수집한 정보를 기반으로 계획 수립_팀활동'
[부록12] **양식**_미용분야 PBL '피드백 기반의 확정된 계획_팀활동'
[부록13] **양식**_미용분야 PBL '과제실행 보고서'
[부록14] **양식**_미용분야 PBL '평가 및 성찰_1'
[부록15] **양식**_미용분야 PBL '평가 및 성찰_2'
[부록16] **양식**_미용분야 PBL '평가 및 성찰_3'
[부록17] **학습자 작성 예시**_미용분야 PBL 계획수립
[부록18] **학습자 작성 예시**_미용분야 PBL 계획수립
[부록19] **학습자 작성 예시**_미용분야 PBL 과정 종료 후 자기성찰
[부록20] **학습자 작성 예시**_미용분야 PBL 과정 종료 후 자기성찰

[부록1] 프로세스_미용분야 PBL 운영프로세스

단계	절차	내용	구체적인 내용	주요활동	활동의 주체
1	과제설정 및 인식 (과제분류)	문제제시	수행할 문제제시	설명	교수자
		문제만남	수행해야할 문제와의 만남	듣기, 읽기	개별학습자
		문제파악	수행해야할 문제에 대한 인식	듣기, 읽기, 질문하기	개별학습자
2	정보수집	문제해결 첫 단계	주어진 문제 이해, 문제 해결에 필요한 정보, 팩트, 이슈탐색, 아이디어 등 자료 수집 및 정리	정보수집 정보 정리작성, 기록	개별학습자
3	계획 수립	정리된 정보기반 계획 수립	수집 정리된 자료에 기반하여 문제 해결을 위해 실행에 옮길 계획을 시계열별로 수립.	사고의 구조화 기록, 작성	개별학습자
4	계획 확정	토론기반의 계획 확정	탐색정보 공유, 개별 계획을 기반으로 토론에 의해 팀의 수행계획수립 후 발표	소그룹 활동에서 합의된 수행계획 도출 후 발표	소그룹
			수립된 계획에 대한 피드백	긍정적 피드백	교수자
			피드백 기반의 수행계획 확장	수행계획 수정 쓰기	소그룹
5	과제실행	수립된 계획 실행	수립된 계획에 따라 문제 해결 실행	실행	소그룹 개별학습자
			실행 과정별 관찰 및 평가	관찰 및 평가	교수자
6	평가·성찰 피드백	결과제출	실행결과 정리 혹은 산출물 제출 결과 보고서 작성	개별활동	개별학습자
		평가 및 성찰/피드백	자기평가,팀평가, 동료평가, 과정참여에 대한 소감(성찰)	평가 및 성찰 보고서 제출	학습자
				종합평가 및 피드백	교수자

[부록2] 양식_미용분야 PBL 자기소개서

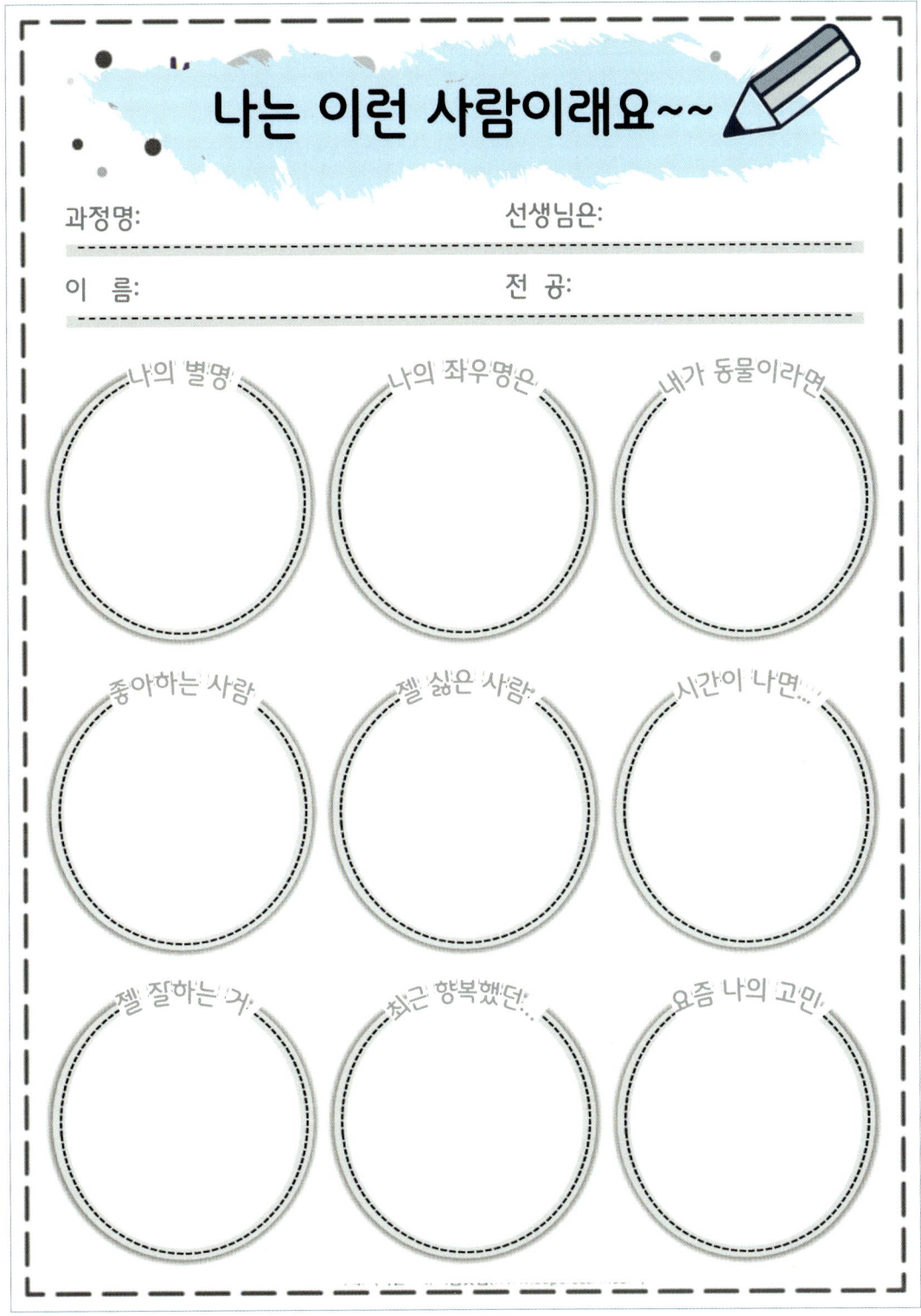

[부록3] 양식_미용분야 PBL '문제확인'

■ PBL 문제를 확인 후 의견을 부탁합니다.

No.	기준항목	매우 그렇다	그렇다	보통이다	그렇지않다	전혀 그렇지않다
1	문제를 통해 학습을 시작할 수 있다.					
2	문제에는 학습자의 역할이 명확하게 제시되어 있다.					
3	문제에 지식이 사용되는 맥락이나 상황이 제시되어 있다.					
4	문제에는 다양한 솔루션이 존재한다.					
5	문제해결을 위한 접근방법이 다양하게 있다.					
6	실제 미용 현장에서 동일한 상황이 발생할 수도 있는 사례이다.					
7	문제 해결에 활용되는 정보나 자료가 다양하다.					
8	학습자가 노력하면 해결할 수 있는 적절한 수준의 문제이다.					
9	학습자가 경험할 수 있고 경험했던 문제이다.					
10	문제해결을 위해 두 단계 이상의 접근방법이 필요하다.					
	합계	/	/	/	/	/

['그렇지 않다' 혹은 '매우 그렇지 않다'에 표기하신 경우 이유를 작성해주세요]

[부록4] 양식_미용분야 PBL '팀 빌딩 양식'

■ 팀빌딩

1. 팀빌딩
1-1) 팀명 및 구호

문 제					
팀 원	1.	2.	3.	4.	5.
팀 명			팀 구호		
팀 룰					
팀 룰					
역할분담	정보 및 자료 수집 관련 총관리_팀운영				
	발표담당_팀을 대표하여 취합된 내용을 발표				
	발표자료 정리_수집된 자료를 정리하고 보고서로 작성				
	소통담당_팀의견을 외부에 전달하고 의견조율				
	실습준비_실습에 필요한 재료, 도구, 기기 조달				
공통업무	정보 탐색 및 수집·선택, 개인자료정리, 의견제시, 질문개발, 발표의견제시, 숙련도향상에 힘쓰기 등				

[부록5] 양식_미용분야 PBL '우리팀 학습규칙'

우리 팀 학습규칙!

팀 명:　　　　　　　팀 장:

과정명:

구 호:

1. 존중과 배려

2. 적극적인 참여

3. 건설적 피드백

4. 비판적 피드백

5. 정보공유

6. 의사소통

7. 시간관리

8. 팀워크 강화

[부록6] 양식_미용분야 PBL '문제해결을 위한 정보수집'

■ PBL 문제 해결을 위한 정보수집(개별활동)	
No.	문제해결에 필요한 정보 및 필요기술
1	
2	
3	
4	
5	
6	
7	
8	
9	
10	
기타:	

[부록7] 양식_미용분야 PBL '팩트 및 지식챠트'

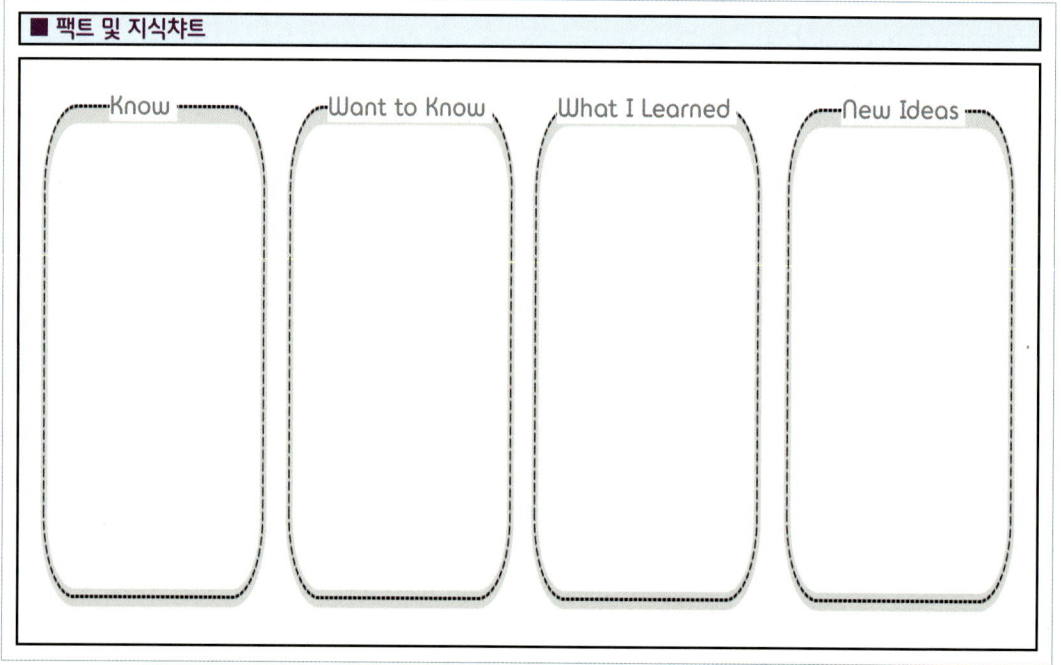

[부록8] 양식_미용분야 PBL '문제해결을 위한 정보수집_개별활동'

■ 문제해결을 위해 수집해야 할 정보 및 필요기술_개별활동

2. 정보수집

  2-1) 문제해결을 위한 정보수집(방법 및 내용)

  2-2) 문제해결 시 나의 부족한 점

  2-3) 문제해결을 위해 수집한 정보

[부록9] 양식_미용분야 PBL '수집한 정보를 기반으로 계획 수립_개별활동'

■ 문제해결을 위해 수집한 정보를 기반으로 계획수립

3. 계획수립

  3-1) 문제해결을 위한 계획(수행절차)

  3-2) 문제해결 방안(가설)_IDEA

  3-3) 문제해결을 위해 사용할 수 있는 지식 혹은 기술(경험 포함)_FACTS

  3-4) 문제해결을 위해 필요한 지식 혹은 기술 등_ISSUES

[부록10] 양식_미용분야 PBL '수집한 정보를 기반으로 계획 수립_팀활동'

■ 문제해결을 위해 수집한 정보를 기반으로 계획수립

4. 계획확정

   4-1) 팀원들이 수집한 정보 취합

   4-2) 취합한 정보 중 필요 자료 선택

[부록11] 양식_미용분야 PBL '수집한 정보를 기반으로 계획 수립_팀활동'

■ 문제해결을 위해 수집한 정보를 기반으로 계획수립

4. 계획확정

   4-3) 선택한 자료를 기반으로 계획 수립(시계열별로 작성)

[부록12] 양식_미용분야 PBL '피드백 기반의 확정된 계획_팀활동'

■ 문제해결을 위해 수집한 정보를 기반으로 계획확정

4. 계획확정
   4-4) 피드백 기반으로 확정된 계획

[부록13] 양식_미용분야 PBL '과제실행 보고서'

■ 문제해결을 위해 수립한 계획 실행

5. 과제실행
   5-1) 확정된 수정 계획을 기반으로 실행 결과물

   5-2) 과제 실행 중 피드백 혹은 피드포워드

[부록14] 양식_미용분야 PBL '평가 및 성찰_1'

■ 문제해결과정에 대한 평가 및 성찰

6. 과정에 대한 평가 및 성찰
6-1) 자기평가

	no	평가내용	평가척도				
			10	8	6	4	2
활동중심	1	과제를 해결해 가는 과정이 흥미로웠다.					
	2	과제를 해결하는 과정에 팀원들과 토론하며 적극적으로 참여했다.					
	3	팀원들과 토론하는 과정에 나의 의견을 적극적으로 제시했다.					
	4	팀원들의 의견을 적극적으로 경청하고 존중하였다.					
	5	내가 잘 할 수 있는 방법으로 정보를 탐색했다.					
	6	과제 해결에 필요한 정보수집에 적극 참여했다.					
	7	결정된 해결방법에 만족하고 적극 실행에 참여했다.					
	8	주위 사람들에게 질문하면서 궁금한 점을 알려고 노력했다.					
	9	과제 해결로 나의 부족한 점을 알고 도움이 되었다.					
	10	이번에 진행된 훈련방법은 현장적용에 도움이 될 것으로 기대된다.					
	합계점수(평가척도 합계 점수)						

[부록15] 양식_미용분야 PBL '평가 및 성찰_2'

■ 문제해결과정에 대한 성찰

6. 과정에 대한 평가 및 성찰

6-2) 자기성찰

	no	성찰내용
활동결과중심	1	문제해결과정을 통해 새롭게 알게 된 것
	2	문제해결과정을 통해 강화된 나의 역량
	3	이번 훈련과정에 만족한 점과 그 이유
	4	이번 훈련과정에 아쉬운 점과 그 이유
	5	이전의 훈련과 이번 훈련에 대한 느낀 점

6-3) 팀원평가

	NO	평가내용
팀원평가	1	문제해결에 필요한 정보를 가장 많이 제시한 팀원
	2	합리적인 근거와 이유를 들어 의견을 제시하고 팀원
	3	문제해결 과정에 흥미를 갖고 적극적으로 참여한 팀원
	4	문제해결 시 다른 팀원의 의견을 존중하며 소통에 도움을 준 팀원
	5	평소보다 문제해결 과정에 적극적으로 참여한 팀원

[부록16] 양식_미용분야 PBL '평가 및 성찰_3'

■ 문제해결과정에 대한 성찰

6. 과정에 대한 평가 및 성찰
6-4) 교수자의 종합평가

NO	구분	세부항목	1차	2차
1	개념 이해	PBL의 개념과 PBL 문제에 대해 이해하였다.	/10	/10
2		PBL 문제해결을 위해 필요한 정보 및 자료, 도구와 기술개념에 대해 이해하였다.	/10	/10
3		PBL 문제해결 프로세스와 단계별 양식을 작성하는 이유에 대해 이해하였다.	/10	/10
4	참여 태도	미용 PBL 훈련과정에 대해 관심을 표현하였다	/10	/10
5		PBL문제해결을 위한 실행 시 주변정리를 하며 청결 유지를 위해 노력하였다	/10	/10
6		미용 PBL 훈련 중 정보수집, 토론, 발표 등 과정에 적극적으로 참여하였다	/10	/10
7	문제 해결	PBL 문제해결에 대한 계획을 수립하였다.	/10	/10
8		PBL 문제의 계획과 실행을 주어진 시간에 완성하였다.	/10	/10
9		PBL 문제 해결을 위해 수립한 계획을 기반으로 실행하고 결과 완성도가 높았다.	/10	/10
10	협업	PBL 문제 해결과정에 타인을 배려하고 팀원과 협력적으로 과제해결에 임하였다	/10	/10
가점	결과물	실행 결과물을 교수자가 요구하는 대로 촬영 후 플랫폼에 업로드 하였다.	/10	/10
		합계	/100	/100

[부록17] 학습자 작성 예시_미용분야 PBL 계획수립

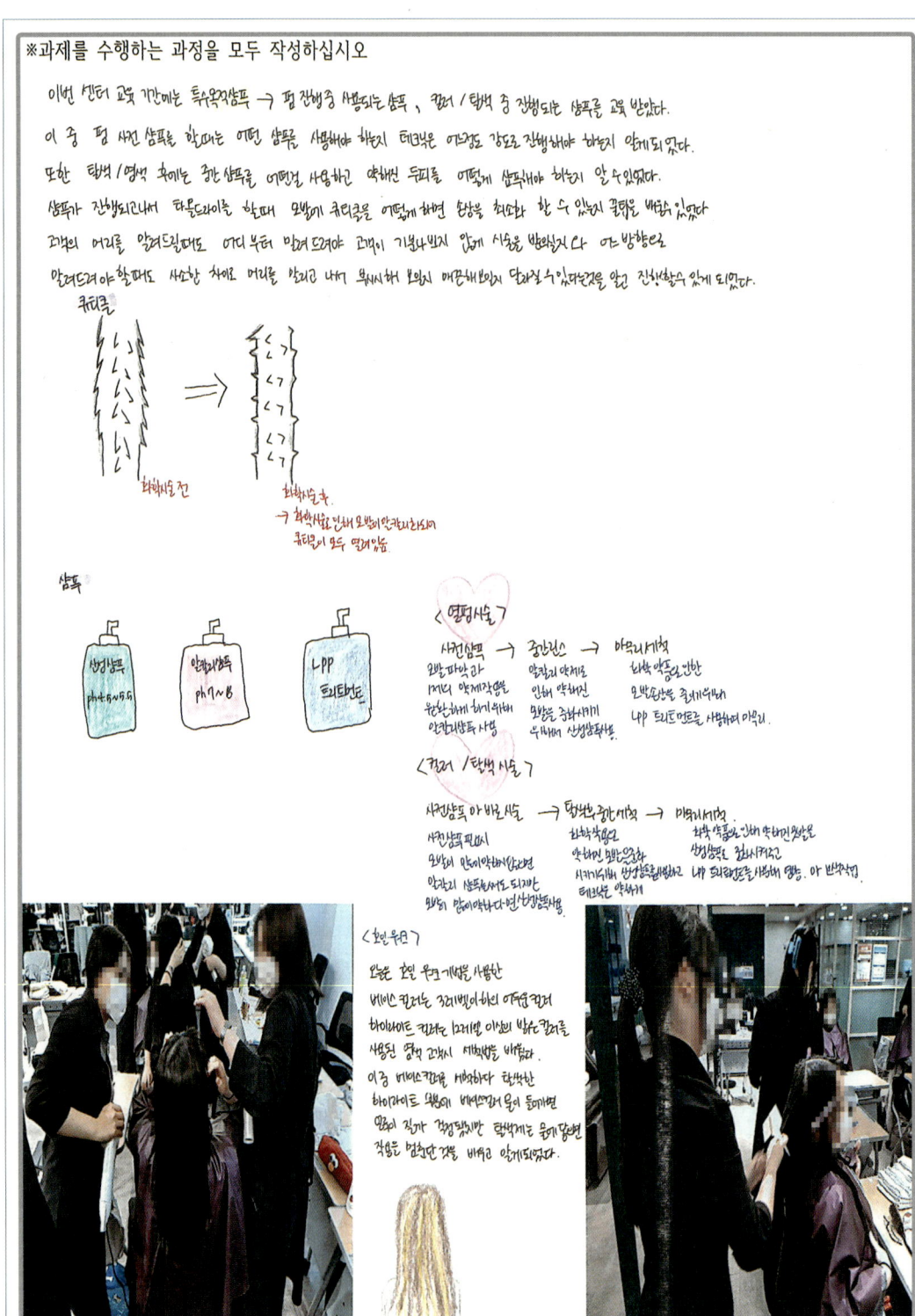

[부록18] 학습자 작성 예시_미용분야 PBL 계획수립

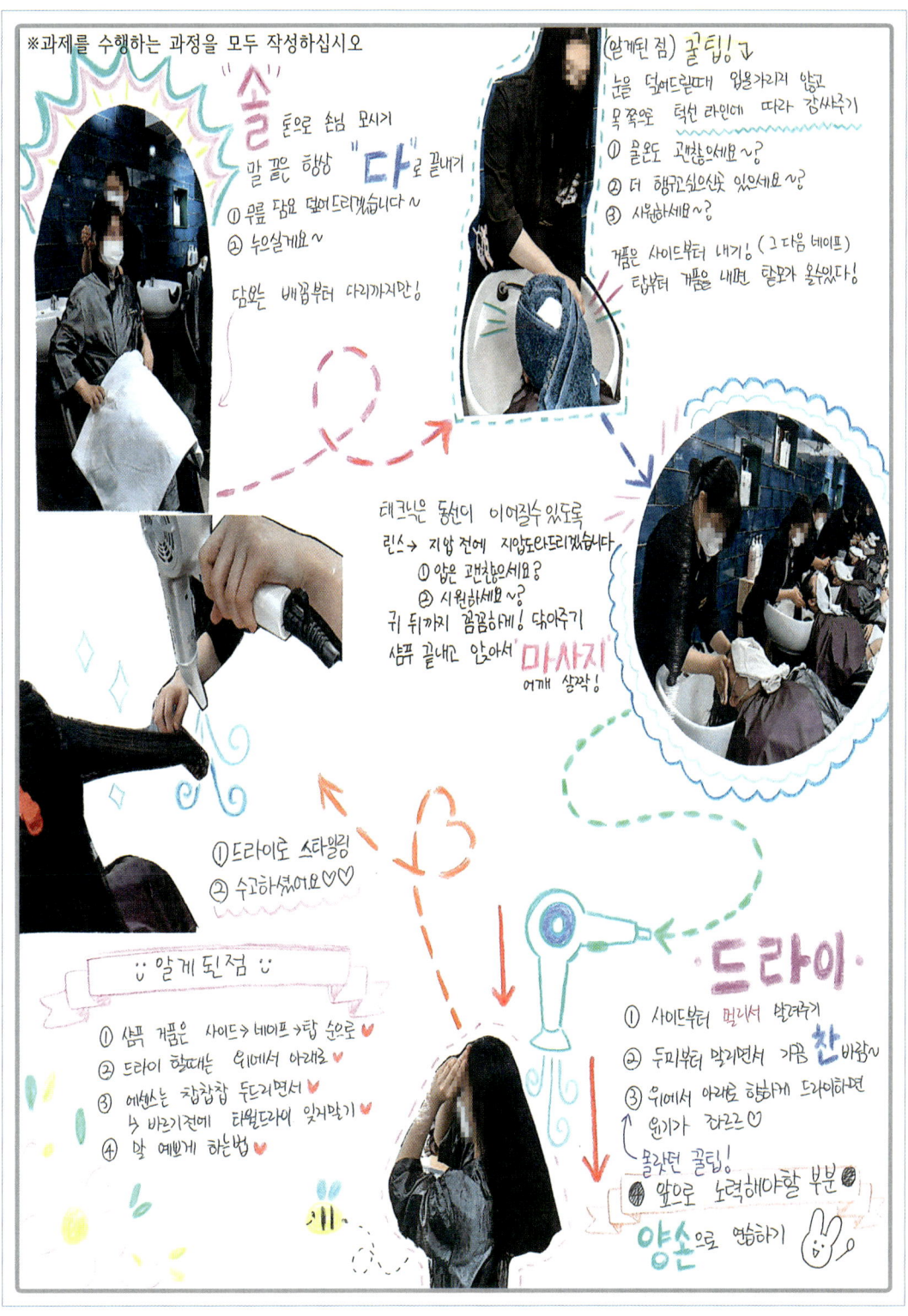

[부록19] 학습자 작성 예시_미용분야 PBL 과정 종료 후 자기성찰

※과제를 수행하는 과정을 모두 작성하십시오

내가 무엇을 몰랐는지!

- pH 산성 쓰는 이유 (4.5~5.5)
  └ 알칼리 중화시키고 모표피를 닫아줌

- 매직 스트레이트
  └ 유화시키고 연화 전 pH 밸런스 보다 에센스 영양제 도포하는 것이 도움된다.

- 산성 영양제는 힘 없는 모발에 사용한다.

- 옴브레 헤어컬러 중간샴푸를 할 때 필시 토닉을 한다.

무엇을 알게되었는지

- 열펌 후 산성린스를 꼭! 사용해야 한다.

- 탈모 예방을 위해선 샴푸제를 펌핑 후 모발 끝부터 거품을 내서 위로 올라가며 거품을 낸다.

- 트리트먼트가 두피에 닿으면 그것이 쌓이고 쌓여 각질이 일어난다.

- 옴브레 홍케어 샴푸 시 보색샴푸를 이용한다.

실습을 하며 내가 무엇을 몰랐는지

- 샴푸 후 타월드라이를 할 때 엉키지 않도록 하는 법 → 모발을 크게 들었다 놨다 하면서 엉키지 않도록 풀어준다.

- 올바르게 드라이 하는 법
  └ 바람은 위→아래로 향하도록.
  └ 뜨거운 바람으로 70% 말려주고 나머지는 찬바람으로 말려주기

- 수건 얼굴 감싸는 법.
  └ 눈 가려준 후 끝부분이 턱 아래로 가도록!

내가 무엇을 할 수 있게 되었는지

- 손님 드라이를 해 드릴 때 바람을 위→아래로 주어 큐티클이 벗겨지지 않도록 할 수 있게 되었다.
- 트리트먼트를 이용하여 고객님 모발에 단백질이 충분히 흡수 될 수 있도록 할 수 있게 되었다.

앞으로 어떻게 할 것인지

- 앞으로 고객님의 모발상태에 따라 그에 맞는 산성 샴푸, 알칼리 샴푸 등 사용 할 것이다. 그리고 행동할 때 1행동 1멘트를 필수로 할 것이다.

[부록20] 학습자 작성 예시_미용분야 PBL 과정 종료 후 자기성찰

※과제를 수행하는 과정을 모두 작성하십시오

특수목적 샴푸

몰랐던 점 (지식, 실기)
- 염색이나 펌을 할 때 어떠한 과정에서 샴푸가 들어가고 린스가 들어가는지
- 어떠한 샴푸와 린스를 해야하는지
- 왜 화학 시술 후 산성을 써야하는지
- 어떻게 해야 고객님이 편안함을 느끼실 수 있는지

알게된 점

- 샴푸를 할 때에는 다리로 높낮이 조절하고, 허리를 굽히지 않는다
- 드라이 할 때에는 겨드랑이를 붙이지 않는다. 손목이 아닌 팔을 흔들 것.
- 모든 과정에 샴푸를 이용하는 것은 X

- 드라이를 할 때 물기가 떨어질 정도가 아닐 때 까지만 뜨거운 바람을 사용하고, 그 후에는 차가운 바람으로 위에서 아래로 말려야 머리에 윤기가 난다.
- 산성 린스를 할 때 비비지 않고 지그재그로 톡톡!
- 컬러 샴푸 시 부드럽게 샴푸한다.
- 수건을 쌀 때 수건을 빙빙 꼬아서 마는 것이 아니라 강싸서 접듯이 만다.
- 엉킨 머리는 손으로 먼저 풀어준다.
- 페이스 수건을 할 시에는 코와 입은 가리지 않는다.

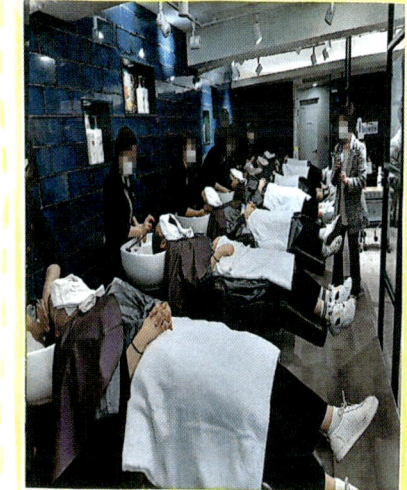

할 수 있게 된 것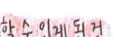
- 1행동 1멘트!
- 알칼리성과 산성의 필요성 구분
- 호일워크 후 샴푸 방법
- 큐티클에 손상까지 않도록 드라이 하는 방법
- 양손으로 드라이 하는 것
- 자세를 바르게 하는 것

앞으로 어떻게 할 것인가!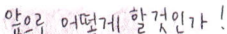

- 목소리 톤을 밝고 영랑하게 할 수 있도록 노력하기
- 산성과 알칼리의 차이 복습하기
- 1행동 1멘트를 중요시 할 것!
- 행동을 깔끔히 할 수 있도록 숙련도를 늘릴 것

미용분야 PBL교수학습설계 지침서
미용분야 PBL로 여는 숙련에서 비판적 사고의 길

초판　2025년 5월 12일

지 은 이 | 송영우, 박진현, 최명표
발 행 인 | 송영우
발 행 처 | 뷰티산업연구소
주　　소 | 서울시 서초구 방배로 123 미용회관 6F
연 락 처 | 02-588-7220
출판등록 | 제2019-000281호
이 메 일 | kobbm@naver.com
홈페이지 | http://www.bii.seoul.kr/
제작/공급 | ㈜애드봄 (연락처 031-908-7937)

ISBN
ISBN 979-11-984072-2-1(13060)

이 책의 판권 및 저작권은 뷰티산업연구소에 있으며 본 책 내용의 전부 혹은 일부를 재사용할 경우 반드시 뷰티산업연구소의 동의를 받아야 합니다.